Heinrich Rommelfanger

Übungsbuch Mathematik

für Wirtschaftswissenschaftler

Spektrum
AKADEMISCHER VERLAG

Autor:
Prof. Dr. Heinrich Rommelfanger
Universität Frankfurt
Fachbereich Wirtschaftswissenschaften
Institut für Statistik und Mathematik
Robert-Mayer-Straße 1
60054 Frankfurt/Main
E-Mail: rommelfanger@wiwi.uni-frankfurt.de

Die Deutsche Nationalbibliothek verzeichnet diese Publikation in der Deutschen Nationalbib-
liografie; detaillierte bibliografische Daten sind im Internet über http://dnb.d-nb.de abrufbar.

Springer ist ein Unternehmen von Springer Science+Business Media
springer.de

1. Auflage 2004, unveränderter Nachdruck 2010
© Spektrum Akademischer Verlag Heidelberg 2004
Spektrum Akademischer Verlag ist ein Imprint von Springer

10 11 12 13 14   5 4 3 2

Planung und Lektorat: Dr. Andreas Rüdinger, Barbara Lühker
Satz: Autorensatz
Umschlaggestaltung: SpieszDesign, Neu-Ulm

ISBN 978-3-8274-1549-3

Vorwort

Dieses Übungsbuch stellt eine Ergänzung der beiden Bände „Mathematik für Wirtschaftswissenschaftler" dar. Es enthält eine umfangreiche Sammlung von Aufgaben mit Musterlösungen zu dem gesamten Grundlagenwissen, das Studierende der Volks- und Betriebswirtschaftslehre in Mathematik unbedingt benötigen. Anhand der vollständigen Lösungen lernen die Studierenden, Aufgaben formal richtig zu bearbeiten. Viele Textaufgaben zeigen den engen Zusammenhang zwischen den mathematischen Fragestellungen und deren Anwendungen in der Wirtschaftspraxis auf. Die Gliederung und Stoffauswahl orientiert sich an meinem zweibändigen Lehrbuch. Die Aufgabensammlung kann aber unabhängig von diesen Bänden benutzt werden. Deshalb sind die wesentlichen Regeln und Sätze am Anfang der einzelnen Kapitel im Übungsbuch nochmals zusammengestellt. Das Buch unterstützt Studenten der Wirtschaftswissenschaften des Grundstudiums beim Selbststudium und ist vor allem eine wertvolle Hilfe bei den Prüfungsvorbereitungen.

Das vorliegende Lehrbuch basiert auf langjährigen Erfahrungen mit Mathematikvorlesungen für Wirtschaftswissenschaftler an den Universitäten in Saarbrücken und Frankfurt am Main. Viele der hier präsentierten Aufgaben hatten Eingang gefunden in Klausuren.

Mein Dank gilt den Personen, die mir bei der Erstellung dieses Übungsbuches geholfen haben: Frau Jutta Preußler hat mit großer Geduld und Sorgfalt das mit zahlreichen Formeln gespickte Manuskript in druckreife Form gebracht. Ohne ihren unermütlichen Einsatz und ihren Blick für redaktionelle Feinheiten wäre es nicht möglich gewesen, die vorhandenen und die neuen Aufgaben in diese ansprechende Form zu bringen. Frau Dipl. Kffr. Nina Golowko hat den Textentwurf mehrfach kritisch gelesen und wertvolle Verbesserungsvorschläge eingebracht. Herr Dipl. Math. Marcus Haas hat sich ebenfalls am Korrekturlesen beteiligt und dankenswerte Anregungen gegeben. Herr cand. rer. pol. Markus Berger hat einen großen Teil der Zeichnung angefertigt.

Frankfurt am Main, den 12. Juli 2004   Heinrich Rommelfanger

Inhaltsverzeichnis

1. Grundlagen

Sätze und Regeln

Rechenregeln für Gleichungen

Für reelle Zahlen a, b und c gilt:

$$(G.1) \qquad a = b \quad \Leftrightarrow \quad a + c = b + c$$

$$(G.2) \qquad a = b \quad \Leftrightarrow \quad a \cdot c = b \cdot c \qquad \text{für } c \neq 0$$

$$(G.3) \qquad a = b \quad \Rightarrow \quad a^n = b^n \qquad \text{für } n \in \mathbf{Z}$$

Dabei gilt für $n < 0$ die Regel (G.3) nur, wenn $a, b \neq 0$.

Ist $a, b > 0$, so lässt sich die Regel (G.3) auch auf rationale Exponenten erweitern.

Rechenregeln für Ungleichungen

Für reelle Zahlen a, b und c gilt:

$$(U.1) \qquad a \;\square\; b \quad \Leftrightarrow \quad a + c \;\square\; b + c$$

$$(U.2) \qquad a \;\square\; b \quad \Leftrightarrow \quad a \cdot c \;\square\; b \cdot c \qquad \text{für } c > 0$$

$$(U.3) \qquad a \;\square\; b \quad \Leftrightarrow \quad a^r \;\square\; b^r \qquad \text{für } a, b > 0 \text{ und } r \in \mathbf{Q}, \, r > 0$$

Dabei steht das Symbol $\square$ für eines der Ordnungszeichen $<, \leq, >, \geq$

$$(U.4) \qquad a \underset{(>)}{<} b \quad \Leftrightarrow \quad a \cdot c \underset{(<)}{>} b \cdot c \qquad \text{für } c < 0$$

$$(U.5) \qquad a \underset{(>)}{<} b \quad \Leftrightarrow \quad a^r \underset{(<)}{>} b^r \qquad \text{für } a, b > 0 \text{ und für } r \in \mathbf{Q}, \, r < 0$$

Rechenregeln für den absoluten Betrag

$$|a| = \begin{cases} a & \text{für } a \geq 0 \\ -a & \text{für } a < 0 \end{cases}$$

Für reelle Zahlen a und b gelten die folgenden Regeln:

$$(A.1) \qquad |-a| = |a|$$

$$(A.2) \qquad |a \cdot b| = |a| \cdot |b|$$

$$(A.3) \qquad \left| \frac{a}{b} \right| = \frac{|a|}{|b|} \qquad \text{für } b \neq 0$$

$$(A.4) \qquad \big| \, |a| - |b| \, \big| \leq |a \pm b| \leq |a| + |b| \qquad \textit{Dreiecksungleichung}$$

Für $a > 0$ gilt

(A.5) $|y| = a \quad \Leftrightarrow \quad y = -a \text{ oder } y = +a$

(A.6) $|y| < a \quad \Leftrightarrow \quad -a < y < +a$

(A.7) $|y| > a \quad \Leftrightarrow \quad y < -a \text{ oder } +a < y$

Arithmetische Folge

$$a_k = a_1 + (k-1)d, \qquad n = \frac{a_n - a_1}{d} + 1$$

Geometrische Folge

$$a_k = a_1 \cdot q^{k-1}, \qquad n = \frac{^{10}\log\left|\dfrac{a_n \cdot q}{a_1}\right|}{^{10}\log|q|}$$

Rechenregeln für das Summenzeichen

$$\sum_{k=r}^{m} a_k = a_r + a_{r+1} + \cdots + a_m, \quad r, m \in \mathbf{Z}, \quad r \leq m$$

(S.1) $\displaystyle\sum_{i=r}^{m} d = (m - r + 1)\cdot d, \quad \text{speziell gilt}: \sum_{k=1}^{n} d = n \cdot d$

(S.2) $\displaystyle\sum_{k=r}^{m} (d \cdot a_k) = d \cdot \sum_{k=r}^{m} a_k$

(S.3) $\displaystyle\sum_{k=r}^{m} (a_k + b_k - c_k) = \sum_{k=r}^{m} a_k + \sum_{k=r}^{m} b_k - \sum_{k=r}^{m} c_k$

(S.4) $\displaystyle\sum_{k=r}^{m} a_k + \sum_{k=m+1}^{n} a_k = \sum_{k=r}^{n} a_k$

Dabei sind $r, m, n \in \mathbf{Z}$; $a_k, b_k, c_k, d \in \mathbf{R}$

GAUSSsche Summenformel

$$\sum_{i=1}^{n} i = \frac{n(n+1)}{2}$$

Summenformel der arithmetischen Reihe

$$a_r + a_{r+1} + \ldots + a_m = \frac{a_r + a_m}{2} \cdot (m - r + 1) \ , \ r, m \in \mathbf{Z}$$

Summenformel der geometrischen Reihe

$$\sum_{k=r}^{m} q^k = \frac{q^r - q^{m+1}}{1 - q}, \ \text{für } q \in \mathbf{R} \setminus \{0,1\} \ , \ r, m \in \mathbf{Z}$$

$$\sum_{k=0}^{m} q^k = \frac{1 - q^{m+1}}{1 - q}, \ \text{für } q \in \mathbf{R} \setminus \{0,1\}, \ m \in \mathbf{N} \cup \{0\}$$

Potenzregeln

(P.1) $\left(\dfrac{a \cdot b}{c}\right)^m = \dfrac{a^m \cdot b^m}{c^m}, \ c \neq 0$

(P.2) $a^m \cdot a^{n-m} = a^n$ oder (P.2') $a^m \cdot a^s = a^{m+s}$

Potenzen mit gleicher Basis werden multipliziert, indem man die Exponenten addiert.

(P.3) $(a^s)^m = (a^m)^s = a^{m \cdot s}.$

Potenzen werden potenziert, indem man die Exponenten multipliziert.

Dabei sind $a, b, c \in \mathbf{R}, \ m, n, s \in \mathbf{N}$

Weiterhin gilt:

$a^0 = 1$ für $a \in \mathbf{R}, a \neq 0$

$a^{-n} = \dfrac{1}{a^n}$ für $a \in \mathbf{R}, a \neq 0, n \in \mathbf{N}$

Binomischer Lehrsatz

$$(a + b)^n = \sum_{k=0}^{n} \binom{n}{k} a^{n-k} b^k$$

Rechenregeln für Binomialkoeffizienten

$$\binom{n}{k} = \frac{n \cdot (n-1) \cdot (n-2) \cdots (n-k+1)}{1 \cdot 2 \cdot 3 \cdots k} = \frac{n!}{k!(n-k)!} \ , \ n \in \mathbf{N}, k = 1, 2, \ldots, n$$

$$\binom{n+1}{k+1} = \binom{n}{k} + \binom{n}{k+1} \qquad \text{für } k = 0, 1, 2, ..., n$$

$$\binom{n}{k} = \binom{n}{n-k} \qquad \text{für } k = 0, 1, 2, ..., n$$

Aufgaben

1.1 **a.** Gegeben sind die Mengen

$$A = \{1, 2, b, c, d, \Delta\}, \quad B = \{1, 3, 4, \Delta, \square\}, \quad C = \{1, 5, 6, a, b, c\}$$

Tragen Sie die Elemente dieser Mengen in ein geeignetes VENN-Diagramm ein.

b. Bestimmen Sie - soweit vorhanden - das Maximum und das Minimum der Mengen

$$A = [1, 7] \, \Delta \, [4, 7] \quad \text{und} \quad B = \{x \in \mathbf{N} \mid 4 < x < 9\}$$

1.2 Gegeben sind die Mengen

$$A = \{x \in \mathbf{N} \mid 5 \leq x < 10\}, \quad B = [4, 7], \quad C = \,]1, 6] \quad \text{und} \quad D = \{2, 4\}$$

a. Bilden sie die Allmenge $E = A \cup B \cup C \cup D$ und bestimmen Sie das Infimum, das Supremum, das Minimum und das Maximum von E.

b. Bilden Sie die Potenzmenge von D.

c. Bilden Sie die Mengen $A \, \Delta \, C$ und $(B \cup C)'$.

1.3 Gegeben sind die Mengen $A = \,]{-7}, 2]$ und $B = \{x \in \mathbf{Z} \mid 1 < x < 7\}$

a. Bestimmen Sie - soweit möglich - das Infimum und das Minimum von A bzw. das Supremum und das Maximum von B.

b. Stellen Sie die Menge $C = A \, \Delta \, B$ auf einem Zahlenstrahl dar.

1.4 Auf dem Studienkolleg Harry Bo studieren zurzeit 400 Personen, wobei das weibliche Geschlecht mit einem Anteil von 70 % dominiert.
Während 80 dieser Studentinnen am liebsten Lakritzschnecken essen, bevorzugen 60 % der Studenten Gummibärchen.

a. Wie viel Prozent der insgesamt 400 Studierenden bevorzugen Gummibärchen?

b. Wie viele (männliche) Studenten essen am liebsten Lakritzschnecken?

Veranschaulichen Sie den Lösungsweg anhand eines geeigneten VENN-Diagramms und gehen Sie davon aus, dass jeder Student/jede Studentin genau eine dieser beiden Konfektarten bevorzugt!

1.5 Die Belegschaft einer Firma setzt sich aus 200 Angestellten und 500 Arbeitern zusammen. 20 % der Angestellten sind weiblichen Geschlechts. Wie viele Arbeiterinnen beschäftigt die Firma, wenn die Belegschaft insgesamt zu 60 % aus Männern besteht?
Lösung mit Hilfe eines Venn-Diagramms erwünscht!

1.6 In Venn's Pizzeria werden nur 4 Sorten Pizza angeboten:

1. Pizza mit Paprika und Salami ("P + S")

2. Pizza mit Paprika und Champignons ("P + C")

3. Pizza mit Salami und Champignons ("S + C")

4. Pizza "mit allem" ("P + S + C"), also mit Paprika, Salami und
   Champignons

Von den Zutaten werden pro Pizza jeweils 30g verbraucht (sofern sie für die jeweilige Pizza benötigt werden). Bei Öffnung des Lokals am Vormittag waren von jeder Zutat 3 kg vorhanden, die bis auf 420g Salami bei Geschäftsschluss am Abend verbraucht sind. Wie viele Pizzen der Sorte "P + S" und wie viele insgesamt wurden im Laufe des Tages verkauft, wenn der Absatz bei Pizza "mit allem" 50 Stück betrug?
Lösung mit Hilfe eines VENN-Diagramms.

1.7 Der Händler G. Legenheit kauft zu einem äußerst günstigen Preis einen Restposten von 1.000 Dreifarben-Kugelschreibern mit den Farben schwarz, rot und grün.
Bei der Überprüfung der Ware stellt er fest, dass von diesen Kugelschreibern

20 % nicht schwarz

30 % nicht rot

60 % nicht grün

  8 % weder schwarz noch rot noch grün

10 % weder rot noch grün

16 % weder schwarz noch grün

schreiben. Ergänzend teilt ihm sein Gehilfe mit, dass bei 12 % der Kugelschreiber genau zwei Minen defekt sind.

Wählen sie **geeignete** Mengen, zeichnen Sie diese in ein VENN-Diagramm und ermitteln Sie damit

a. bei wie vielen Kugelschreibern ausschließlich die grüne Mine defekt ist.

b. wie viele Kugelschreiber nur grün schreiben.

c. wie viel Prozent der Kugelschreiber fehlerfrei sind.

1.8 Welche reellen Zahlen genügen der Ungleichung?

    a. $(x+3)^2 \geq (2x-2)^2$ **b.** $|2x+7| + |x-3| \leq 82$

    c. $2\,|x-5|-3\,|2x+7| > 7$

1.9 Für welche reellen Zahlen gilt?

    a. $\dfrac{4x-3}{5-2x} \leq 7$ **b.** $\dfrac{9x^2+69}{54x+3} \geq -1$

    c. $x^2 - |2x+1| \leq 7$

1.10 Welche reellen Zahlen genügen der Ungleichung?

    a. $\dfrac{2x-24}{5-x} \geq 2x$ **b.** $\dfrac{5-7x}{3x-9} \leq x$

    c. $\dfrac{2x+3}{5-x} \leq 3x-1$

1.11 Welche reellen Zahlen genügen der Ungleichung?

    a. $\dfrac{2x+3}{x-3} \leq 3x-1$ **b.** $\dfrac{6+3x}{x-5} \leq x+2$

1.12 Schreiben Sie die nachfolgenden Summen in abgekürzter Schreibweise mit Hilfe des Summenzeichens und berechnen Sie dann die Summen.

    a. $7-3+1+\cdots+45$ **b.** $82+75+\ +(-16)$

    c. $52+46+40+\cdots+(-26)$

1.13 Vereinfachen und berechnen Sie die folgenden Doppelsummen:

$$\textbf{a.}\quad \sum_{k=2}^{4} \sum_{j=1}^{3} (kj^2 - 2(k+3) + j) \qquad\qquad \textbf{b.}\quad \sum_{s=-1}^{2} \sum_{t=0}^{3} (3st^3 - 2s^2 + t)$$

$$\textbf{c.}\quad \sum_{k=4}^{6} \sum_{i=1}^{3} (4ik + 3i^2k - 2) \qquad\qquad \textbf{d.}\quad \sum_{j=1}^{3} \sum_{k=2}^{4} (2k^2j - 4k - 6j)$$

1.14 Berechnen Sie die folgenden Doppelsummen:

$$\textbf{a.}\quad \sum_{k=1}^{4} \sum_{j=-1}^{1} (3kj^2 - 2k^2j + 5) \qquad\qquad \textbf{b.}\quad \sum_{k=2}^{6} \sum_{j=1}^{4} (3j^2 - 4jk + 2k - 4)$$

$$\textbf{c.}\quad \sum_{k=2}^{5} \sum_{j=-2}^{2} (3k - j^2k + 4j) \qquad\qquad \textbf{d.}\quad \sum_{k=0}^{2} \sum_{j=-1}^{3} [kj^2 + j \cdot (5 - 4k)]$$

1.15 Berechnen Sie die folgenden Doppelsummen:

$$\textbf{a.}\quad \sum_{i=2}^{5} \sum_{k=1}^{3} (3i - ik^2 + 5k) \qquad\qquad \textbf{b.}\quad \sum_{k=2}^{5} \sum_{j=-2}^{2} (3k^2 - j^2k + 5j)$$

1.16 Berechnen Sie die nachfolgenden Summen:

$$\textbf{a.}\quad \sum_{k=3}^{15} 3 \cdot 4^{7-k} \cdot (-2)^k \qquad\qquad \textbf{b.}\quad \sum_{k=0}^{19} (3k + (-1)^k - 8)$$

$$\textbf{c.}\quad \sum_{k=4}^{18} (10 \cdot 3^{k-3} - 2k - 3^{15}) \qquad\qquad \textbf{d.}\quad \sum_{i=3}^{18} \frac{1}{9} \cdot (2^{i-3} + 3i)$$

1.17 Berechnen Sie die folgenden Summen:

$$\textbf{a.}\quad \sum_{k=5}^{20} (2^{k-4} + 3(k-5) - 2^{13})$$

$$\textbf{b.}\quad \sum_{k=7}^{15} (k^2 + 5k + 3^{2k}) - \sum_{i=12}^{20} ((i-3)^2 + 9^{i-5})$$

1.18 Vereinfachen Sie die folgenden Summen:

a. $\displaystyle\sum_{j=5}^{18}\binom{15}{j-3}\cdot 2^{j-1}\cdot(-1)^{3-j}$

b. $\displaystyle\sum_{j=2}^{19}\binom{18}{j-2}\cdot(-2)^{21-j}$

c. $\displaystyle\sum_{s=4}^{12}\binom{9}{s-3}\cdot 2^{s}\cdot(-1)^{10-s}$

d. $\displaystyle\sum_{j=3}^{23}\binom{20}{j-3}\cdot 3^{j}\cdot(-2)^{21-j}$

1.19 Berechnen Sie die folgenden Summen:

a. $\displaystyle\sum_{j=4}^{23}\binom{20}{j-3}\cdot(-2)^{j-1}$

b. $\displaystyle\sum_{i=4}^{25}\binom{22}{i-3}\cdot(-2)^{i}$

c. $\displaystyle\frac{1}{5}\sum_{j=3}^{23}\binom{20}{j-3}\cdot 5^{j}\cdot(-4)^{24-j}$

d. $\displaystyle\sum_{k=3}^{22}\binom{20}{k-2}\cdot 2^{3+k}\cdot(-1)^{19-k}$

1.20 Berechnen Sie die folgenden Produkte:

a. $\displaystyle\prod_{k=1}^{3}\frac{3^{k}(5-2^{k})}{9k}$

b. $\displaystyle\frac{1}{8}\cdot\prod_{k=-1}^{2}\frac{4(k-3)}{2^{k}}$

c. $\displaystyle 2\prod_{t=2}^{11}\left(\frac{t^{2}+5t+6}{t+3}-4\right)$

d. $\displaystyle\frac{27}{8}\cdot\prod_{k=-1}^{3}\frac{2^{k}}{3}$

1.21 Vereinfachen Sie die folgenden Produkte:

a. $\displaystyle 3\cdot\prod_{i=-1}^{2}\frac{2^{i}(i-3)}{4i-2}$

b. $\displaystyle\frac{25}{8}\cdot\prod_{k=-2}^{2}\frac{3-k}{5\cdot 2^{k}}$

c. $\displaystyle 9\cdot\prod_{i=2}^{5}\frac{i-1}{3i}$

d. $\displaystyle\prod_{k=2}^{3}\frac{k+3}{2^{k+1}}$

Lösungen

1.1   **a.**

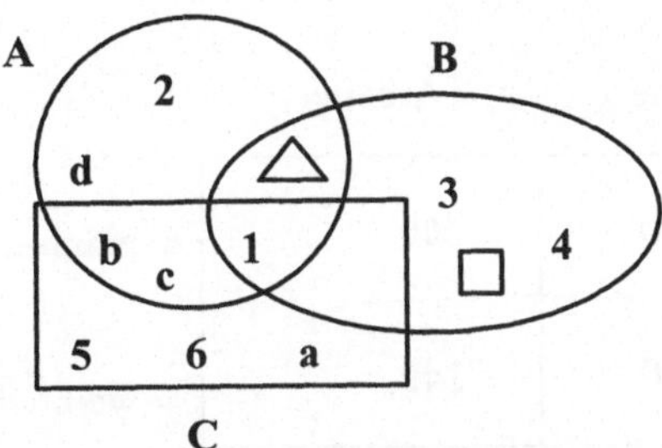

    b. $A = [1, 4[,\ \text{Min } A = 1,\ \nexists \text{ Max } A;\ B = \{5, 6, 7, 8\},\ \text{Min } B = 5,\ \text{Max } B = 8$

1.2   **a.** $E =]1, 7] \cup \{8, 9\};\ 9 = \text{Sup } E = \text{Max } E;\ 1 = \text{Inf } E,\ \nexists \text{ Min } E$

      b. $\wp D = \{\varnothing, \{2\}, \{4\}, \{2, 4\}\}$

      c. $A \,\Delta\, C = \{7, 8, 9\} \cup\,]1, 5[\,\cup\,]5, 6[;\ (B \cup C)' = (]1, 7])' = \{8, 9\}$

1.3   **a.** $\text{Inf } A = -7,\ \nexists \text{ Min } A;\ \ \text{Max } B = \text{Sup } B = 6$

      b. $C =]-7, 2[\,\cup\, \{3, 4, 5, 6\}$

1.4

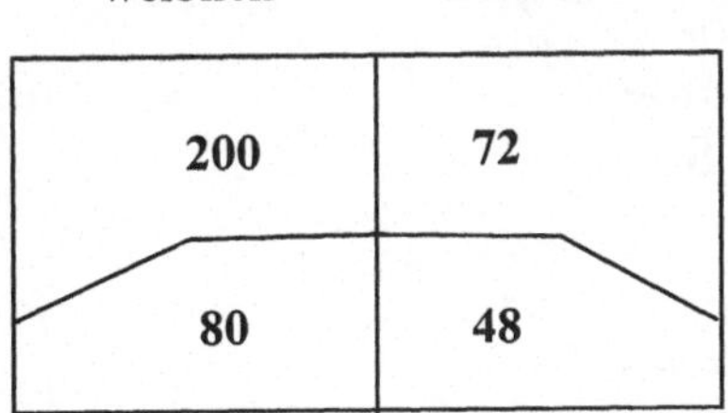

70 % von 400 = 280 weibliche Studenten

400 − 280 = 120 männliche Studenten

60 % von 120 = 72

a. 272 Studierende, das sind 68 %, bevorzugen Gummibärchen.

b. 48 (männliche) Studenten essen am liebsten Lakritzschnecken

1.5

Angestellte   Arbeiter

160	260	männlich
40	240	weiblich

20 % von 200 =   40 weibliche Angestellte
60 % von 700 = 420 Männer

200 − 40 = 160 männliche Angestellte
420 − 160 = 260 männliche Arbeiter
500 − 260 = 240 weibliche Arbeiter
Die Firma beschäftigt 240 Arbeiterinnen.

1.6

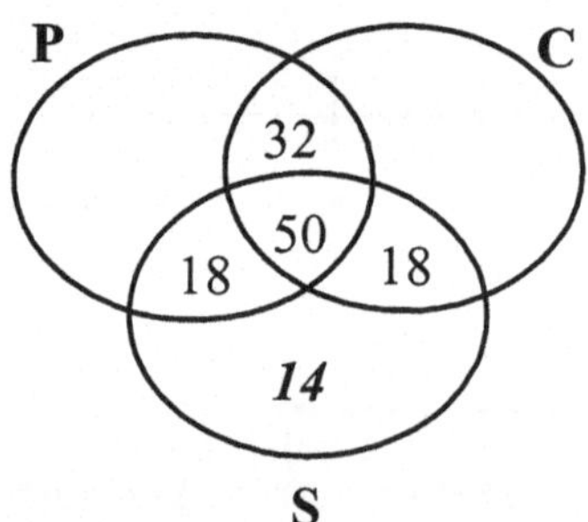

$3000 : 30 = 100$
$420 : 30 = 14$
$100 − (50 + 14) = 100 − 64 = 36$
$100 − 68 = 32$

Es wurden 18 Pizzen, der Sorte "P + S" verkauft.

Insgesamt wurden $50 + 32 + 2 \cdot 18 = 100 + 18 = 118$ Pizzen verkauft.

1.7   A = nicht schwarz, B = nicht rot, C = nicht grün

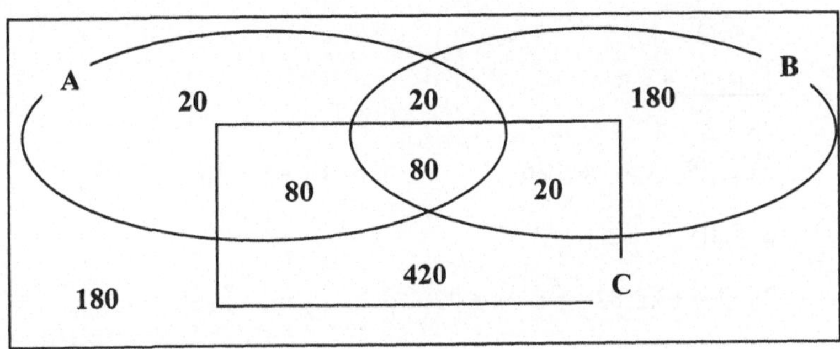

$|(A \cap B) \cup (A \cap C) \cup (B \cap C) \setminus (A \cap B \cap C)| = 120$

a. Bei 420 Kugelschreibern ist ausschließlich die grüne Mine defekt.

b. 20 Kugelschreiber schreiben nur grün.

c. $\frac{1}{1000}(1000 - (20 + 20 + 180 + 80 + 80 + 20 + 420)) = \frac{180}{1000} = 18\,\%$ der Kugelschreiber sind fehlerfrei.

1.8 a.

$(x+3)^2 \geq (2x-2)^2 \quad \Leftrightarrow \quad |x+3| \geq |2x-2|$

$x+3 \geq 0 \quad \Leftrightarrow \quad x \geq -3, \quad 2x-2 \geq 0 \quad \Leftrightarrow \quad x \geq 1$

<u>1. Fall:</u> $x \geq 1$

$x+3 \geq 2x-2 \quad \Leftrightarrow \quad 5x \geq x, \quad \text{d.h. } L_1 = [1,5]$

<u>2. Fall:</u> $-3 \leq x < 1$

$x+3 \geq -(2x-2) \quad \Leftrightarrow \quad 3x \geq -1 \quad \Leftrightarrow \quad x \geq -\frac{1}{3}, \quad \text{d.h. } L_2 = [-\frac{1}{3}, 1[$

<u>3. Fall:</u> $x < -3$

$-(x+3) \geq -(2x-2) \quad \Leftrightarrow \quad 5 \leq x, \quad \text{d.h. } L_3 = \varnothing$

$\Rightarrow L = L_1 \cup L_2 \cup L_3 = [-\frac{1}{3}, 5]$

b.

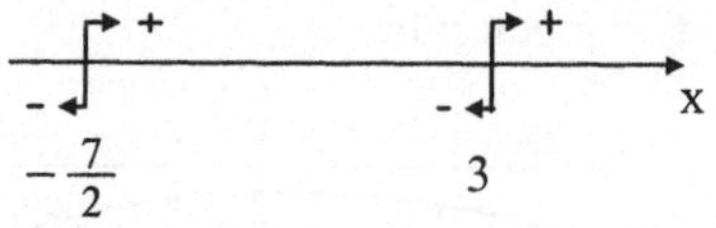

$$-\frac{7}{2} \qquad\qquad 3 \qquad\qquad x$$

<u>1. Fall:</u> $x \geq 3$

$2x + 7 + x - 3 \leq 82$

$3x \leq 78 \quad \Leftrightarrow \quad x \leq 26, \qquad\qquad$ d. h. $L_1 = [3, 26]$

<u>2. Fall:</u> $-\frac{7}{2} \leq x < 3$

$2x+7-x+3 \leq 82 \quad \Leftrightarrow \quad x \leq 72, \quad$ d. h. $L_2 = [-\frac{7}{2}, 3[$

<u>3. Fall:</u> $x < -\frac{7}{2}$

$-2x - 7 - x + 3 \leq 82$

$-3x \leq 86 \quad \Leftrightarrow \quad x \geq -\frac{86}{3}, \qquad$ d. h. $L_3 = [-\frac{86}{3}, -\frac{7}{2}[$

$L = L_1 \cup L_2 \cup L_3 = [-\frac{86}{3}, 26]$

c.

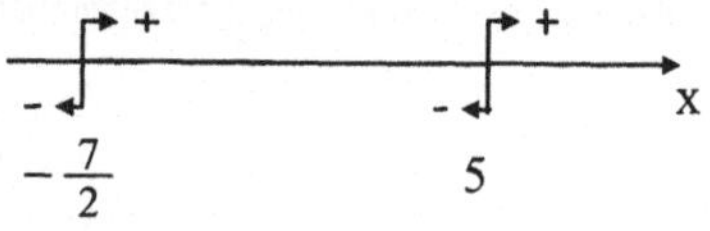

$$-\frac{7}{2} \qquad\qquad 5 \qquad\qquad x$$

$x - 5 \geq 0 \quad \Leftrightarrow \quad x \geq 5 \;, \quad 2x + 7 \geq 0 \quad \Leftrightarrow \quad x \geq -\frac{7}{2}$

<u>1. Fall:</u> $x \geq 5$

$2x - 10 - 6x - 21 > 7$

$-38 > 4x \quad \Leftrightarrow \quad -\frac{38}{4} > x, \qquad$ d. h. $L_1 = \varnothing$

<u>2. Fall:</u> $-\frac{7}{2} \leq x < 5$

$-2x + 10 - 6x - 21 > 7$

$-18 > 8x \quad \Leftrightarrow \quad -\frac{9}{4} > x, \qquad$ d. h. $L_2 =]-\frac{7}{2}, -\frac{9}{4}[$

<u>3. Fall:</u> $x < -\frac{7}{2}$

$-2x + 10 + 6x + 21 > 7$

$4x > -24 \quad \Leftrightarrow \quad x > -6, \qquad$ d. h. $L_3 =]-6, -\frac{7}{2}[$

$L =]-6, -\frac{9}{4}[$

1.9　**a.** $\dfrac{4x-3}{5-2x}\le 7$　　　　　$D=\mathbf{R}\backslash\{\tfrac{5}{2}\}$

<u>1. Fall</u>　$5-2x>0 \Leftrightarrow x<\tfrac{5}{2}$　　　　　<u>2. Fall</u>　$x>\tfrac{5}{2}$

$4x-3\le 35-14x$

$18x\le 38$

$x\le\dfrac{19}{9}$　　　　　　　　　　　　　　　$x\ge\dfrac{19}{9}$

$L_1=\,]-\infty,\tfrac{19}{9}]$　　　　　　　　　　$L_2=\,]\tfrac{5}{2},+\infty[$

$\Rightarrow$　　　$L=\,]-\infty,\tfrac{19}{9}]\cup\,]\tfrac{5}{2},+\infty[\,=\mathbf{R}\backslash\,]-\tfrac{19}{9},\tfrac{5}{12}]$

b. $\dfrac{9x^2+69}{54x+3}\ge -1$　　　　　　$D=\mathbf{R}\backslash\{\tfrac{1}{18}\}$

<u>1. Fall</u>　$54x+3>0 \Leftrightarrow x>-\tfrac{1}{18}$　　　<u>2. Fall</u>　$x<-\tfrac{1}{18}$

$9x^2+69\ge -54x-3$

$9x^2+54x\ge -72$

$x^2+6x\ge -8$

$(x+3)^2\ge 1$

$|x+3|\ge 1$　　　　　　　　　　　　　　$|x+3|\le 1$

$x+3\le -1$　oder　$1\le x+3$　　　　　$-1\le x+3\le 1$

$x\le -4$　　oder　　$-2\le x$　　　　　$-4\le x\le -2$

$L_1=\,]-\tfrac{1}{18},+\infty[$　　　　　　　　$L_2=[-4,-2]$

$\Rightarrow$　　　　$L=[-4,-2]\cup\,]-\tfrac{1}{18},+\infty[$

c. $x^2-|2x+1|\le 7$

<u>1. Fall:</u>　$2x+1\ge 0 \Leftrightarrow x\ge -\tfrac{1}{2}$　　　<u>2. Fall:</u>　　$x<-\tfrac{1}{2}$

$x^2-2x-1\le 7$　　　　　　　　　　$x^2+2x+1\le 7$

$x^2-2x+1\le 9$　　　　　　　　　　$(x+1)^2\le 7$

$(x-1)^2\le 3^2$　　　　　　　　　　$|x+1|\le\sqrt{7}$

$|x-1|\le 3$　　　　　　　　　　　　$-\sqrt{7}\le x+1\le\sqrt{7}$

$-3\le x-1\le 3$　　　　　　　　　　$-1-\sqrt{7}\le x\le\sqrt{7}-1$

$L_1=[-\tfrac{1}{2},4]$　　　　　　　　　$L_2=[-1-\sqrt{7},-\tfrac{1}{2}[$

$\Rightarrow$　　　　　$L=[-1-\sqrt{7},\,4]$

1.10 a. $\dfrac{2x-24}{5-x} \geq 2x \quad D = \mathbf{R} \setminus \{5\}$

$\underline{\text{1. Fall:}}\ 5-x > 0 \quad \Leftrightarrow \quad 5 > x \qquad\qquad \underline{\text{2. Fall:}}\ 5 < x$

$2x - 24 \geq 2x(5-x) \quad |:2$

$x - 12 \geq 5x - x^2$

$x^2 - 4x + 2^2 \geq 12 + 4$

$(x-2)^2 \geq 16$

$|x-2| \geq 4 \qquad\qquad\qquad\qquad\qquad\qquad |x-2| \leq 4$

$x - 2 \leq -4 \text{ oder } 4 \leq x - 2 \qquad\qquad\qquad -4 \leq x - 2 \leq 4$

$x \leq -2 \text{ oder } 6 \leq x \qquad\qquad\qquad\qquad -2 \leq x \leq 6$

$L_1 =]-\infty, -2] \qquad\qquad\qquad\qquad\qquad L_2 =]5, 6]$

$\Rightarrow \qquad\qquad\qquad L =]-\infty, -2] \cup]5, 6]$

b. $\dfrac{5-7x}{3x-9} \leq x \qquad D = \mathbf{R} \setminus \{3\}$

$\underline{\text{1. Fall:}}\ 3x - 9 > 0 \Leftrightarrow x > 3 \qquad\qquad \underline{\text{2. Fall:}}\ x < 3$

$5 - 7x \leq 3x^2 - 9x$

$5 \leq 3x^2 - 2x$

$\dfrac{5}{3} + \dfrac{1}{9} \leq x^2 - \dfrac{2}{3}x + \left(\dfrac{1}{3}\right)^2$

$\dfrac{16}{9} \leq \left(x - \dfrac{1}{3}\right)^2$

$\dfrac{4}{3} \leq \left|x - \dfrac{1}{3}\right| \qquad\qquad\qquad\qquad\qquad \dfrac{4}{3} \geq \left|x - \dfrac{1}{3}\right|$

$x - \dfrac{1}{3} \leq -\dfrac{4}{3} \text{ oder } x - \dfrac{1}{3} \geq \dfrac{4}{3} \qquad\qquad -\dfrac{4}{3} \leq x - \dfrac{1}{3} \leq \dfrac{4}{3}$

$x \leq -1 \text{ oder } x \geq \dfrac{5}{3} \qquad\qquad\qquad\qquad -1 \leq x \leq \dfrac{5}{3}$

$L_1 =]3, +\infty[\qquad\qquad\qquad\qquad\qquad\qquad L_2 = [-1, \tfrac{5}{3}]$

$\Rightarrow \qquad\qquad\qquad L = [-1, \tfrac{5}{3}] \cup]3, +\infty[$

c. $\dfrac{2x+3}{5-x} \leq 3x - 1 \quad D = \mathbf{R} \setminus \{5\}$

$\underline{\text{1. Fall:}}\ 5 - x > 0 \Leftrightarrow 5 > x \qquad\qquad \underline{\text{2. Fall:}}\ 5 - x < 0 \Leftrightarrow 5 < x$

$2x + 3 \leq 15x - 5 - 3x^2 + x$

$3x^2 - 14x \leq -8$

$x^2 - \dfrac{14}{3}x \leq -\dfrac{8}{3}$

$$\left(x - \tfrac{7}{3}\right)^2 \leq \tfrac{49}{9} - \tfrac{8}{3} = \tfrac{25}{9}$$

$$\left|\,x - \tfrac{7}{3}\,\right| \leq \tfrac{5}{3} \qquad\qquad\qquad\qquad \left|\,x - \tfrac{7}{3}\,\right| \geq \tfrac{5}{3}$$

$$-\tfrac{5}{3} \leq x - \tfrac{7}{3} \leq \tfrac{5}{3} \qquad\qquad\qquad x - \tfrac{7}{3} \leq -\tfrac{5}{3}$$

$$\text{oder } \tfrac{5}{3} \leq x - \tfrac{7}{3}$$

$$\tfrac{2}{3} \leq x \leq 4 \qquad\qquad\qquad\qquad x \leq \tfrac{2}{3} \text{ oder } 4 \leq x$$

$$L_1 = [\tfrac{2}{3}, 4] \qquad\qquad\qquad\qquad L_2 = \,]5, +\infty[$$

$$\Rightarrow \qquad\qquad L = [\tfrac{2}{3}, 4] \cup \,]5, +\infty[$$

1.11 a. $\dfrac{2x+3}{x-3} \leq 3x - 1 \qquad D = \mathbf{R} \setminus \{3\}$

<u>1. Fall</u>: $x - 3 > 0 \Leftrightarrow x > 3$ $\qquad\qquad$ <u>2. Fall</u>: $x < 3$

$$2x + 3 \leq 3x^2 - 10x + 3$$

$$0 \leq 3x^2 - 12x| :3$$

$$4 \leq (x^2 - 4x + 4)$$

$$2 \leq |x - 2| \qquad\qquad\qquad\qquad 2 \geq |x - 2|$$

$$x - 2 \leq -2 \text{ oder } 2 \leq x - 2 \qquad\qquad -2 \leq x - 2 \leq 2$$

$$x \leq 0 \text{ oder } 4 \leq x \qquad\qquad\qquad 0 \leq x \leq 4$$

$$L_1 = [4, +\infty[\qquad\qquad\qquad\qquad L_2 = [0, 3[$$

$$\Rightarrow \qquad\qquad L = [0, 3[\,\cup\, [4, +\infty[$$

b. $\dfrac{6+3x}{x-5} \leq x + 2 \qquad D = \mathbf{R} \setminus \{5\}$

<u>1. Fall</u>: $x - 5 > 0 \Leftrightarrow x > 5$ $\qquad\qquad$ <u>2. Fall</u>: $x < 5$

$$6 + 3x \leq x^2 - 3x - 10$$

$$16 + 9 \leq x^2 - 6x + 9$$

$$25 \leq (x - 3)^2$$

$$5 \leq |x - 3| \qquad\qquad\qquad\qquad 5 \geq |x - 3|$$

$$x - 3 \leq -5 \text{ oder } 5 \leq x - 3 \qquad\qquad -5 \leq x - 3 \leq 5$$

$$x \leq -2 \text{ oder } 8 \leq x \qquad\qquad\qquad -2 \leq x \leq 8$$

$$L_1 = [8, +\infty[\qquad\qquad\qquad\qquad L_2 = [-2, 5[$$

$$\Rightarrow \qquad\qquad L = [-2, 5[\,\cup\, [8, +\infty[$$

1.12 a. $d = 4, \quad n = \dfrac{45-(-7)}{4} + 1 = \dfrac{52}{4} + 1 = 13 + 1 = 14$

$$\sum_{k=1}^{14}(-7 + 4(k-1)) = \sum_{k=1}^{14}(-11 + 4k) = \dfrac{-7+45}{2} \cdot 14 = 19 \cdot 14 = 266$$

Alternativ: $\qquad = -11 \cdot 14 + 4 \cdot \dfrac{14 \cdot 15}{2} = 14 \cdot (-11 + 30) = 14 \cdot 19 = 266$

b. $-(82 - 75) = -7 = d, \quad n = \dfrac{82-(-16)}{7} + 1 = \dfrac{98}{7} + 1 = 14 + 1 = 15$

$$\sum_{k=1}^{15}(82 - 7(k-1)) = \sum_{k=1}^{15}(89 - 7k) = 89 \cdot 15 - 7 \cdot \dfrac{15 \cdot 16}{2}$$

$$= 15 \cdot (89 - 56) = 495$$

Alternativ: $82 + 75 + \ldots + (-16) = \dfrac{82-16}{2} \cdot 15 = \dfrac{66}{2} \cdot 15 = 33 \cdot 15 = 495$

c. $d = -6, \qquad n = \dfrac{52-(-26)}{6} + 1 = \dfrac{78}{6} + 1 = 13 + 1 = 14$

$$52 + 46 + \ldots + (-26) = \sum_{k=1}^{14}(52 - 6(k-1))$$

$$= \sum_{k=1}^{14}(58 - 6k) = 14 \cdot \dfrac{52-26}{2} = 14 \cdot \dfrac{26}{2} = 182$$

1.13 a. $\displaystyle \sum_{k=2}^{4}\left[\sum_{j=1}^{3}\left(kj^2 + 2(k+3) + j \right) \right]$

$$= \sum_{k=2}^{4}\left[k(1 + 4 + 9) - 6(k+3) + (1 + 2 + 3) \right]$$

$$= \sum_{k=2}^{4}\left[14k - 6k - 18 + 6 \right] = \sum_{k=2}^{4}(8k - 12)$$

$$= 8(2 + 3 + 4) - 12(4 - 2 + 1) = 72 - 36 = 36$$

b. $\displaystyle \sum_{s=-1}^{2} \sum_{t=0}^{3}\left(3st^3 - 2s^2 + t \right) = \sum_{s=-1}^{2}\left[3s \sum_{t=0}^{3} t^3 - 2s^2(2 + 1 + 1) + (0 + 1 + 2 + 3) \right]$

$$= \sum_{s=-1}^{2}\left[3s(0 + 1 + 8 + 27) - 8s^2 + 6 \right] = \sum_{s=-1}^{2}\left[108s - 8s^2 + 6 \right]$$

$$= 108(-1+0+1+2) - 8(1+0+1+4) + 6(2+1+1)$$

$$= 216 - 48 + 24 = +192$$

c. $\displaystyle\sum_{k=4}^{6}\left(\sum_{i=1}^{3}(4ki + 3ki^2 - 2)\right)$

$$= \sum_{k=4}^{6}(4k\underbrace{(1+2+3)}_{6} + 3k\underbrace{(1+4+9)}_{14} - 2\cdot 3) = \sum_{k=4}^{6}(66k - 6)$$

$$= 66\cdot\underbrace{(4+5+6)}_{15} - 6\cdot\underbrace{(6-4+1)}_{3} = 990 - 18 = 972$$

d. $\displaystyle\sum_{j=1}^{3}\left[\sum_{k=2}^{4}(2kj - 4k - 6j)\right] =$

$$= \sum_{j=1}^{3}\left[2j(4+9+16) - 4(2+3+4) - 6j(4-2+1)\right] =$$

$$= \sum_{j=1}^{3}\left[58j - 36 - 18j\right] = 40(1+2+3) - 36\cdot 3 = 240 - 108 = 132$$

1.14 a. $\displaystyle\sum_{k=1}^{4}\left[\sum_{j=-1}^{1}(3kj^2 - 2k^2 j + 5)\right] = \sum_{k=1}^{4}\left[3k(1+0+1) - 2k^2(-1+0-1) + 5\cdot 3\right]$

$$= \sum_{k=1}^{4}\left[6k + 15\right] = 6\cdot\frac{4\cdot 5}{2} + 15\cdot 4 = 60 + 60 = 120$$

b. $\displaystyle\sum_{k=2}^{6}\left[\sum_{j=1}^{4}(3j^2 - 4jk + 2k - 4)\right]$

$$= \sum_{k=2}^{6}\left[3(1+4+9+16) - 4k(1+2+3+4) + (2k-4)4\right]$$

$$= \sum_{k=2}^{6}\left[90 - 40k + 8k - 16\right]$$

$$= \sum_{k=2}^{6}\left[74 - 32k\right] = 74(6-2+1) - 32(2+3+4+5+6)$$

$$= 370 - 640 = -270$$

c. $\displaystyle\sum_{k=2}^{5}\left[\sum_{j=-2}^{2}(3k-j^2k+4j)\right]$

$\displaystyle=\sum_{k=2}^{5}\left[3k\cdot 5-k\left((-2)^2+(1)^2+0^2+1^2+2^2\right)+4(-2-1+0+1+2)\right]$

$\displaystyle=\sum_{k=2}^{5}[5k]=5\cdot(2+3+4+5)=70$

d. $\displaystyle\sum_{k=0}^{2}\left[k\sum_{j=-1}^{3}j^2+(5-4k)\sum_{j=-1}^{3}j\right]$

$\displaystyle=\sum_{k=0}^{2}\left[k\cdot\underbrace{(1+0+1+4+9)}_{=15}+(5-4k)\cdot\underbrace{(-1+0+1+2+3)}_{=5}\right]$

$\displaystyle=\sum_{k=0}^{2}[\underbrace{15k+25-20k}_{=25-5k}]=3\cdot 25-5\cdot\underbrace{(0+1+2)}_{=3}=75-15=60$

1.15 a. $\displaystyle\sum_{i=2}^{5}\sum_{k=1}^{3}\left(3i-ik^2+5k\right)=\sum\left(3i\cdot 3-i\sum_{k=1}^{3}k^2+5\sum_{k=1}^{3}k\right)$

$\displaystyle=\sum_{i=2}^{5}\left(9i-i\,(1+2^2+3^2)+5(1+2+3)\right)=\sum_{i=2}^{5}(-5i+30)$

$\displaystyle=-5\sum_{i=2}^{5}i+30\cdot(5-2+1)=-5\cdot(2+3+4+5)+30\cdot 4=-70+120=50$

b. $\displaystyle\sum_{k=2}^{5}\left[\sum_{j=-2}^{2}(3k^2-j^2k+5j)\right]=\sum_{k=2}^{5}\left[3k^2\cdot 5-k\sum_{j=-2}^{2}j^2+5\sum_{j=-2}^{2}j\right]$

$\displaystyle=\sum_{k=2}^{5}[15k^2-k\cdot(4+1+0+1+4)+5\cdot(-2-1+0+1+2]$

$\displaystyle=\sum_{k=2}^{5}(15k^2-10k)=15\sum_{k=2}^{5}k^2-10\sum_{k=2}^{5}k$

$=15(4+9+16+25)-10(2+3+4+5)$

$=810-140=670$

1.16 a. $\displaystyle 3\sum_{k=3}^{15} 4^7 \cdot 4^{-k} \cdot (-2)^k = 3\cdot 4^7 \sum_{k=3}^{15}(-\tfrac{1}{2})^k = 3\cdot 4^7 \frac{(-\tfrac{1}{2})^3 - (-\tfrac{1}{2})^{16}}{1-(-\tfrac{1}{2})}$

$$= 3\cdot 4^7 \frac{-\dfrac{1}{2^3} - \dfrac{1}{2^{16}}}{\dfrac{3}{2}} = -2\cdot 4^7 (\tfrac{1}{2^3} + \tfrac{1}{2^{16}}) = -(4^6 + \tfrac{1}{2}) = -4.096{,}5$$

b. $\displaystyle \sum_{k=0}^{19}(3k + (-1)^k - 8) = 3\cdot\frac{19\cdot 20}{2} + \frac{1-(-1)^{20}}{1-(-1)} - 8\cdot \underbrace{(19-0+1)}_{20}$

$$= 570 + 0 - 160 = 410$$

c. $\displaystyle \sum_{k=4}^{18}(10\cdot 3^{k-3} - 2k - 3^{15}) \underset{\substack{j=k-3\ \ j=1}}{=} \sum^{15}(10\cdot 3^j - 2(j+3) - 3^{15})$

$$= 10\cdot\frac{3^{16} - 3^1}{3-1} - 2\cdot\frac{15\cdot 16}{2} - (6 + 3^{15})\cdot 15$$

$$= 5\cdot 3^{16} - 15 - 240 - 6\cdot 15 - 15\cdot 3^{15} = -345$$

d. $\displaystyle \sum_{i=3}^{18} \frac{1}{9}\cdot\left(2^{i-3} + 3i\right) \underset{\substack{i-3=k}}{=} \frac{1}{9}\sum_{k=0}^{15}\left(2^k + 3\cdot(k+3)\right)$

$$= \frac{1}{9}\cdot\frac{1-2^{16}}{1-2} + \frac{3}{9}\cdot\left[\frac{15\cdot 16}{2} + 3\cdot 16\right]$$

$$\frac{1}{9}\cdot(2^{16}-1) + \frac{1}{3}\cdot(120+48) = \frac{1}{9}\cdot(2^{16}-1) + 56 = 7.337{,}67$$

1.17 a. $\displaystyle \sum_{k=5}^{20}(2^{k-4} + 3\cdot(k-5) - 2^{13})$

$$\underset{\substack{j=k-4\ \ j=1 \\ j+4=k}}{=} \sum^{16}\left(2^j + 3(j-1) - 2^{13}\right) = \frac{2^1 - 2^{17}}{1-2} + 3\frac{16\cdot 17}{2} - 3\cdot 16 - 2^{13}\cdot 16$$

$$= -2 + 2^{17} + 24\cdot 17 - 48 - 2^{17} = 358$$

b. $\displaystyle\sum_{k=7}^{15}(k^2+5k+3^{2k}) - \sum_{i=12}^{20}((i-3)^2+9^{i-5})$

$$= \sum_{k=7}^{15}(k^2+5k+9^k) \underset{k=i-5}{-} \sum_{k=7}^{15}((k+2)^2+9^k)$$

$$= \sum_{k=7}^{15}\left(k^2+5k+9^k-(k^2+4k+4)-9^k\right)= \sum_{k=7}^{15}(k-4)$$

$$= \frac{15+7}{2}(15-7+1)-4(15-7+1) = 99-36 = 63$$

1.18 a. $\displaystyle\sum_{j=5}^{18}\binom{15}{j-3}2^{j-1}(-1)^{3-j} \underset{k=j-3}{=} \sum_{k=2}^{15}\binom{15}{k}2^{k+3-1}(-1)^{3-(k+3)}$

$$= 2^2\cdot\left[\sum_{k=0}^{15}\binom{15}{k}2^k(-1)^{-k} -\binom{15}{0}(-2)^0 -\binom{15}{1}(-2)^1\right]$$

$$= 4\cdot\left[\sum_{k=0}^{15}\binom{15}{k}(-2)^k 1^{15-k}\right]-4\cdot(1-30)$$

$$= 4\cdot(1-2)^{15} + 4\cdot 29 = 4\cdot 28 = 112$$

b. $\displaystyle\sum_{j=2}^{19}\binom{18}{j-2}(-2)^{21-j} \underset{k=j-2}{=} \sum_{k=0}^{17}\binom{18}{k}(-2)^{21-(k+2)}$

$$= \sum_{j=0}^{18}\binom{18}{k}(-2)^{19-k} -\binom{18}{18}(-2)^{19-18}$$

$$= (-2)\sum_{j=0}^{18}\binom{18}{k}(-2)^{18-k}\cdot 1^k -1(-2) = (-2)(1-2)^{18}+2 = 0$$

c. $\displaystyle\sum_{s=4}^{12}\binom{9}{s-3}\cdot 2^s(-1)^{10-s} \underset{j=s-3}{=} \sum_{j=1}^{9}\binom{9}{j}\cdot 2^{j+3}(-1)^{10-(j+3)}$

$$= \sum_{j=0}^{9}\binom{9}{j}\cdot 2^{j+3}(-1)^{7-j} -\binom{9}{0}\cdot 2^3(-1)^7$$

$$= 2^3(-1)^{-2}\sum_{j=0}^{9}\binom{9}{j}\cdot 2^j(-1)^{9-j} + 2^3$$

$$= 2^3(-1+2)^9 + 2^3 = 16$$

d. $\displaystyle\sum_{j=3}^{23}\binom{20}{j-3}\cdot 3^{j}(-2)^{21-j} \underset{\substack{k=j-3}}{=} \sum_{k=0}^{20}\binom{20}{k}\cdot 3^{k+3}(-2)^{21-(k+3)}$

$\displaystyle = 3^3(-2)^{-2}\sum_{k=0}^{20}\binom{20}{k}\cdot 3^{k}(-2)^{20-k}$

$\displaystyle = \frac{27}{4}(-2+3)^{20} = \frac{27}{4}$

1.19 a. $\displaystyle\sum_{j=4}^{23}\binom{20}{j-3}(-2)^{j-1} \underset{\substack{k=j-3 \\ k+3=j}}{=} \sum_{k=1}^{20}\binom{20}{k}(-2)^{k+3-1}$

$\displaystyle = \sum_{k=0}^{20}\binom{20}{k}(-2)^{k+2} -\binom{20}{0}(-2)^2 =(-2)^2\sum_{k=0}^{20}\binom{20}{k}(-2)^{k}\,1^{20-k}-4$

$\displaystyle = 4\,(1-2)20 - 4 = 0$

b. $\displaystyle\sum_{i=4}^{25}\binom{22}{i-3}(-2)^{i} \underset{\substack{k=i-3}}{=} \sum_{k=1}^{22}\binom{22}{k}(-2)^{k+3}$

$\displaystyle = (-2)^3\sum_{k=0}^{22}\binom{22}{k}(-2)^{k}\cdot 1^{22-k} -\binom{22}{0}(-2)^3$

$\displaystyle = -8\cdot(1-2)^{22} -1\cdot(-8) = 0$

c. $\displaystyle\frac{1}{5}\sum_{j=3}^{23}\binom{20}{j-3}5^{j}(-4)^{24-j} \underset{\substack{k=j-3 \\ j=k+3}}{=} \frac{1}{5}\sum_{k=0}^{20}\binom{20}{k}5^{k+3}(-4)^{24-(k+3)}$

$\displaystyle = \frac{1}{5}\sum_{k=0}^{20}\binom{20}{k}5^{k}\cdot 5^3\cdot(-4)^{21-k} = \frac{1}{5}\cdot 5^3\cdot(-4)\sum_{k=0}^{20}\binom{20}{k}\cdot 5^{k}\cdot(-4)^{20-k}$

$\displaystyle = -100\cdot(5-4)^{20} = -100$

d. $\displaystyle\sum_{k=3}^{22}\binom{20}{k-2}\cdot 2^{3+k}(-1)^{19-k} \underset{\substack{j=k-2}}{=} \sum_{j=1}^{20}\binom{20}{j}\cdot 2^{3+j+2}(-1)^{19-(j+2)}$

$\displaystyle = \sum_{j=0}^{20}\binom{20}{j}\cdot 2^{j+5}(-1)^{17-j} -\binom{20}{0}\cdot 2^5(-1)^{17}$

$$= 2^5(-1)^{-3} \sum_{j=0}^{20} \binom{20}{j} \cdot 2^j(-1)^{20-j} - 1\cdot 2^5(-1)$$

$$= -2^5\,(2-1)^{20} + 2^5 = 0$$

1.20 a. $\displaystyle \prod_{k=+1}^{3} \frac{3^k(5-2^k)}{9k} = \frac{3^1\cdot 3}{9}\cdot\frac{3^2\cdot 1}{9\cdot 2}\cdot\frac{3^3\cdot(-3)}{9\cdot 3} = -\frac{3}{2}$

b. $\displaystyle \frac{1}{8}\prod_{k=-1}^{2}\frac{4(k-3)}{2^k} = \frac{1}{8}\cdot\frac{4(-4)}{2^{-1}}\cdot\frac{4(-3)}{2^0}\cdot\frac{4(-2)}{2^1}\cdot\frac{4(-1)}{2^2} = +192$

c. $\displaystyle 2\sum_{t=2}^{11}\left(\frac{t^2+5t+6}{t+3}-4\right) = 2\sum_{t=2}^{11}\frac{(t+3)(t+2)}{(t+3)}-4 = 2\sum_{t=2}^{11}(t-2)$

$$\underset{j=t-2}{=}\ 2\sum_{j=0}^{9} j = 2\cdot\frac{9\cdot 10}{2} = 90$$

d. $\displaystyle \frac{27}{8}\prod_{k=-1}^{3}\frac{2^k}{3} = \frac{27}{8}\cdot\frac{2^{-1}}{3}\cdot\frac{2^0}{3}\cdot\frac{2^1}{3}\cdot\frac{2^2}{3}\cdot\frac{2^3}{3} = \frac{4}{9}$

1.21 a. $\displaystyle 3\prod_{i=-1}^{2}\frac{2^i(i-3)}{4i-2} = 3\cdot\frac{2^{-1}(-4)}{-6}\cdot\frac{2^0(-3)}{-2}\cdot\frac{2^1(-2)}{2}\cdot\frac{2^2(-1)}{6} = 2$

b. $\displaystyle \frac{25}{8}\cdot\prod_{k=-2}^{2}\frac{3-k}{5\cdot 2^k} = \frac{25}{8}\cdot\frac{5}{5\cdot 2^{-2}}\cdot\frac{4}{5\cdot 2^{-1}}\cdot\frac{3}{5\cdot 1}\cdot\frac{2}{5\cdot 2^1}\cdot\frac{1}{5\cdot 2^2} = \frac{3}{25}$

c. $\displaystyle 9\cdot\prod_{i=2}^{5}\frac{i-1}{3i} = 9\cdot\frac{1}{3\cdot 2}\cdot\frac{2}{3\cdot 3}\cdot\frac{3}{3\cdot 4}\cdot\frac{4}{3\cdot 5} = \frac{1}{45}$

c. $\displaystyle \prod_{k=-2}^{3}\frac{k+3}{2^{k+1}} = \frac{1}{2^{-1}}\cdot\frac{2}{2^0}\cdot\frac{3}{2^1}\cdot\frac{4}{2^2}\cdot\frac{5}{2^3}\cdot\frac{6}{2^4} = \frac{45}{32}$

2. Kombinatorik

Sätze und Regeln

Permutationen	verschiedene Elemente $P^1(n) = n!$	gruppenweise identische Elemente $P^2(n_1, n_2, ..., n_p) = \dfrac{(n_1 + n_2 + ... + n_p)!}{n_1! \cdot n_2! ... n_p!}$
Variationen	ohne Wiederholung $V_r^n = \binom{n}{r} \cdot r!$	mit Wiederholung $\overline{V}_r^n = n^r$
Kombinationen	ohne Wiederholung $C_r^n = \binom{n}{r}$	mit Wiederholung $\overline{C}_r^n = \binom{n + r - 1}{r}$

Aufgaben

2.1 **a.** Die Studentin Sch. Lau studiert am FB 2 der Universität Frankfurt BWL im 1. Semester. Zusätzlich zu den 3 im Vorlesungsverzeichnis empfohlenen Klausuren (Mathematik I, Mikroökonomie I, Grundzüge der Güterwirtschaft) möchte sie zum Semesterende 2 weitere Klausuren schreiben. Wie viele verschiedene Möglichkeiten bieten sich ihr, wenn aus sachlichen Gründen die Klausuren in Mathematik II und Statistik II nicht in die Auswahl gelangen? (Insgesamt werden 13 Klausuren angeboten!)

b. Das Morsealphabet besteht aus den beiden Zeichen "Punkt" und "Strich". Wie viele verschiedene Zeichenfolgen können aus diesen beiden Zeichen gebildet werden, wenn festgelegt wird, dass jede Zeichenfolge aus mindestens einem und höchstens sechs Zeichen besteht?

2.2 **a.** Aus fünf Grundfarben sollen Farbmischungen derart hergestellt werden, dass je drei Einheiten zu einer Farbmischung verrührt werden. Dabei dürfen auch mehrere Einheiten ein und derselben Grundfarbe verarbeitet werden. Wie viel verschiedene Farbmischungen gibt es?

b. Wie viele zweistellige Zahlen lassen sich aus den Ziffern 1, 3, 5, 7, 9 bilden, wenn innerhalb jeder Zahl eine Ziffer höchstens einmal auftreten darf?

c. 7 Männer und 6 Frauen sollen so in eine Reihe gesetzt werden, dass die Männer die Sitze mit ungeraden Nummern erhalten. Wie viele Sitzordnungen sind möglich?

2.3 **a.** Aus 5 Franzosen, 10 Engländern und 6 Deutschen sollen 2 Personen verschiedener Nationalität ausgewählt werden. Auf wie viele Arten geht das, wenn alle Personen als verschieden angesehen werden und die Reihenfolge der Auswahl keine Rolle spielt?

b. 4 Kochbücher, 5 Physikbücher und 6 Chemiebücher sollen auf einem Regal nebeneinander gestellt werden. Wie viele verschiedene Anordnungsmöglichkeiten gibt es, wenn Bücher des gleichen Stoffgebietes nebeneinander stehen sollen? Alle Bücher sind verschieden.

c. In einem Raum gibt es 8 Lampen, die man unabhängig voneinander ein- und ausschalten kann. Wie viele Beleuchtungsarten gibt es, wenn

    i. genau 5 Lampen brennen sollen?

    ii. mindestens 5 Lampen brennen sollen?

2.4 **a.** Mickey unternimmt mit Minnie, Donald und den 3 Neffen Tick, Trick und Track einen Morgenspaziergang im Park von Entenhausen. Sie sind alle noch etwas müde und setzen sich auf eine Parkbank. Wie viele verschiedene Sitzordnungen gibt es?

b. Da kommt Onkel Dagobert vorbei; er kann wie immer die 3 Neffen nicht voneinander unterscheiden! Wie viele verschiedene Sitzanordnungen kann er unterscheiden?

c. Als alle wieder in Mickeys Haus zurückgekehrt sind, möchte Minnie den 3 Neffen eine kleine Freude bereiten. Sie hat noch ein Glas mit 10 Gummibärchen, jedes hat eine andere Farbe. Jetzt soll erst Tick sich zwei herausnehmen, dann Trick und zuletzt Track, ebenfalls je zwei Gummibärchen.

    i. Wie viele Möglichkeiten haben Tick, Trick bzw. Track?

    ii. Wie viele Möglichkeiten haben alle drei zusammen?

2.5 Die bezaubernde Scheichin Fatima aus dem fernen Orient ist stolze Besitzerin eines Harems mit 100 Haremsherren.

    a. Wie viele Möglichkeiten der nächtlichen Auswahl bestehen, wenn sie pro Nacht jeweils fünf der Haremsherren in ihren Gemächern erwartet?

    b. Die Haremsherren tragen farblich abgestufte Pantoffeln:
        Blaue Pantoffeln: 20 Herren
        Rote Pantoffeln: 30 Herren
        Gelbe Pantoffeln: 50 Herren.

    Wie viele Möglichkeiten hat Fatima, wenn sie nacheinander zwei blaue, einen roten und zwei gelbe "Pantoffelhelden" zu sehen wünscht?

    c. Wie viele verschiedene (zumeist sinnlose) Wörter kann man durch Umstellen der Buchstaben des Wortes "Pantoffelhelden" erhalten?

2.6 Wie groß ist die Wahrscheinlichkeit p, beim Zahlenlotto 6 aus 49

    a. 6 Richtige

    b. 5 Richtige mit Zusatzzahl

    c. 5 Richtige ohne Zusatzzahl

    d. 4 Richtige

    e. 3 Richtige zu ziehen?

2.7 Beim Doppelkopfspiel werden 48 Karten, von denen je zwei gleich sind, gleichmäßig auf 4 Spieler verteilt. Wie groß ist die Wahrscheinlichkeit, dass einer der vier Spieler zweimal die Kreuz-Dame erhält?

2.8 Das aus 14 Personen bestehende Bundeskabinett trifft sich im Kanzleramt. Die Teilnehmer setzen sich zufällig an den ovalen Konferenztisch.
Wie groß ist die Wahrscheinlichkeit, dass der Kanzler Schröder und der Vizekanzler Fischer nebeneinander sitzen und die Minister Clement und Trittin nicht unmittelbar nebeneinander sitzen?

2.9   **a.** Herr K. Icker sitzt in seinem WM-Fernsehsessel und möchte den Finalsieg seines Teams mit einem WM-Cocktail begießen. Dazu stehen ihm 7 Grundgetränke (einschließlich Mineralwasser) zur Verfügung, von denen er jeweils 5 Einheiten zusammengießt. Dabei können auch mehrere Einheiten desselben Getränkes eingeschenkt werden.

Wie viele verschiedene Getränke (sowohl vom Bestandteil als auch von der Konzentration) kann er sich mixen, wenn er als passiver Sportler mindestens 2 Einheiten Mineralwasser in jedem Mix-Cocktail haben will und keine puren Getränke erlaubt sind (dann könnte er ja gleich aus der Flasche trinken!)?

b. In der Halbzeitpause spielt Herr K. Icker Schach. Dabei will er 8 Bauern so auf dem 8×8 Felder großen Spielbrett verteilen, dass keiner der Bauern in einer Spalte oder Zeile mit einem anderen steht. Wie viele verschiedene Möglichkeiten hat er?

c. Bei der großen Hitze in den USA erinnert er sich sehnsüchtig an die kühlen Temperaturen während der olympischen Winterspiele in Lillehammer. Besonders Biathlon hatte es ihm angetan, wo mit 5 Schuss 5 nebeneinander aufgestellte schwarze Scheiben fallen sollen. Dabei erinnert er sich an das folgende Problem:
Wie viele unterscheidbare Möglichkeiten im Trefferbild gibt es, bei denen <u>nach</u> 5 Schuss mindestens 3 der 5 Scheiben getroffen wurden?

d. Wie viele (auch sinnlose) Wörter sind aus dem Begriff "FUSSBALL" bildbar, bei denen das S nicht an erster Stelle stehen darf?

2.10 Dipl.-Kffr. K. Ombinutz findet in ihrem Hotelzimmer im Hotel Sunrise, Hongkong einen Privatsafe mit einem sechsstelligen Zahlenschloss vor. Bei der Einstellung ihrer privaten Geheimzahl erinnert sie sich mit Freude an die Mathematik I-Veranstaltung im 1. Semester ihres Studiums und spontan fallen ihr die folgenden Fragen ein:

a. Für jede Stelle kann sie eine Ziffer zwischen 1 und 6 wählen. Wie viele Geheimzahlen sind dann einstellbar, wenn alle Ziffern verschieden sein sollen?

b. Für jede Stelle stehen die Ziffern 0 bis 9 zur Verfügung.

   i. Wie viele Geheimzahlen sind möglich, wenn jede Ziffer nur einmal vorkommen darf?

   ii. Wie viele Geheimzahlen sind möglich, wenn Ziffern mehrfach vorkommen dürfen?

   iii. Frau Ombinutz stellt ihre Geheimnummern ein und schließt den Safe, um zum Dinner zu gehen. Als sie nach ihrer Rückkehr ins Hotelzimmer den Safe öffnen will, bemerkt sie mit Schrecken, dass sie die Geheimnummer vergessen hat. Gott sei Dank, hatte sie aber die

Quersumme dieser Zahl in ihrem Notizbuch vermerkt. Sie lautet 15. Wie viele Zahlenkombinationen muss Frau Ombinutz maximal ausprobieren, bis sich der Safe öffnet?

2.11 Studentin Susi Sonnenbrand verbringt ihren freien Tag im Freibad. Da die Mathematik-Klausur bevorsteht, versucht sie ihre Kombinatorikkenntnisse zu vertiefen und überlegt sich einige praxisrelevante Aufgabenstellungen.

a. Susi hat 6 einfarbige Bikinis (schwarz, blau, rot, grün, gelb, weiß). Wie viele verschiedene Zusammenstellungen gibt es, wenn jedes Bikinioberteil mit jeder Bikinihose kombiniert werden kann?

b. Susi erinnert sich an ihre Testklausur, in der 6 Aufgaben in der richtigen Reihenfolge gelöst werden sollten. Wie viele Möglichkeiten gibt es bei 6 gelösten Aufgaben, die Reihenfolge der Aufgaben bei der Lösung **nicht** einzuhalten?

c. Angenommen es werden mindestens 4 von insgesamt 6 Aufgaben gelöst. Wie viele Möglichkeiten gibt es, diese Aufgaben auszuwählen, wenn die Reihenfolge der Lösungen zu berücksichtigen ist?

d. Susi ist mit ihrem neuen Mountainbike zum Schwimmbad gefahren und hat ihr Rad mit einem Zahlenschloss gesichert. Nach all diesen kombinatorischen Überlegungen will ihr die richtige Zahlenkombination nicht mehr einfallen. Sie weiß nur noch, dass die Quersumme des 5-stelligen Zahlenschlosses 10 beträgt. Wie viele verschiedene Zahlenkombinationen muss sie zum Öffnen des Schlosses maximal überprüfen?

2.12 a. Nach einer durchzechten Nacht möchte der Student Theo Rinker seine neueste Eroberung anrufen. Leider kann er sich nicht mehr genau an ihre Telefonnummer erinnern, er weiß jedoch, dass diese fünfstellig ist und die Quersumme 17 hat. Wie viele Telefonate muss Rinker maximal führen, bis er sie sicher erreicht hat?

b. Nachdem seine Kopfschmerzen etwas nachgelassen haben, fällt ihm ein, dass die Telefonnummer aus den Ziffern 0, 2, 2, 5, 8 besteht, wobei die Ziffer 0 nicht an erster Stelle steht. Wie viele Nummern muss er nun maximal anrufen?

c. Da er gemäß Teilaufgabe b. zu viele Telefongespräche führen müsste, beschließt T. Rinker, am nächsten Abend seine Kneipentour zu wiederholen. Allerdings möchte er nur in vier der acht tags zuvor besuchten

Lokale gehen. Wie viele Kombinationsmöglichkeiten bieten sich ihm dafür?

d. Da er seine neue Flamme nicht mehr finden kann, beschließt Rinker, sich wieder zu betrinken. In seiner Stammkneipe kosten an diesem Abend Bier und Schnaps jeweils 2 €. Auf wie viele verschiedene Arten (Reihenfolge wichtig!) kann er sich betrinken, wenn er genau 20 € ausgeben möchte?

2.13 Luigi ist der bekannteste Pizzabäcker in Mainhattan. Das liegt vor allem an seiner überwältigenden Auswahl an Pizza. Neben den obligatorischen Zutaten Tomaten und Käse stehen als Belag 10 weitere Zutaten zur Auswahl, allerdings kommen pro Pizza maximal fünf zum "Einsatz" (neben Tomaten und Käse!!).

a. Wie viele Sorten Pizza umfasst Luigis Speisekarte, wobei die klassische "Margherita" (nur Tomaten und Käse) ebenfalls enthalten ist, und jede Zutat nur einmal verwendet werden darf?

b. Wenn Luigi jeder Pizza einen anderen (auch sinnlosen) Namen geben will, kann er das tun, indem er nur die Buchstaben des Namens seiner Pizzeria "PAPARAZZO" verwendet. Wie viele verschiedene Namen sind möglich?

c. Für seinen Stammgast Karl hat Luigi eine Sonderspeisekarte entwickelt. Dieser möchte stets höchstens zwei zusätzliche Beläge, hält sich aber die Option offen, doppelte Belegung zu bestellen. Wie viele Sorten Pizza umfasst diese Karte (ohne Margherita)?

d. Als Begleitmusik hat Luigi 5 CDs mit Italo-Hits auf Lager, die er zu besonderen Anlässen aufzulegen pflegt. Er hält dabei eine Auswahl von 3 CDs für ausreichend. Wie viele Möglichkeiten existieren für ihn, nacheinander drei (der fünf) CDs aufzulegen, wenn er Wert auf die Reihenfolge legt?

2.14 Von den 300 Studenten, die Ende SS 2000 an der Klausur in Mathematik I für Wiwis teilnehmen, besitzen 120 ein Handy. 20 % dieser Studenten haben ihr Handy dabei. 10 dieser Studenten sind sehr aufgeregt und vergessen (wie auch häufig in den Tutorien!) ihr Handy auszuschalten.

a. Wie viele Sitzordnungen von Personen mit ausgeschaltetem oder eingeschaltetem Handy gibt es, wenn wir unterstellen, dass alle Studenten, die ihr Handy mitgebracht haben, in einer Reihe sitzen. Dabei soll das

einzige Unterscheidungsmerkmal sein, ob die Personen ihr Handy ein-
oder ausgeschaltet haben.

b. Angenommen, jedes der eingeschalteten Handys verfügt über eine andere
Melodie. Wie viele unterschiedliche Melodienfolgen gibt es, wenn jedes
Handy während der Klausur genau einmal klingelt?

c. Wie viele verschiedene Melodienfolgen gibt es, wenn nur die Hälfte der
eingeschalteten Handys genau einmal läutet?

d. Die Studentin G. Lücklich schaltet ihr Handy erst nach der Klausur an,
um ihrem Freund D. Andy zu sagen, dass dieser Test sehr leicht war.
Dummerweise fällt ihr aber die vierstellige Geheimnummer nicht mehr
ein. Sie erinnert sich nur dass die Quersumme der Geheimnummer gleich
15 ist. Wie viele Geheimnummern muss Lücklich maximal ausprobieren,
damit ihr Handy sendebereit wird?

Lösungen

2.1 **a.** Sch. Lau bieten sich $\binom{13-3-2}{2} = \binom{8}{2} = \dfrac{8 \cdot 7}{1 \cdot 2} = 28$ Möglichkeiten.

b. Es können

$$\overline{V}_1^2 + \overline{V}_2^2 + \overline{V}_3^2 + \overline{V}_4^2 + \overline{V}_5^2 + \overline{V}_6^2 = 2^1 + 2^2 + 2^3 + 2^4 + 2^5 + 2^6$$

$$= \sum_{j=1}^{6} 2^j = \frac{2^7 - 2^1}{2 - 1} = 128 - 2 = 126$$

verschiedene Zeichenfolgen gebildet werden.

c. Man kann $\dfrac{11}{2! \cdot 3!} = \dfrac{2 \cdot 3 \cdot 4 \cdot 5 \cdot 6 \cdot 7 \cdot 8 \cdot 9 \cdot 10 \cdot 11}{2 \cdot 2 \cdot 3} = 3.326.400$ verschiedene

Wörter bilden.

2.2 **a.** Man erhält $\overline{C}_3^5 = \binom{5+3-1}{3} = \binom{7}{3} = \dfrac{7 \cdot 6 \cdot 5}{1 \cdot 2 \cdot 3} = 35$ verschiedene

Farbmischungen.

b. Es lassen sich $V_2^5 = 5 \cdot 4 = 20$ verschiedene zweistellige Zahlen bilden.

c. Es gibt $7! \cdot 6! = 5.040 \cdot 720 = 3.628.800$ verschiedene Sitzordnungen.

2.3   **a.** Es gibt $\binom{5}{1} \cdot \binom{10}{1} + \binom{5}{1} \cdot \binom{6}{1} + \binom{6}{1} \cdot \binom{10}{1}$

$= 5 \cdot 10 + 5 \cdot 6 + 6 \cdot 10 = 50 + 30 + 60 = 140$

verschiedene Arten, zwei Personen verschiedener Nationalität auszuwählen.

b. Es gibt $4! \cdot 5! \cdot 6! \cdot 3! = 24 \cdot 120 \cdot 720 \cdot 6 = 12.441.600$ verschiedene Anordnungsmöglichkeiten.

c. i. Es gibt $\binom{8}{5} = \binom{8}{3} = \dfrac{8 \cdot 7 \cdot 6}{1 \cdot 2 \cdot 3} = 56$ verschiedene Beleuchtungsarten.

     ii. Es gibt $\binom{8}{5} + \binom{8}{6} + \binom{8}{7} + \binom{8}{8} = 56 + 28 + 8 + 1 = 93$ verschiedene

       Beleuchtungsarten.

2.4   **a.** Es gibt $P^1(5) = 6! = 720$ Sitzordnungen.

b. Er kann $P^2 = \dfrac{6!}{3!} = 6 \cdot 5 \cdot 4 = 120$ Sitzordnungen unterscheiden.

c. i. Tick hat $C_2^{10} = \binom{10}{2} = 5 \cdot 9 = 45$, Trick hat $C_2^8 = \binom{8}{2} = 4 \cdot 7 = 28$ und

     Track hat $C_2^6 = \binom{6}{2} = 3 \cdot 5 = 15$ Möglichkeiten.

     ii. Zusammen haben sie $45 \cdot 28 \cdot 15 = 18.900$ Möglichkeiten.

2.5   **a.** $C_5^{100} = \binom{100}{5} = \dfrac{100 \cdot 99 \cdot 98 \cdot 97 \cdot 96}{1 \cdot 2 \cdot 3 \cdot 4 \cdot 5} = 10 \cdot 33 \cdot 98 \cdot 97 \cdot 24$

Fatima hat pro Nacht $75.287.520$ Möglichkeiten zur Auswahl.

b. $\binom{20}{2} \cdot \binom{30}{1} \cdot \binom{50}{2} = \dfrac{20 \cdot 19}{1 \cdot 2} \cdot \dfrac{30}{1} \cdot \dfrac{50 \cdot 49}{1 \cdot 2} = 190 \cdot 30 \cdot 25 \cdot 49$

Fatima hat nun $6.982.500$ Möglichkeiten zur Auswahl.

c. Durch Umstellen der Buchstaben kann man

$\dfrac{15!}{2! \cdot 2! \cdot 3! \cdot 2!} = 2{,}7243216 \cdot 10^{10}$ verschiedene Wörter bilden.

2.6 **a.** Es gibt $C_6^{49} = \binom{49}{6} = 13.983.816$ Möglichkeiten, 6 Zahlen aus 49

Zahlen auszuwerten, wobei die Reihenfolge keine Rolle spielt.

Die gesuchte Wahrscheinlichkeit ist dann $p = \dfrac{1}{\binom{49}{6}} \approx 7{,}15 \cdot 10^{-8}$.

b. <u>1. Weg</u>:

Fünf Richtige können wir auf $\binom{6}{5} = \binom{6}{1} = 6$ verschiedene Arten aus den

6 Richtigen auswählen.

Für die Zusatzzahl haben wir 1 günstige Möglichkeit, d. h.

$$P = \frac{\binom{6}{5} \cdot 1}{\binom{49}{6}} = 42{,}9 \cdot 10^{-8}.$$

<u>2. Weg</u>:

Um die Anzahl der günstigen Fälle zu bestimmen, kann man auch den folgenden Gedankengang benutzen:

Aus 7 Zahlen (6 Richtige + Zusatzzahl) wählt man 6 aus; dies kann auf $\binom{7}{6} = \binom{7}{1} = 7$ verschiedene Arten geschehen. Davon ist noch der Fall abzuziehen, dass man aus den 7 Zahlen die 6 Richtigen auswählt.

c. Hier ist die Zahl der günstigen Möglichkeiten $\binom{6}{5} \cdot (49 - 6 - 1) = 6 \cdot 42$,

d. h. $p = \dfrac{6 \cdot 42}{\binom{49}{6}} = 1802 \cdot 10^{-8} = 1{,}8 \cdot 10^{-5}$.

d. 4 Richtige kann man aus $\binom{6}{4} = \binom{6}{2} = 15$ verschiedenen Arten aus 6

Richtigen auswählen. Die restlichen 2 Zahlen können noch aus

$$49 - 6 = 43 \quad \text{Zahlen} \quad \text{auf} \quad \binom{43}{2} = 903 \quad \text{verschieden} \quad \text{Arten} \quad \text{ausgewählt}$$

$$\text{werden, d. h. } p = \frac{\binom{6}{4} \cdot \binom{43}{2}}{\binom{49}{6}} = 9686,2 \cdot 10^{-8} = 9,686 \cdot 10^{-4}.$$

$$\textbf{e.} \quad p = \frac{\binom{6}{3} \cdot \binom{43}{3}}{\binom{49}{6}} = \frac{20 \cdot 12341}{\binom{49}{6}} = 1.765.040 \cdot 10^{-8}$$

2.7 Zunächst gibt es $\dfrac{48!}{\underbrace{2! \cdots 2!}_{24 \text{ mal}}} = \dfrac{48!}{2^{24}}$ Möglichkeiten die 48 Karten anzuordnen.

Da die sich auf einer Hand befindlichen Karten in der Anordnung nicht unterschieden werden, gibt es insgesamt $\dfrac{48!}{2^{24} \cdot (12!)^4}$ Möglichkeiten, die 48 Karten zu verteilen.

Günstig dafür, dass ein Spieler zweimal die Kreuz-Dame erhält, ist dann

$$4 \cdot \frac{46!}{2^{23} \cdot 10! \cdot (12!)^3}$$

Die gesuchte Wahrscheinlichkeit ist gleich

$$p = \frac{4 \cdot \dfrac{46!}{2^{23} \cdot (12!)^3 \cdot 10!}}{\dfrac{48}{2^{24} \cdot (12!)^4}} = \frac{4 \cdot 2 \cdot 11 \cdot 12}{47 \cdot 48} = \frac{22}{47} = 0,47$$

2.8 Die Anzahl der möglichen Sitzordnungen ist gleich: $p_R(14) = (14-1)! = 13!$ Fassen wir nun Schröder (S) und Fischer (F) als eine Person auf, so ergeben sich $p_R(13) = 12!$ Möglichkeiten. Diese Zahl ist noch mit 2 zu multiplizieren, da S und F den Platz tauschen können.

Von der Zahl $12! \cdot 2$ sind die Anordnungen abzuziehen, bei denen Clement (C) und Trittin (T) nebeneinander sitzen.

Fassen wir sowohl S und F als auch C und T als jeweils eine Person auf, so gibt es $p_R(12) = 11!$ Möglichkeiten. Diese Zahl ist aber mit $2 \cdot 2$ zu multiplizieren, da die Personen den Platz tauschen können.

Die Anzahl der günstigen Fälle ist daher $12! \cdot 2 - 11! \cdot 2 \cdot 2$ und die Anzahl der möglichen Fälle ist $(14 - 1)! = 13!$.

Die Wahrscheinlichkeit ist daher:

$$p = \frac{12! \cdot 2 - 11! \cdot 4}{13!} = \frac{12 \cdot 2 - 4}{12 \cdot 13} = \frac{20}{156} = 0{,}128$$

2.9 **a.** Da auf jeden Fall der Cocktail 2 EH Mineralwasser enthalten soll, sind nur noch die restlichen 3 EH aus den 7 Grundgetränken auszuwählen. Es gibt dann

$$\overline{C}_3^7 = \binom{7 + 3 - 1}{3} = \binom{9}{3} = \frac{9 \cdot 8 \cdot 7}{1 \cdot 2 \cdot 3} = 84 \text{ Möglichkeiten.}$$

Dabei ist noch der Fall auszuschließen, dass auch die drei zusätzlichen EH aus Mineralwasser bestehen, d. h. er kann 83 verschiedene Cocktails mischen.

b. Es gibt $n! = 8! = 40.320$ verschiedene Möglichkeiten.

c. Es gibt $C_5^5 + C_4^5 + C_3^5 = 1 + 5 + 10 = 16$ verschiedene Trefferbilder.

d. Es gibt $\dfrac{8!}{2! \cdot 2!} - \dfrac{7!}{2!} = 7.560 \text{ Wörter.}$

2.10 **a.** Es sind $P^1(6) = 6! = 720$ Geheimzahlen einstellbar.

b. i. Es sind $V_6^{10} = \dfrac{10!}{4!} = \dfrac{3.628.800}{24} = 151.200$ Geheimzahlen möglich.

ii. Es sind $\overline{V}_6^{10} = 10^6 = 1 \text{ Mill.}$ Geheimzahlen möglich.

iii. Frau Ombinutz muss maximal

$$\overline{C}_{15}^6 - 6 \cdot \overline{C}_5^6 = \binom{6 + 15 - 1}{15} - 6 \cdot \binom{6 + 5 - 1}{5}$$

$$= \binom{20}{15} - 6 \cdot \binom{10}{5} = \binom{20}{5} - 6 \cdot \binom{10}{5}$$

$$= \frac{20 \cdot 19 \cdot 18 \cdot 17 \cdot 16}{1 \cdot 2 \cdot 3 \cdot 4 \cdot 5} - 6 \frac{10 \cdot 9 \cdot 8 \cdot 7 \cdot 6}{1 \cdot 2 \cdot 3 \cdot 4 \cdot 5} = 15.504 - 1.512 = 13.992 \text{ Zahlen}$$

einstellen, um den Safe öffnen zu können.

2.11 a. Es gibt $C_1^6 \cdot C_1^6 = \binom{6}{1} \cdot \binom{6}{1} = 6 \cdot 6 = 36$ Zusammenstellungen.

b. Es gibt $P^6 - 1 = 6! - 1 = 720 - 1 = 719$ Möglichkeiten.

c. Es gibt
$$V_4^6 + V_5^6 + V_6^6 = 6 \cdot 5 \cdot 4 \cdot 3 + 6 \cdot 5 \cdot 4 \cdot 3 \cdot 2 + 6! = (360 + 720 + 720) = 1.800$$
Möglichkeiten.

d. Sie muss maximal
$$\overline{C}_{10}^5 - 5 \cdot \overline{C}_0^5 = \binom{5+10-1}{10} - 5 = \binom{14}{10} - 5 = \binom{14}{4} - 5$$

$$= \frac{14 \cdot 13 \cdot 12 \cdot 11}{1 \cdot 2 \cdot 3 \cdot 4} - 5 = 1.001 - 5 = 996$$

Zahlenkombinationen überprüfen.

2.12 a. Rinker muss maximal
$$\overline{C}_{17}^5 - 5 \cdot \overline{C}_7^5 = \binom{5+17-1}{17} - 5 \cdot \binom{5+7-1}{7}$$

$$= \binom{21}{17} - 5 \cdot \binom{11}{7} = \binom{21}{4} - 5 \cdot \binom{11}{4} = \frac{21 \cdot 20 \cdot 19 \cdot 18}{1 \cdot 2 \cdot 3 \cdot 4} \cdot 5 \cdot \frac{11 \cdot 10 \cdot 9 \cdot 8}{1 \cdot 2 \cdot 3 \cdot 4}$$

$$= 5.985 - 5 \cdot 330 = 4.335$$
Telefongespräche führen.

b. Rinker muss maximal $\dfrac{4 \cdot 4!}{2!} = 2 \cdot 24 = 48$ Nummern anrufen.

c. Es gibt $C_4^8 = \binom{8}{4} = \dfrac{8 \cdot 7 \cdot 6 \cdot 5}{1 \cdot 2 \cdot 3 \cdot 4} = 70$ Möglichkeiten.

d. Es gibt für Rinker $\overline{V}_{10}^2 = 2^{10} = 1.024$ Arten, sich zu betrinken.

2.13 a. Luigis Speisekarte umfasst

$$C_1^{10} + C_2^{10} + C_3^{10} + C_4^{10} + C_5^{10} + 1$$

$$= \binom{10}{1} + \binom{10}{2} + \binom{10}{3} + \binom{10}{4} + \binom{10}{5} + 1$$

$$= 1 + 10 + \frac{10 \cdot 9}{1 \cdot 2} + \frac{10 \cdot 9 \cdot 8}{1 \cdot 2 \cdot 3} + \frac{10 \cdot 9 \cdot 8 \cdot 7}{1 \cdot 2 \cdot 3 \cdot 4} + \frac{10 \cdot 9 \cdot 8 \cdot 7 \cdot 6}{1 \cdot 2 \cdot 3 \cdot 4 \cdot 5}$$

$$= 11 + 45 + 120 + 210 + 252 = 638 \text{ Sorten Pizza.}$$

b. Aus PAPARAZZO lassen sich $\dfrac{9!}{3! \cdot 2! \cdot 2!} = 9 \cdot 8 \cdot 7 \cdot 6 \cdot 5 = 15.120$

verschiedene Wörter bilden.

Luigi kann jeder Pizza einen eigenen Namen geben, da sich aus PAPARAZZO mehr Wörter bilden lassen, als es Pizzen gibt.

c. Die spezielle Karte für Karl umfasst

$$\overline{C}_2^{10} + \overline{C}_1^{10} = \binom{10 + 2 - 1}{2} + \binom{10 + 1 - 1}{1} = \binom{11}{2} + \binom{10}{1} = 55 + 10 = 65$$

Sorten Pizza.

d. Es gibt $V_3^5 = \binom{5}{3} \cdot 3! = 5 \cdot 4 \cdot 3 = 60$ Möglichkeiten, die 3 der fünf CDs

aufzulegen.

2.14 20 % von 120 = 24 haben ein Handy dabei; davon sind 10 eingeschaltet und 14 nicht eingeschaltet.

a. Es gibt $P^2 = \dfrac{24!}{10! \cdot 14!} = \dfrac{24 \cdot 23 \cdot 22 \cdot \ldots \cdot 16 \cdot 15}{10!} = 1.961.256$ verschiedene

Sitzordnungen.

b. Es gibt $P^1(10) = 10! = 3.628.800$ verschiedene Melodienfolgen.

c. Es gibt $V_5^{10} = 10 \cdot 9 \cdot 8 \cdot 7 \cdot 6 = 30.240$ verschiedene Melodienfolgen.

d. $\overline{C}_{15}^4 = \binom{15 + 4 - 1}{15} = \binom{18}{15} = \binom{18}{3} = \dfrac{18 \cdot 17 \cdot 16}{1 \cdot 2 \cdot 3} = 816$

davon sind abzuziehen

$$4 \cdot \overline{C}_5^4 = 4 \cdot \binom{5 + 4 - 1}{5} = 4 \cdot \binom{8}{5} = 4 \cdot \binom{8}{3} = 4 \cdot \frac{8 \cdot 7 \cdot 6}{1 \cdot 2 \cdot 3} = 224$$

d. h. G. Lücklich muss maximal $816 - 224 = 592$ Geheimnummern ausprobieren.

3. Zins- und Rentenrechnung

Sätze und Regeln

Effektiver Zinssatz pro Jahr

$i_m = (1 + \frac{i}{m})^m - 1$ bei m-maliger unterjähriger Verzinsung

$i_\infty = e^i - 1$ bei stetiger Verzinsung

dabei ist i der nominale Zinssatz pro Jahr

Nachschüssige Rentenformel mit konstanter Rente r

$$S = K(1+i)^n + r \frac{(1+i)^n - 1}{i}$$

Kapitalwertberechnung

$$K = \frac{S}{(1+i)^n} - r \frac{(1+i)^n - 1}{(1+i)^n \cdot i}$$

Rentenbarwertfaktor

$$\frac{(1+i)^n - 1}{(1+i)^n \cdot i}$$

Anzahl der Rentenzahlungen mit konstanter Annuität r

$$n = \frac{\log \frac{S \cdot i + r}{K \cdot i + r}}{\log(1+i)}$$

Restzahlung nach n+1 Perioden

$$-r_{[n]+1} = \left[K(1+i)^{[n]} + r \frac{(1+i)^{[n]} - 1}{i} \right] (1+i)$$

Effektivverzinsung einer Annuitätenschuld

$$\frac{(1+i)^n - 1}{(1+i)^n \cdot i} = -\frac{K}{r}$$

Iterationsformeln zur Berechnung des Zinssatzes

$$S(i) = K \cdot (1+i)^n + r \cdot \frac{(1+i)^n - 1}{i} = S$$

$$K(i) = \frac{S}{(1+i)^n} - r \cdot \frac{(1+i)^n - 1}{i \cdot (1+i)^n} = K$$

Aufgaben

3.1 Frau S. Parsam zahlt ab dem 01.01.2002 jährlich 500 € auf ein Sparbuch ein. Am 31.12.2006 zahlt sie zusätzlich 5.000 € aus einem Lottogewinn ein. Wie viel Geld hat Frau P. am 31.12.2012 auf dem Sparbuch, wenn ein Zinssatz von 5 % p. a. vereinbart wurde?

3.2 Herr Sparbier eröffnet am 01.01.2005 ein Konto bei der Privatbank R. Eich und zahlt die Summe K € ein. Dieser Betrag ist so berechnet, dass bei der vereinbarten Verzinsung von 6 % p. a. bei monatlicher Abrechnung seine Tochter Yessica ab dem 01.10.2007 monatlich vorschüssig eine Studienbeihilfe in Höhe von 500 € erhalten kann. Wie groß muss K sein, damit die Studienbeihilfe 10 Semester lang, d. h. bis einschließlich 01.09.2012, gezahlt werden kann?

3.3 Herr G. Eldviel eröffnet am 01.01.2002 ein Konto bei der Sparkasse Hochzins und zahlt sofort 10.000 € ein. Er verpflichtet sich am Ende dieses und der nächsten 8 Jahre jeweils 12.000 € auf das Konto einzuzahlen.

   a. Wie hoch ist der Kontostand am 31.12.2011, wenn die Sparkasse die auf dem Konto bestehenden Beträge mit 8 % p. a. verzinst?

   b. Ab 1.1.2012 möchte Herr G. Eldviel 10 Jahre lang aus diesem Kapital eine monatliche nachschüssige Rente beziehen. Wie hoch ist die Rente, wenn ab 1.1.2012 eine monatliche Verzinsung von 1 % vereinbart wird und am Ende der Laufzeit noch 10.000 € auf dem Konto verbleiben sollen?

3.4 Ein Vater zahlt am 01.01.2002 einen Betrag in Höhe von 8.000 € auf ein Konto bei der Bank B ein und verpflichtet sich, am Ende dieses und der nächsten 9 Jahre jeweils 1.500 € einzuzahlen. Die Bank B erklärt sich daraufhin bereit, das jeweilige Guthaben mit 8 % p. a. zu verzinsen. In den Jahren 2021 bis 2026 soll sein Sohn aus diesem Guthaben einen festen Ausbildungszuschuss erhalten, der jeweils zu Jahresbeginn auszuzahlen ist. Mit welchem Betrag kann der Sohn jährlich rechnen, wenn am Ende des Jahres 2026 das Guthaben noch einen Betrag von 20.000 € aufweisen soll, die zu diesem Termin als "Starthilfe" ins Berufsleben auszuzahlen sind?

3.5 Die Fa. Schlaum & Eier kann durch Einsatz einer speziellen Maschine M 10 Jahre lang einen zusätzlichen Gewinn in Höhe von 20.000 € pro Jahr erzielen. Die Anschaffungskosten betragen 100.000 €. Nach 10 Jahren hat die Maschine noch eine Restwert von 10.000 €.

Die Maschine kann auch bei Fa. L. Easing gemietet werden. Neben einer Anfangszahlung von 10.000 € müsste dann zu Beginn jeden Jahres eine Miete in Höhe von 13.000 € gezahlt werden.

Soll die Fa. Schlaum & Eier die Maschinen kaufen bzw. mieten, wenn alternative Investitionen mit 10 % p. a. verzinst werden?

3.6 Ein Sportverein entschließt sich, endlich eine Übungshalle zu bauen. Durch ein Sportfest wird das verfügbare Kapital auf eine runde Summe aufgestockt, so dass am 01.07.2000 eine Anzahlung von 15.000 € geleistet werden kann. Den Rest wollen die Mitglieder in 32 vierteljährlichen Raten von 800 € aufbringen. Als im Juni 2004 die Jugendmannschaft bei einem Wettkampf siegt, findet sich ein Mäzen, der den Verein durch Tilgung der Restschuld zum Quartalsende fördern will. Welchen Betrag spendet er, wenn bei Festlegung der Ratenverpflichtung ein Zinsfuß von 8 % p. a. bei vierteljährlicher Abrechnung zugrunde gelegt wurde?

3.7 Herr K. Aufhaus möchte am 01.01.2003 ein Geschäft eröffnen. Für das in Frage kommende Haus bieten sich folgende Zahlungsalternativen:

a. Herr K. Aufhaus bezahlt 500.000 € am 01.01.2003 einund ein Jahr später nochmals 550.000 €. Das Haus geht damit in seinen Besitz über.

b. Herr K. Aufhaus mietet das Haus vom 01.01.2003 bis zum 31.12.2012. Er hat dafür jeweils am 1. Januar und am 1. Juli eine Mietzahlung in

Höhe von 70.000 € zu entrichten. Am Ende der Laufzeit kann Herr K. Aufhaus das Haus für 100.000 € erwerben.

Für welche Alternative soll sich Herr K. Aufhaus entscheiden, wenn ein Kalkulationszinsfuß von 10 % p. a. zugrunde gelegt wird?

3.8 Frau Koch kauft am 01.01.2003 eine Einbauküche. Da Frau Koch nur über 5.000 € in bar verfügt, bietet ihr das Küchenstudio Wucher zur Zahlung des Restbetrages die folgenden drei Modalitäten:

a. Frau Koch zahlt in den Jahren 2003 bis 2009 jeweils am 30. Juni und am 31. Dezember 1.000 €.

b. Frau Koch zahlt sofort 1.900 € und am Anfang der Jahre 2004 bis 2009 jeweils 2.000 €.

c. Frau Koch zahlt sofort 4.000 € und am Ende dieses und der nächsten beiden Jahre jeweils 2.800 €.

Für welche Zahlungsmodalität soll sich Frau Koch entscheiden, wenn mit einer Verzinsung von 8 % p. a. gerechnet werden muss?

3.9 Nach erfolgreicher Promotion erfüllt sich B. einen Wunschtraum und macht eine Weltreise. Zur Finanzierung nimmt er am 01.07.2002 bei seiner Bank einen Kredit auf. Er vereinbart Rückzahlung durch 36 nachschüssige monatliche Annuitäten in Höhe von je 664 €. Die Schuld wird mit 12 % p. a. bei monatlicher Abrechnung verzinst.
Im November 2003 stirbt der reiche Erbonkel des B. und vermacht ihm 50.000 €. B. beschließt daher, seine noch ausstehende Schuld im Januar 2004 zu begleichen.

a. Welchen Betrag muss B. der Bank am 31.01.2004 bezahlen?

b. Von seinem Erbe legt B. 20.000 € am 31.12.2003 mit einer Verzinsung von 10 % p. a. auf einem Konto an und verpflichtete sich, ab 2006 sieben Jahre lang nachschüssig weitere 5.000 € jährlich einzuzahlen. Wie hoch ist der Kontostand am 31.12.2014, wenn die Bank zu Beginn des Jahres 2013 die Zinsen auf 12 % p. a. erhöht?

3.10 Das Unternehmen G. Nova will den für den Neubau einer Produktionshalle aufgenommenen Kredit in Höhe von 800.000 € in 4 gleich hohen Jahresraten, die auch die Zinszahlungen in Höhe von 10 % p.a. beinhalten, zurückzahlen.

a. Wie hoch ist die jährliche Zahlung?

b. Stellen Sie den vollständigen Tilgungsplan auf (Restschuld am Jahres-
anfang, Annuität, Zinsanteil, Tilgungsanteil).

3.11 Herr H. Ausbau hat zur Finanzierung seines Eigenheimes einen Kredit in
Höhe von 300.000 € aufgenommen. Es wird eine monatliche Annuität von
2.000 € vereinbart, die jeweils am Monatsanfang zu entrichten ist. Die Bank
verzinst die Schuld mit 6 % p. a. bei monatlicher Abrechnung.

a. Nach wie vielen Monaten ist die Schuld getilgt?

b. Wie hoch ist die letzte verminderte Rate?

c. Um welchen Betrag müsste die Annuität (bei sonst gleichen Bedingungen) erhöht werden, wenn die Schuld bereits nach 20 Jahren getilgt sein
soll?

3.12 Ein Bauer überträgt die Eigentumsrechte seines Grundbesitzes im Wert von
80.000 € an eine Baufirma. Als Gegenleistung erhält er dafür eine Rente
von 10.000 € pro Jahr, die jeweils am Jahresende gezahlt wird. Der Zinssatz
beträgt 8 % pro Jahr.

a. Bestimmen Sie die Anzahl der Jahre, in denen die vereinbarte Rente in
voller Höhe gezahlt wird.

b. Bestimmen Sie die Höhe der verminderten Rente bei der letzten Renten-
zahlung.

c. Bestimmen Sie den Barwert der verminderten Rente.

3.13 Da Herr Claus Lever arbeitslos wird, möchte er zum 01.01.2002 die Auszahlung der ihm zustehenden Leibrente abändern.
Nach den bisherigen Konditionen wird er ab 01.01.2008 zwölf Jahre lang
eine jährliche, vorschüssige Rente in Höhe von 3.000 € erhalten.

Er möchte nun ab 2002 eine jährliche, nachschüssige Rente in Höhe von
2.000 € erhalten.

a. Wie lang kann die neue Rente in voller Höhe gezahlt werden, wenn eine
Zinsrate von 10 % p. a. zugrunde gelegt wird?

b. Wie hoch ist die letzte verminderte Rate und an welchem Termin wird
sie gezahlt?

3.14 Fridolin Traurig hat Schulden in Höhe von 30.000 €. Es bieten sich ihm folgende Rückzahlungsmöglichkeiten:

a. Zahlung des Gesamtschuldbetrages inkl. Zins- und Zinseszinsen nach 10 Jahren (Zinssatz 5 %). Wie hoch ist der zu zahlende Betrag?

b. Tilgung durch 10 gleiche Annuitäten bei einem nachschüssigen Zinssatz von 6 %. Wie hoch sind diese Annuitäten? Wie hoch ist der Tilgungsanteil der 4. Rate?

3.15 Ein zum 01.01.2003 abgeschlossener Kreditvertrag über 100.000 € bei 100 % Auszahlung habe bei einem Zinssatz von 12 % p. a. bei vierteljährlicher Abrechnung folgende Konditionen:
Nach einem halben Jahr rückzahlungsfreier Zeit sind vorschüssige vierteljährliche Annuitäten in Höhe von 4.000 € zu leisten.

a. Zu welchem Termin (Datumsangabe!!) ist der Kredit getilgt?

b. Es wurde vereinbart, dass nicht die letzte, sondern die erste Rate vermindert ist. Wie hoch ist diese verminderte Rate?

3.16 Die Dipl.Kffr. C. O. Merz möchte sich aus Gründen der Steuerersparnis Ende 2007 eine Eigentumswohnung kaufen. Zur Finanzierung des am 01.01.2008 fälligen Teilbetrages benötigt sie noch einen Kredit über 100.000 €. Sie hat dabei die Auswahl zwischen den folgenden Finanzierungsangeboten:

a. Ihre Hausbank City-DG ist bereit, ihr einen Kredit über 100.000 € mit 100 % Auszahlung und 6,5 % Zinsen p. a. mit einer Laufzeit von 4 Jahren zu geben.

b. Das Bankinstitut BAUHYPO verlangt zur Rückzahlung des Kredites 50 nachschüssige Monatsraten zu jeweils 2.250 €, beginnend am 31.01.2008.

c. Bei dem Angebot der amerikanischen Bank Los VEGOS sind 2008 keine Zahlungen fällig, ab 1.1. 2009 sind 6 Jahre lang vorschüssig 19.000 € zurückzuzahlen.

Für welches Finanzierungsangebot soll sich Frau Merz entscheiden, wenn ihre Entscheidung sich nach dem geringsten effektiven Jahreszins richtet?

i	0,004	0,005	0,006	0,007	0,008
$\dfrac{(1+i)^{50}-1}{i(1+i)^{50}}$	45,236	44,143	43,086	42,066	41,077

i	0,04	0,05	0,06	0,07	0,08
$\dfrac{(1+i)^{6}-1}{i(1+i)^{6}}$	5,2421	5,0757	4,9173	4,7665	4,6229
$\dfrac{(1+i)^{7}-1}{i(1+i)^{7}}$	6,0021	5,7864	5,5824	5,3893	5,2064

3.17 Ein Darlehen über 50.000 € mit 100 % Auszahlung und 6 % Verzinsung p. a. bei halbjährlicher Abrechnung soll halbjährig durch Annuitäten in Höhe von 5 % der Ursprungsschuld getilgt werden.

    a. Wie viele Jahre dauert die Rückzahlung des Darlehens, wenn vereinbart wird, dass im ersten Jahr keine Rückzahlungen erfolgen und die Raten vorschüssig zu entrichten sind?

    b. Wie hoch ist die letzte verminderte Zahlung?

3.18 Der effektive Zinssatz i_∞ pro Jahr bei stetiger Verzinsung ist gleich $i_\infty = e^{i} - 1$ wenn i der nominale Zinssatz pro Jahr ist.

    Wie ist i zu wählen , wenn stetige Verzinsung vorliegt und der effektive Zinssatz pro Jahr 12 % beträgt?

Lösungen

3.1　$n = 13 - 2 = 11, \quad n^* = 13 - 7 = 6$
$K = 0, \; i = 0{,}05, \; r = 500, \; \text{Sonderzahlung } r^* = 5.000$

$$S = 500\,\frac{1{,}05^{11} - 1}{0{,}05} + 5.000 \cdot 1{,}05^6 = 7.103{,}39 + 6.700{,}48 = 13.803{,}87$$

Das Sparbuch weist am 31.12.2012 den Betrag 13.803,87 € auf.

3.2　$i = \dfrac{0{,}06}{12} = 0{,}005 , r = 500 \cdot 1{,}005, n = 5 \cdot 12 = 60, S = 0$

Barwert der Studienbeihilfe zum 1.10.2007:

$$K_{1.10.07} = 500 \cdot 1{,}005 \cdot \frac{1{,}005^{60} - 1}{0{,}005 \cdot 1{,}005^{60}} = 502{,}5 \cdot \frac{0{,}34885}{0{,}00674} = 25.992{,}0943$$

Barwert der Studienbeihilfe zum 1.1.2005:
$S = K_{1.10.07}, r = 0, n = 2 \cdot 12 + 9 = 33$

$$K_{1.1.05} = \frac{25.992{,}0943}{1{,}005^{33}} = 22.047{,}60$$

Herr Sparbier muss am 01.01.2005 den Betrag $K = 22.047{,}60$ € einzahlen.

3.3　**a.** $K = 10.000, \; n = 9, \; r = 12.000, \; i = 0{,}08$

$$K_{1.1.11} = 10.000 \cdot 1{,}08^9 + 12.000 \cdot \frac{1{,}08^9 - 1}{0{,}08}$$

$$= 19.990{,}05 + 149.850{,}69 = 169.840{,}74$$

$$K_{31.12.11} = K_{1.1.11} \cdot 1{,}08 \approx 183.428$$

Der Kontostand am 31.12.2011 ist 183.428 €.

b. $S = 10.000, \; K = K_{21.12.11} = 183.428, \; n = 10 \cdot 12 = 120 \text{ Monate}$
$i = 0{,}01, \; r = ?$

$$10.000 = 183.428 \cdot 1{,}01^{120} + r \cdot \frac{1{,}01^{120} - 1}{0{,}01}$$

$$r = (-183.428 \cdot 1{,}01^{120} + 10.000) \cdot \frac{0{,}01}{1{,}01^{120} - 1} \approx -2.588{,}19$$

Herr Eldviel erhält eine monatliche Rente in Höhe von 2.588 €.

3.4   Kontostand am 01.01.2012 = 31.12.2011

$K = 8.000, \qquad r = 1.500, \qquad n = 10, i = 0,08$

$$S = K_{1.1.12} = 8.000 \cdot 1,08^{10} + 1.500 \cdot \frac{1,08^{10} - 1}{0,08}$$

$$= 17.271,40 + 21.729,84 = 39.001,24$$

Kontostand am 01.01.2021

$$K_{1.1.21} = 39.001,24 \cdot 1,08^9 = 77.963,67$$

<u>Ausbildungszuschuss</u>

$K = K_{1.1.21}, \qquad S = 20.000, \qquad i = 0,08, \qquad n = 6, \quad \bar{r} = r \cdot 1,08$

$$20.000 = 77.963,67 \cdot 1,08^6 + r \cdot 1,08 \cdot \frac{1,08^6 - 1}{0,08}$$

$$r = [20.000 - 77.963,67 \cdot 1,08^6] \cdot \frac{0,08}{(1,08^6 - 1) \cdot 1,08} = 13.092,14$$

Der Sohn kann mit einem jährlichen Betrag von 13.092,14 € rechnen.

3.5   Vergleich der Endguthaben nach 10 Jahren, wenn die Gewinne wieder angelegt werden. Es wird angenommen, dass der Kaufpreis vorhanden ist.

Kauf: $n = 10, \ K = 0, \ i = 0,10, \ r = 20.000$

$$S_{\text{Kauf}} = 20.000 \, \frac{1,10^{10} - 1}{0,10} + 10.000 = 328.748,49$$

Miete: $n = 10, \ K = 100.000 - 10.000 = 90.000, \ i = 0,10,$
$r = 20.000 - 13.000 \cdot 1,10 = 5700$

$$S_{\text{Miete}} = 90.000 \cdot 1,10^{10} + 5.700 \, \frac{1,10^{10} - 1}{0,10}$$

$$= 233.436,82 + 90.843,32 = 324.280,14$$

Da $S_{\text{Miete}} < S_{\text{Kauf}}$, sollte die Firma die Maschine kaufen.

Beide Investitionen sind günstiger als eine reine Geldanlage.

3.6   Bezahlt wurden bisher 15 Raten, am 01.07.2004 ist die 16. Rate fällig und dann noch weitere 16 Raten. Der Mäzen muss also die 16. Rate und den Barwert der restlichen 16 Raten zum Zeitpunkt 01.07.2004 zahlen.

$$K = ?, \ S = 0, \ n = 16, \ i = \frac{0,08}{4} = 0,02, \ r = -800$$

$$K = 800 + 800 \cdot \frac{1{,}02^{16} - 1}{0{,}02 \cdot 1{,}02^{16}} = 800 + 40.000 \cdot \frac{0{,}372786}{1{,}372786}$$

$$= 800 + 10.862{,}17 = 11.662{,}17$$

Der Mäzen hat somit 11.662,17 € zu zahlen.

3.7   Verglichen werden die Barwerte der Aufwendungen bei beiden Alternativen. Die Alternative mit dem kleinsten Barwert ist die bessere.

a. <u>Kauf:</u> $K_I = 500.000 + \dfrac{550.000}{1{,}10} = 1.000.000$

b. <u>Mietkauf:</u> $n = 10, \quad r = -[70.000 \cdot 1{,}10 + 70.000 \cdot 1{,}05] = -70.000 \cdot 2{,}15,$
$i = 0{,}10, S = 100.000, \quad K_{II} = ?$

$$100.000 = K_{II} \cdot 1{,}10^{10} - 70.000 \cdot 2{,}15 \cdot \frac{1{,}10^{10} - 1}{0{,}10}$$

$$K_{II} = \frac{100.000}{1{,}10^{10}} + 70.000 \cdot 2{,}15 \cdot \frac{1{,}10^{10} - 1}{1{,}10^{10} \cdot 0{,}10}$$

$$= 38.554{,}33 + 924.757{,}35 = 963.311{,}68$$

Da $K_{II} < K_I$ ist der Mietkauf die günstigere Alternative.

3.8 $i = 0{,}08$ p.a.

Berechnet wird der Barwert der Zahlungen am 01.01.2003. Die Alternative mit dem niedrigsten Barwert sollte gewählt werden.

a. $r = 1000 \cdot (1 + \dfrac{0{,}08}{2}) + 1000 = 2040$, $n = 7,$

$$K_1 = 2040 \cdot \frac{1{,}08^7 - 1}{0{,}08 \cdot 1{,}08^7} = 10.620{,}99$$

b. $r = 2000, \ n = 6, \ K_2 = 1.900 + 2000 \cdot \dfrac{1{,}08^6 - 1}{0{,}08 \cdot 1{,}08^6} = 11.145{,}76$

c. $n = 3, \ r = 2800, \ K_3 = 4000 + 2800 \cdot \dfrac{1{,}08^3 - 1}{0{,}08 \cdot 1{,}08^3} = 11.215{,}87$

Frau Koch soll sich für die Alternative a. entscheiden.

3.9 **a.** Ende Januar 2004 sind die Januarrate und die ausstehenden
$36 - 18 - 1 = 17$ Monatsraten zu zahlen,

d. h. $K = 664 + 664 \cdot \dfrac{1{,}01^{17} - 1}{0{,}01 \cdot 1{,}01^{17}} = 10.997{,}33$.

B muss am 31.01.2004 10.997 € bezahlen.

b. Kapital zum 31.12.2005 = 1.1.2006:
$K_{1.1.2006} = 20.000 \cdot 1{,}10^2 = 24.200;$

vom 01.01.2006 bis zum 01.01.2013 sind es 7 Jahre,
$K = 20.000 \cdot 1{,}10^2$, i= 0,10 , n = 7, r = 5.000

$$S = K_{1.1.2013} = (20.000 \cdot 1.10^2) \cdot 1{,}10^7 + 5.000 \cdot \dfrac{1{,}10^7 - 1}{0{,}10}$$

$= 47.158{,}95 + 47.435{,}86$

$= 94.594{,}81$

$K_{31.12.2014} = K_{1.1.2013} \cdot 1{,}12^2 = 118.659{,}73$

Am 31.12.2014 beträgt der Kontostand 118.660 €.

3.10 **a.** $0 = 800.000 \cdot 1{,}10^4 + r \cdot \dfrac{1{,}10^4 - 1}{0{,}10}$

$-r = 800.000 \cdot \dfrac{1{,}10^4 \cdot 0{,}10}{1{,}10^4 - 1} = 252.376{,}64$

b.

Jahr	Restschuld am Jahresanfang	Annuität	Zinsanteil	Tilgungs- anteil
1	800.000,00	252.376,64	80.000,00	172.376,64
2	627.623,36	252.376,64	62.762,34	189.614,30
3	438.009,06	252.376,64	43.800,91	208.575,73
4	229.433,33	252.376,64	22.943,33	229.433,31

3.11 **a.** $K = 300.000$, $r = -2.000 \cdot 1{,}005$, $i = \dfrac{0{,}06}{12} = 0{,}005$, $S = 0$

$\dfrac{r}{K \cdot i + r} = \dfrac{-2010}{1500 - 2010}$, $n = \dfrac{\log 3{,}94}{\log 1{,}005} = 274{,}98$

d. h. die Schuld ist nach 274 Monaten, das sind 22 Jahre und 10 Monate,
getilgt.

b. $-\bar{r} \cdot 1{,}005 = \left(300.000 \cdot 1{,}005^{274} - 2010 \cdot \dfrac{1{,}005^{274} - 1}{0{,}005} \right) \cdot 1{,}005$

$$= (1.176.581{,}94 - 1.174.619{,}79) \cdot 1{,}005 = 1.962{,}142 \cdot 1{,}005$$

Die letzte verminderte Rate beläuft sich somit auf $1.962{,}14$ €.

c. $r \cdot 1{,}005$ ist gesucht, $\;n = 20 \cdot 20 = 240$

$$0 = 300.000 \cdot 1{,}005^{240} + r \cdot 1{,}005 \cdot \dfrac{1{,}005^{240} - 1}{0{,}005}$$

$$-r = 300.000 \, \dfrac{1{,}005^{240} \cdot 0{,}005}{(1{,}005^{240} - 1) \cdot 1{,}005} = 2.138{,}60$$

d. h. die Annuität müsste um $2.138{,}60 - 2.000 = 138{,}60$ € erhöht werden.

3.12 a. $K = 80.000,\; r = -10.000,\; i = 0{,}08,\; S = 0$

$$\dfrac{+r}{K \cdot i + r} = \dfrac{-10.000}{6.400 - 10.000} = \dfrac{-10.000}{-3.600} = 2{,}77778$$

$$n = \dfrac{\log 2{,}7778}{\log 1{,}08} = 13{,}275$$

Der Bauer erhält 13 Jahre lang die volle Rente über 10.000 €.

b. Die verminderte Rente bei der letzten Zahlung ist gleich

$$-r_{14} = \left[80.000 \cdot 1{,}08^{13} - 10.000 \cdot \dfrac{1{,}08^{13} - 1}{0{,}08} \right] \cdot 1{,}08 = 2.826{,}29 \text{ €}.$$

c. Der Barwert der verminderten Rente ist gleich $\;\dfrac{2.826{,}29}{1{,}08^{14}} = 962{,}24$ €.

3.13 a. Barwert der bisherigen Rente $\;K = 3.000 \cdot \dfrac{1{,}10^{12} - 1}{0{,}10 \cdot 1{,}10^{12}} \cdot \dfrac{1}{1{,}10^{5}} = 12.692{,}30$

Neue Rente: $K = 12.692{,}30,\; r = -2.000,\; i = 0{,}10,\; S = 0,\; n = ?$

$$n = \dfrac{\ln \dfrac{-2.000}{1.269{,}23 - 2.000}}{\ln 1{,}10} = \dfrac{\ln \dfrac{-2.000}{730{,}77}}{\ln 1{,}10} = \dfrac{\ln 2{,}73684}{\ln 1{,}10} = 10{,}56344$$

10 Jahre lang können 2.000 € Rente nachschüssig gezahlt werden.

b. Am 31.12.2012 wird eine verminderte Rente in Höhe von

$$r = \left|12.692,30 \cdot 1,1^{10} - 2.000 \cdot \frac{1,1^{10}-1}{0,10}\right| \cdot 1,10 = 1.045,71 \cdot 1,10 = 1.150,28 \ \text{€}$$

gezahlt.

3.14 $K = 30.000; \ n = 10$

    a. Die Gesamtschuld nach 10 Jahren beläuft sich auf

    $K_{10} = 30.000 \cdot 1,05^{10} = 48.867 \ \text{€}.$

    b. $i = 0,06; \ S = 0; \ r = ?$

$$0 = 30.000 \cdot 1,06^{10} + r \cdot \frac{1,06^{10}-1}{0,06}$$

$$\Leftrightarrow r = -30.000 \cdot \frac{1,06^{10} \cdot 0,06}{1,06^{10}-1} = -4.076,04$$

Die Annuitäten belaufen sich auf 4.076,04 €.

Das Kapital nach 3 Jahren beträgt

$$K_3 = 30.000 \cdot 1,06^3 - 4.076,04 \cdot \frac{1,06^3-1}{0,06} = 22.754 \ \text{und die Zinsen auf } K_3$$

$$K_3 \cdot 0,06 = 1.365,24$$

d. h. der Tilgungsanteil der 4. Rate ist $4.076,04 - 1.365,24 = 2.710,80 \ \text{€}.$

3.15 Nachschüssige Betrachtung, $i = \frac{0,12}{4} = 0,03$ pro Quartal

    a. $K_{1.4.02} = 100.000 \cdot 1,03 = 103.000 \ \text{€}, \ r = -4.000, \ S = 0$

$$n = \frac{\ln\dfrac{-4000}{103.000 \cdot 0,03 - 4000}}{\ln 1,03} = \frac{\ln\dfrac{-4000}{-910}}{\ln 1,03} = \frac{\ln 4,3956}{\ln 1,03} = 50,09$$

Laufzeit 51 + 1 Quartale = 13 Jahre, d. h. der Kredit ist am 01.01.2015 zurückgezahlt.

    b. Verminderte 1. Rate

$$r_{1.7.02} = 100.000 \cdot 1,03^2 - 4000 \cdot \frac{1,03^{50}-1}{0,03 \cdot 1,03^{50}}$$

$$= 106.090 - 102.919,056 = 3.170,94 \ \text{€}$$

3.16 K = 100.000.

   a. $i_{Hausbank} = 0{,}065$

   b. BAUHYPO: $-\dfrac{K}{r} = \dfrac{100.000}{2.250} = 44{,}\overline{4}...,$

   d. h. der monatliche Zinssatz liegt zwischen 4 % und 5 %, dies entspricht einem effektiven Jahreszins zwischen
$(1 + 0{,}004)^{12} - 1 = 0{,}0491$ und $(1 + 0{,}005)^{12} - 1 = 0{,}0617$.

   c. Los VEGOS: $-\dfrac{K}{r} = \dfrac{100.000}{19.000} = 5{,}2632$,

   da die vorschüssige Zahlung in eine sofort wirksame nachschüssige umgewandelt werden kann. D. h. Los VEGOS verlangt weniger als 4 % p. a. und bietet daher die günstigste Alternative.

3.17 **a.** $i = \dfrac{0{,}06}{2} = 0{,}03$ pro Halbjahr, $K = 50.000 \cdot 1{,}03^2 = 53.045$,

$r = -50.000 \cdot 0{,}05 \cdot 1{,}03 = -2.575$

$$\frac{S\,i+r}{K\,i+r} = \frac{-2.575}{1591{,}35 - 2575} = 2{,}61780; \quad n = \frac{\log 2{,}61780}{\log 1{,}03} = 32{,}55662$$

d. h. die Schuld ist nach $2 + 32 = 34$ Halbjahren, d. h. 17 Jahren, getilgt.

   b. Die Rate zu Beginn des 35. Halbjahres beträgt:

$$-r_{33} \cdot 1{,}03 = \left[53.045 \cdot 1{,}03^{32} - 2.575 \frac{1{,}03^{32} - 1}{0{,}03} \right] \cdot 1{,}03$$

$$-r_{33} = 1.400{,}66 \text{ €}$$

<u>Bemerkung</u>: Einfacher ist der Lösungsweg mit nachschüssiger Ratenzahlung, beginnend im 2. Halbjahr.

3.18 $0{,}12 = e^i - 1$

$e^i = 1{,}12$

$i = \ln 1{,}12 = 0{,}1133$

4. Funktionen

Sätze und Regeln

Allgemeine Eigenschaften einer Funktion

Eine Abbildung f von A in B heißt Abbildung von A *auf* B oder *surjektive* Abbildung, wenn die Bildmenge f(A) gleich der Nachmenge B ist.

Eine Abbildung f von A in B heißt *injektive* oder *eineindeutige* Abbildung, wenn verschiedene Elemente von A auf verschiedene Elemente von B abgebildet werden, d. h. für je zwei beliebige Elemente x und $\bar{x}$ von A gilt:

$$x \neq \bar{x} \implies f(x) \neq f(\bar{x}).$$

Eine Abbildung heißt *bijektiv*, wenn sie injektiv und surjektiv ist.

Verkettung von Funktionen

Genügen zwei Abbildungen

$$f: A \to B, \qquad \text{und} \quad g: C \to D,$$
$$x \mapsto y = f(x) \qquad\qquad y \mapsto z = g(y)$$

der Bedingung $f(A) \subseteq C$, so lassen sich diese Funktionen verketten zu einer Abbildung $\quad g \circ f: \quad A \to D$

$$x \mapsto z = g \circ f(x) = g(f(x)).$$

Man bezeichnet g(y) als äußere Funktion und f(x) als innere Funktion der verketteten Funktion $g \circ f$.

Symmetrie

Eine Funktion $f: D \to \mathbf{R}$, $D \subseteq \mathbf{R}$ heißt *spiegelsymmetrisch* um a $\in$ D, wenn gilt

$$f(a - z) = f(a + z) \quad \text{für alle z mit } (a \pm z) \in D.$$

Eine Funktion $f: D \to \mathbf{R}$, $D \subseteq \mathbf{R}$ heißt *punktsymmetrisch* (drehsymmetrisch) zum Nullpunkt oder ungerade Funktion, wenn gilt

$$f(-x) = -f(x) \quad \text{für alle x} \in D.$$

Lineare Funktion (Gerade)

$$y = f(x) = bx + c$$

$$y = f(x) = b(x - x_1) + y_1 \qquad \textit{Punktrichtungsgleichung}$$

$$y = f(x) = \frac{y_2 - y_1}{x_2 - x_1} \cdot (x - x_1) + y_1 \qquad \textit{Zweipunktegleichung}$$

Quadratische Funktion (Parabel)

$$y = f(x) = ax^2 + bx + c \quad \text{mit } a \neq 0$$

Scheitel der Parabel $\quad (x_S, y_S) = (-\frac{b}{2a}, \frac{4ac - b^2}{4a})$

Linear gebrochenen Funktion (Hyperbel)

$$f(x) = \frac{ax + b}{cx + d} \quad \text{mit} \quad a, b, c, d \in R, \ c \neq 0, \ bc - ad \neq 0$$

Zentrum der Hyperbel $\ (x_z, y_z) = \left(-\frac{d}{c}, \frac{a}{c} \right)$, Formparameter $\ K = \dfrac{bc - ad}{c^2}$

Logarithmusfunktion

Umkehrfunktion der Exponentialfunktion $\ y = f(x) = a^x, \qquad a > 0 \quad a \neq 0$

ist die Logarithmusfunktion $\qquad\qquad x = f^{-1}(y) = {}^a\log y, \ a > 0 \quad a \neq 0$

Rechenregel für den Logarithmus

$$^a\log(u \cdot v) = {}^a\log u + {}^a\log v \qquad u, v \in\,]0, +\infty[$$

$$^a\log u^r = r \cdot {}^a\log u \qquad\qquad u \in\,]0, +\infty[, r \in R$$

$$^a\log\frac{u}{v} = {}^a\log u - {}^a\log v$$

$$y = a^{\,^a\log y}, \quad y > 0, \ a > 0, \ a \neq 1$$

$$x = {}^a\log(a^x), \quad a > 0, \ a \neq 1$$

Aufgaben

4.1 Welche der nachfolgenden Pfeildiagramme stellen eine Abbildung $f_i : A_i \to B_i$ oder $g_j : C_j \to D_j$ dar. Bei negativer Entscheidung ist dies zu begründen. Bei positiver Entscheidung ist anzugeben, ob die Abbildung injektiv oder surjektiv ist.

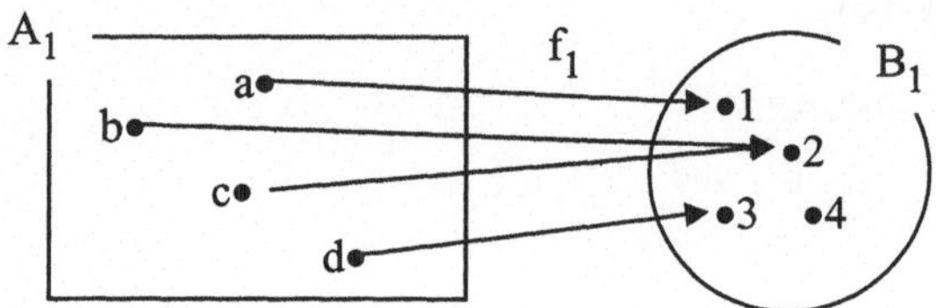

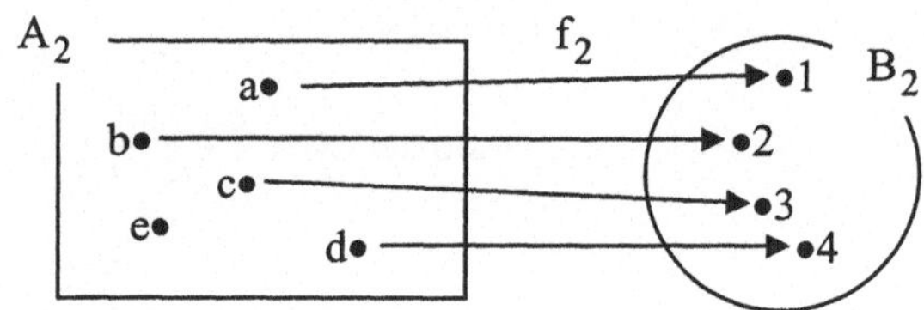

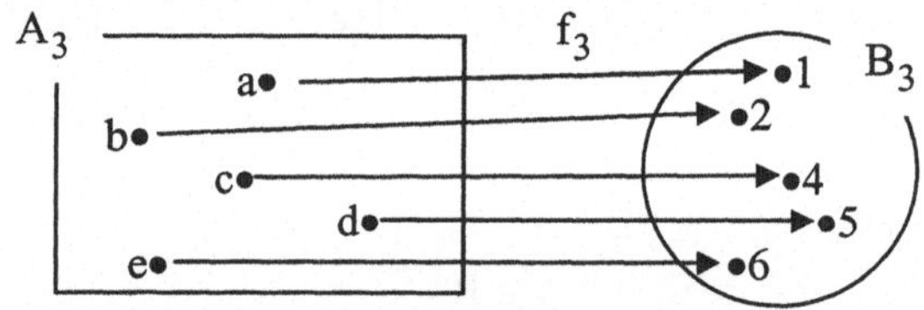

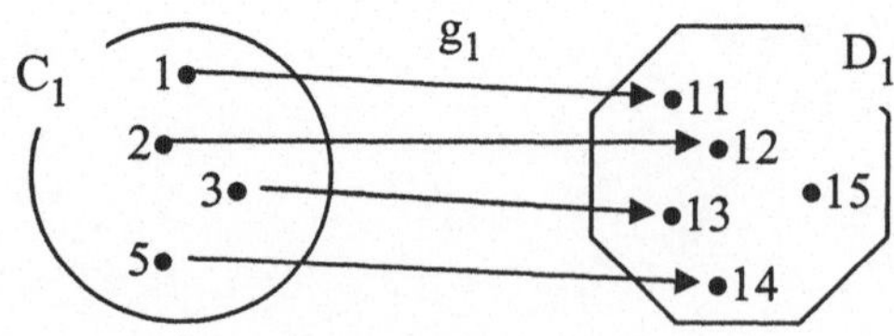

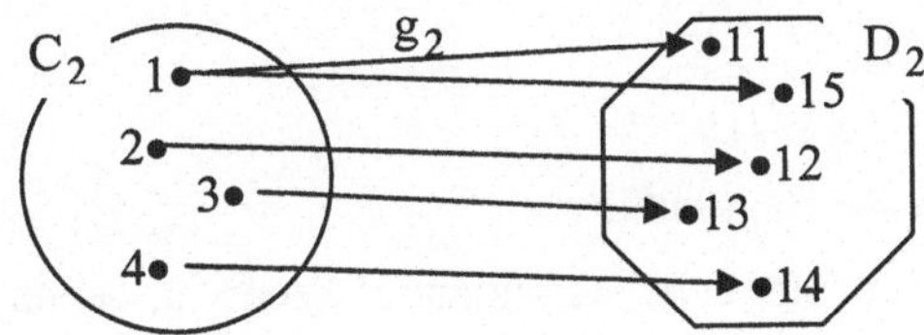

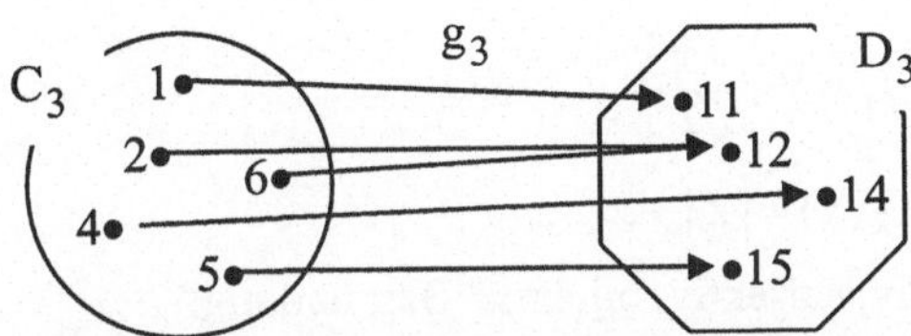

Für welche dieser <u>Abbildungen</u> ist eine Verkettung $g_j \circ f_i$ möglich. Die Entscheidungen sind zu begründen. Bei positiver Entscheidung sind außerdem die Einzelzuordnung aufzuführen und anzugeben, ob die verkettete Funktion injektiv oder surjektiv ist.

4.2 **a.** Überprüfen Sie, ob die Funktion

$$f : [-3,6] \to [-2,7]$$

$$x \mapsto y = f(x) = \tfrac{1}{3}x + 2$$

injektiv bzw surjektiv ist? Ausführliche Begründung gewünscht!

b. Bestimmen Sie die Parameter $c, d \in \mathbf{R}$ so, dass die Funktion

$$g : [1,5] \to [3,5]$$

$$y \mapsto z = g(y) = cx + d, \quad c > 0$$

bijektiv ist. Begründung!

c. Ist eine Verkettung $g \circ f$ möglich? Begründung! Wenn ja, geben Sie die verkettete Funktion $g \circ f$ an.

4.3 **a.** Wie muss $a, b \in \mathbf{R}$ gewählt werden, damit die Funktion

$$f : [1,4] \to [3,9]$$

$$y \mapsto y = f(x) = ax + b, \quad a < 0$$

bijektiv ist? Begründung!

b. Überprüfen Sie, ob die Funktion

$$g : [-2,9] \to [-10,71]$$

$$y \mapsto z = g(y) = y^2 - 10$$

injektiv bzw. surjektiv ist. Begründung!

c. Ist eine Verkettung $g \circ f$ möglich? Begründung! Wenn ja, geben Sie die verkettete Funktion $g \circ f$ an.

4.4 **a.** Betrachten Sie die Funktionen

$$f_1 : \mathbf{R} \to \mathbf{R} \quad \text{mit} \quad f_1(x) = \frac{x^2}{x^2 + 7} \quad \text{und}$$

$$g : \mathbf{R} \to \mathbf{R} \quad \text{mit} \quad f_2(x) = |x| + 2x.$$

Sind f_1 und f_2 injektiv, surjektiv, bijektiv? Begründung!

b. Überprüfen Sie die Funktionen f_1 und f_2 aus Teilaufgabe a. und

$$g_1(x) = x^5 + x^3 + 2x \quad \text{und} \quad g_2(x) = \left| x - \frac{9}{2} \right| + \frac{11}{2} \ \text{mit} \ D = \mathbf{R}$$

auf Symmetrie. Begründen Sie die Antworten!

4.5 Den Studierenden S_1, S_2, ... , S_{80} wird nach der Mathematikklausur eine der Punktzahlen 0, 1, 2, ... , 39, 40 zugeordnet. Diese Zuordnung sei eine Abbildung von $S = \{S_1, S_2, ... , S_{80}\}$ auf $P = \{0, 1, 2, ... , 39, 40\}$.

a. Existiert eine injektive Abbildung $f : S \to P$? Wenn ja, geben Sie eine beliebige injektive Abbildung an.

b. Existiert eine surjektive Abbildung $f : S \to P$? Wenn ja, geben Sie eine beliebige surjektive Abbildung an.

c. Gegeben sind zwei Abbildungen $f_j : S \to P$ mit den Funktionsglei-chungen $f_1(S_i) = \left[\dfrac{i+1}{2} \right]$ bzw. $f_2(S_i) = \left[\dfrac{i}{2} \right]$ ([ ] ist die Gaußklammer!)

i. Ist eine dieser beiden Abbildungen surjektiv?

ii. Für welche dieser beiden Abbildungen ist eine Verkettung $g \circ f_j$ möglich, wenn g die Punktzahlen $\{1, 2, ... , 50\}$ den Noten 1, 2, 3, 4, 5 zuordnet gemäß

$$g(i) = \begin{cases} 1 & \text{für } i = 38, 39, ..., 50 \\ 2 & \text{für } i = 32, 33, ..., 37 \\ 3 & \text{für } i = 26, 27, ..., 31 \\ 4 & \text{für } i = 20, 21, ..., 25 \\ 5 & \text{für } i = 1, 2, ..., 19 \end{cases}$$

Geben Sie für die verkettete Funktion die Einzelzuordnungen oder die Funktionsgleichung an.

4.6 Überprüfen Sie die nachfolgenden Funktionen $f_i : \mathbf{R} \to \mathbf{R}$ auf Symmetrie:

a. $f_1(x) = 2x^3 - 7x$ **b.** $f_2(x) = x^2 - 8x + 3$ **c.** $f_3(x) = \dfrac{1 - x^2}{1 + x^2}$

4.7 Überprüfen Sie die folgenden Funktionen auf Symmetrie in der größtmöglichen Definitionsmenge auf $\mathbf{R}$:

a. $f_1(x) = (1 - x^2)(x^2 - 1)$ **b.** $f_2(x) = \dfrac{7x}{5x^3 - x^7}$

c. $f_3(x) = \dfrac{1}{2}x^2 - 2x - 4$

4.8 Gegeben sind die Funktionen:

$$f_1(x) = \frac{2x}{2x^2 + 5} \qquad\qquad f_2(x) = \frac{5x - 15}{|x - 3|}$$

$$g_1(y) = \sqrt{y^3} + 5y \qquad\qquad g_2(y) = -3(y - 2)^2 + 7$$

a. Überprüfen Sie die vorstehenden Funktionen auf Symmetrie in der größtmöglichen Definitionsmenge auf $\mathbf{R}$.

b. Gibt es eine Definitionsmenge für f_2 so, dass eine Verkettung $g_1 \circ f_2$ möglich ist? Wenn ja, geben Sie diese Definitionsmenge größtmöglich an und stellen Sie die Gleichung der verketteten Funktion auf.

4.9 Gegeben sind die Funktionen:

$$f(x) = 2x^2 + 20x + 28 \quad \text{mit} \quad D_f = [-10, 0]$$

$$g(y) = \frac{1}{5}y^3 - 7y \qquad \text{mit} \quad D_g = [-50, 50]$$

a. Untersuchen Sie die vorstehenden Funktionen auf Symmetrie in den angegebenen Definitionsmengen.

b. Ist eine Verkettung $h(x) = g \circ f(x)$ auf $D = [-10, 0]$ möglich? Wenn ja, geben Sie die Funktionsgleichung von h an.

4.10 Gegeben sind die Funktionen:

$$f_1(x) = \left|\tfrac{1}{2}x - 25\right| + \tfrac{3}{2} \qquad \text{mit} \ \ D_1 = [20,80]$$

$$f_2(x) = 15 + 2x^2 + 8x^4 \quad \text{mit} \ \ D = \mathbf{R}$$

$$g_1(y) = \frac{y \cdot (y^2 - 1)}{y - 1} \qquad \text{mit} \ \ D = \mathbf{R} \setminus \{-2, +1\}$$

$$g_2(y) = 8y \qquad\qquad \text{mit} \ \ D = \mathbf{R}$$

a. Untersuchen Sie die vorstehenden Funktionen auf Symmetrie.

b. Ist die Verkettung $g_2 \circ f_1$ möglich? Begründung!

Wenn ja, geben Sie die Funktionsgleichung

$$z = h(x) = g_2 \circ f_1(x) \ \text{an.}$$

4.11 Besitzen die folgenden Funktionen eine Umkehrfunktion in der größtmöglichen Definitionsmenge? Falls ja, bestimmen Sie für diese die Definitionsmenge und geben Sie die Funktionsgleichung an.

a. $\ y = g_1(x) = e^{x+2}$
   b. $\ y = g_2(x) = \dfrac{4x - 7}{3x + 6}$

4.12 Zeichnen Sie in eine cartesische Koordinatenebene:

a. Die Menge $M_1 = \{(x, y) \in \mathbf{R}^2 \,\big|\, 4y - 12 \leq (x - 4)^2\}$

M$_1$ bitte **nicht** ausschraffieren!!

b. Die Menge $M_2 = \{(x, y) \in \mathbf{R} \times]-\infty, 7[\,\big|\, 3x + 3y \leq 33\} \setminus M_1$

Zeichnen Sie den Rand von M_2 mit einem schwarzen Stift nach und füllen Sie das Innere von M_2 aus.

c. Die Menge $M_3 = \{(x, y) \in \mathbf{R} \times]7, +\infty[\,\big|\, 5 \cdot |x - 2| + 2y \leq 24\}$. Füllen Sie das Innere von M_3 mit einer anderen Farbe aus.

d. Zwei kleine Kreise um die Punkte $(2, \tfrac{11}{2})$ und $(\tfrac{7}{2}, 6)$.

e. Zwei kräftige Striche zwischen den Punkten $(3, \tfrac{11}{2})$ und $(\tfrac{7}{2}, \tfrac{9}{2})$ bzw. $(3, 4)$ und $(4, 4)$.

4.13 Zeichnen Sie in eine cartesische Koordinatenebene die Mengen:

$$M_1 = \{(x,y) \in \mathbf{R}^2 \mid -4y + 8x \leq x^2 + 4\}$$

$$M_2 = \{(x,y) \in \mathbf{R}^2 \mid y + \mid x - 4 \mid \leq 4\}$$

$$\text{und } M = M_1 \cap M_2 \quad \text{für} \quad 2 \leq x \leq 6$$

Zeichnen Sie zusätzlich in dieses Koordinatensystem ein:
– eine Gerade zwischen den Punkten $(4, 3)$ und $(4, 1)$
– die Menge $M_3 = \{(x,y) \in R^2 \mid y = 4 \cdot (x - \frac{9}{2})^2 \quad \text{für} \quad 4 \leq x \leq 5\}$

4.14 Zeichnen Sie in eine cartesische Koordinatenebene die Mengen:

$$M_1 = \{(x,y) \in \mathbf{R}^2 \mid x^2 + y + 16 \leq 10x\}$$

$$M_2 = \{(x,y) \in \mathbf{R}^2 \mid 2 \cdot \mid x - 5 \mid + 5y \geq 20\}$$

$$\text{und } M = (M_1 \cap M_2) \cup [\tfrac{9}{2}, \tfrac{11}{2}] \times [0, 4]$$

4.15 Zeichnen Sie in eine cartesische Koordinatenebene die Mengen:

$$M_1 = \{x, y) \in \mathbf{R}^2 \mid 4x^2 + 4y + 61 < 36x\}$$

$$M_2 = \{x, y) \in \mathbf{R}^2 \mid \mid 2x - 9 \mid + 4y \leq 28\}$$

$$\text{und } M = (M_2 \setminus M_1) \cap \{(x, y) \in \mathbf{R}^2 \mid 1 \leq x \leq 8 \text{ und } y \geq 0\}$$

4.16 Zeichnen Sie in eine cartesische Koordinatenebene die Mengen:

$$M_1 = \{(x,y) \in \mathbf{R}^2 \mid 4x^2 + 4y + 29 < 28x\}$$

$$M_2 = \{(x,y) \in \mathbf{R}^2 \mid \mid 2x - 7 \mid + 2y \leq 14\}$$

$$\text{und } M = (M_2 \setminus M_1) \cap \{(x,y) \in \mathbf{R}^2 \mid y \geq -1 \quad \text{und} \quad 0 \leq x \leq 7\}$$

4.17 Zeichnen Sie in eine cartesische Koordinatenebene die Mengen:

$$M_1 = \{(x,y) \in \mathbf{R}^2 \mid xy \leq 2x + 4y + 2\}$$

$$M_2 = \{(x,y) \in \mathbf{R}^2 \mid 2y - x \geq 8\}$$

$$M_3 = \{(x,y) \in \mathbf{R}^2 \mid y - 2x \leq -8\}$$

$$\text{und } M = M_1 \setminus (M_2 \cup M_3)$$

Welche Randpunkte gehören zu M?

4.18 Zeichnen sie in eine cartesische Koordinatenebene die Mengen:

$$M_1 = \{(x,y) \in \mathbf{R}^2 \mid 3x + 3y + xy + 4 \geq 0\}$$

$$M_2 = \{(x,y) \in [-3, 5] \times [3, +\infty[\mid 2y + |x - 1| \leq 10\}$$

$$M_3 = \{(x,y) \in \mathbf{R}^2 \mid y + 8 \geq 3\}$$

$$\text{und } M = \{(x,y) \in [-3, 5] \times [-2, 3] \mid (x,y) \in M_1 \cap M_3\}$$

Malen Sie M_2 mit einer dunklen und M mit einer hellen Farbe aus. Markieren Sie zusätzlich die Punkte $(0, 2)$, $(2; 1,5)$ und das Intervall $[0, 1]$ auf der x–Achse mit einem dicken schwarzen Stift.

Lösungen

4.1 f_1 ist eine Abbildung, die weder injektiv noch surjektiv ist.

f_2 ist keine Abbildung, da $e \in A_2$ nicht abgebildet wird.

f_3 ist eine injektive und surjektive Abbildung.

g_1 ist eine injektive, aber keine surjektive Abbildung.

g_2 ist keine Abbildung, da $1 \in C_3$ zwei Bilder zugeordnet werden.

g_3 ist eine surjektive Abbildung, die nicht injektiv ist.

Eine Verkettung $g_1 \circ f_1$ ist möglich, da $f_1(A_1) = \{1, 2, 3\} \subset C_1$

$$
\begin{aligned}
g_1 \circ f_1 : \quad a &\mapsto 11 \\
b &\mapsto 12 \\
c &\mapsto 12 \\
d &\mapsto 13
\end{aligned}
$$

$g_1 \circ f_1$ ist weder injektiv noch surjektiv

Eine Verkettung $g_3 \circ f_1$ ist nicht möglich, da $f_1(A_1) \not\subset C_3$.

Eine Verkettung $g_1 \circ f_3$ ist nicht möglich, da $f_3(A_3) = \{1, 2, 5, 6\} \not\subset C_1$.

Eine Verkettung $g_3 \circ f_3$ ist möglich, da $f_3(A_3) \subset C_3$.

$$
\begin{aligned}
g_3 \circ f_3 : \quad a &\mapsto 11 \\
b &\mapsto 12 \\
c &\mapsto 14 \\
d &\mapsto 15 \\
e &\mapsto 12
\end{aligned}
$$

$g_3 \circ f_3$ ist surjektiv aber nicht injektiv

4.2 **a.** Da $\hat{x} < x \;\Leftrightarrow\; \frac{1}{3}\hat{x} < \frac{1}{3}x \;\Leftrightarrow\; \frac{1}{3}\hat{x} + 2 < \frac{1}{3}x + 2 = f(x)$ ist f injektiv.

Da $\min_{x \in [-3,6]} f(x) = 1$ und $\max_{x \in [-3,6]} f(x) = 4$, d. h.

$f([-3,6]) = [1,4] \subset [-2,7]$, ist f nicht surjektiv.

b. Da g als lineare Funktion injektiv ist, muss nur noch die Surjektivität gesichert werden. Dazu muss die Gerade durch die Punkte (1, 3) und (5, 5) gehen.

$$g(y) = \frac{5-3}{5-1} \cdot (y-1) + 3 = \frac{1}{2}y + \frac{5}{2}$$

c. Da $f([-3,6]) = [1,4] \subset [1,5]$ ist eine Verkettung möglich.

$$g \circ f(x) = g(f(x)) = \frac{1}{2} \cdot (\frac{1}{3}x + 2) + \frac{5}{2} = \frac{1}{6}x + \frac{7}{5}$$

4.3 **a.** Eine lineare Funktion ist stets injektiv. Damit f auch surjektiv ist, muss f durch die Punkte (1, 9) und (4, 3) gehen.

$$y = f(x) = \frac{3-9}{4-1} \cdot (x-1) + 9 = -2x + 11$$

b. g ist nicht injektiv, da z. B. $g(-1) = -9 = g(+1)$.
g ist surjektiv, da $\max_{y \in [-2,9]} g(y) = 71$ und $\min_{y \in [-2,9]} g(y) = -10$.

c. Da $f([1, 4]) = [3, 9] \subset [-2, 9]$ ist eine Verkettung $g \circ f$ möglich.

$$z = g \circ f(x) = g(f(x)) = (-2x + 11)^2 - 10$$

4.4 **a.** Da $f_1(x) \geq 0 \;\; \forall\, x \in \mathbf{R}_1$ ist f_1 nicht surjektiv.

Da z. B. $f_1(-1) = \frac{(-1)^2}{(-1)^2 + 7} = \frac{1^2}{1^2 + 7} = f(1)$ ist f nicht injektiv.

$\Rightarrow f_1(x)$ ist nicht bijektiv.

$$f_2(x) = \begin{cases} -x + 2 & \text{für } x < 0 \\ 3x & \text{für } x \geq 0 \end{cases}$$

Da $f_2(x)$ streng monoton steigend in $]-\infty, 0]$ und $[0, -\infty[$ ist und für $x < 0$ eine negative, für $x \geq 0$ dagegen eine nicht-negative Funktion darstellt, ist f_2 injektiv.

Da $f_2(\mathbf{R}) = \mathbf{R}$ ist f_2 auch surjektiv und damit bijektiv.

b. Als gerade Funktion ist f_1 spiegelsymmetrisch zu $a = 0$.

Als streng monoton steigende Funktion mit unterschiedlichen Steigungen ist f_2 nicht symmetrisch.

Als ungerade Funktion ist g_1 drehsymmetrisch zum Nullpunkt.

g_2 ist spiegelsymmetrisch zu $a = \dfrac{9}{2}$, da

$$g_2\left(\frac{9}{2} + z\right) = |z| + \frac{11}{2} = |-z| + \frac{11}{2} = g_2\left(\frac{11}{2} - z\right).$$

4.5   **a.** Nein, denn die notwendige Bedingung für "injektiv", $|S| \leq |P|$, ist nicht erfüllt.

b. Da $|S| \geq |P|$, ist die notwendige Bedingung für die Existenz einer surjektiven Funktion erfüllt.

<u>Beispiel:</u> $f_S(S_i) = \begin{cases} i & \text{für } i = 1,...,40 \\ 0 & \text{für } i = 41,...,80 \end{cases}$

c. i. Da $f_1(S) = \{1, 2, ... , 40\} \subset P$ ist f_1 <u>nicht</u> surjektiv.

Da $f_2(S) = \{1, 2, ... , 40\} = P$ ist f_2 surjektiv.

ii. Da nur $f_1(S) \subseteq \{1, 2, ..., 50\}$ ist auch nur die Verkettung $g \circ f_1$ möglich und es gilt

$$g \circ f_1(S_i) = \begin{cases} 1 & \text{für } i = 38, 39, 40 \\ 2 & \text{für } i = 32, ...,37 \\ 3 & \text{für } i = 26, ...,31 \\ 4 & \text{für } i = 20, ...,25 \\ 5 & \text{für } i = 1, 2, ...,19 \end{cases} .$$

4.6   **a.** f_1 ist als ungerade Funktion drehsymmetrisch zum Nullpunkt.

<u>Alternativ:</u> $f_1(-x) = 2\cdot(-x)^3 - 7\cdot(-x) = -2x^3 + 7x = -f_1(x)$.

b. $f_2(x) = x^2 - 8x + 3 = (x^2 - 8x + 4^2) + 3 - 16 = (x - 4)^2 - 13$

<u>Behauptung:</u> f_2 ist spiegelsymmetrisch zu $a = 4$.

<u>Beweis:</u> $f_2(4 + z) = (4 + z - 4)^2 - 13 = z^2 - 13 =$

$f_2(4 - z) = (4 - z - 4)^2 - 13 = z^2 - 13$

c. $f_3(x) = \dfrac{1 - x^2}{1 + x^2}$ ist als gerade Funktion spiegelsymmetrisch zu a = 0.

<u>Alternativ:</u> $f_3(-x) = \dfrac{1 - (-x)^2}{1 + (-x)^2} = \dfrac{1 - x^2}{1 + x^2} = f_3(x)$.

4.7 **a.** f_1 ist spiegelsymmetrisch zu a = 0, da x nur gerade Exponenten aufweist,

$\mathbf{D_1 = R}$

b. f_2 ist spiegelsymmetrisch zu a = 0, da $\mathbf{D_2 = R \backslash \{0\}}$.

$$f_2(-x) = \frac{7(-x)}{5(-x)^3 - (-x)^7} = \frac{-7x}{-5x^3 + x^7} = \frac{7x}{5x^3 - x^7} = f(x)$$

c. $f_3(x) = \dfrac{1}{2}(x^2 - 4x + \mathbf{2^2}) - 4 - 2 = \dfrac{1}{2}(x - 2)^2 - 6$ mit $\mathbf{D_3 = R}$ ist

spiegelsymmetrisch zu a = 2, da

$$f_3(2 + z) = \tfrac{1}{2}(2 + z - 2)^2 - 6 = \tfrac{1}{2}z^2 - 6$$

$$= f_3(2 - z) = \tfrac{1}{2}(2 - z - 2)^2 - 6 = \tfrac{1}{2}(-z)^2 - 6$$

4.8 **a.** $f_1(x)$ ist punktsymmetrisch zum Ursprung, da

$$f_1(-x) = \frac{-2x}{2(-x)^2 + 5} = -f_1(x)$$

$f_2(x)$ und $g_1(y)$ sind weder punkt- noch spiegelsymmetrisch.

$g_2(x)$ ist spiegelsymmetrisch zu a = 2, da:

$$g_2(2 - z) = -3(2 - z - 2)^2 + 7 = -3(-z)^2 + 7 \ =$$
$$g_2(2 + z) = -3(2 + z - 2)^2 + 7 = -3(z)^2 + 7$$

b. $y = f_2(x) = \begin{cases} \dfrac{5x - 15}{-(x - 3)} = -5 & \text{für} \quad x < 3 \\[2ex] \dfrac{5x - 15}{x - 3} = 5 & \text{für} \quad 3 < x \end{cases}$

Da die Quadratwurzel nur für nichtnegative Radikanten definiert ist und
$y^3 + 5y \geq 0 \ \Leftrightarrow \ y \geq 0$, ist höchstens für Teilmengen von $\overline{D}_2 = \,]3, +\infty[$
eine Verkettung $g \circ f_2$ möglich.

$$h(x) = g_1 \circ f_2(x) = g_1(f_2(x)) = \sqrt{5^3 + 25} = \sqrt{150}$$

4.9 **a.** f ist spiegelsymmetrisch zu a = –5, denn:

$$f(x) = 2(x^2 + 10x + 14) = 2(x + 5)^2 - 22$$

$$f(-5 + z) = 2(-5 + z + 5)^2 - 22 = 2(z)^2 - 22$$

$$= 2(-5 - z + 5)^2 - 22 = f(-5 - z)$$

g ist als ungerade Funktion drehsymmetrisch zum Ursprung.

b. Die Bildmenge von f ist $f([-10, 0]) = [-22, 28]$.

Da $[-22, 28] \subseteq D_g$ ist eine Verkettung g∘f möglich.

$$h(x) = \tfrac{1}{5}(2x^2 + 20x + 28)^3 - 7(2x^2 + 20x + 28)$$

4.10 **a.** f_1 ist spiegelsymmetrisch zu a = 50, da

$$f_1(50 + z) = \left|\frac{50}{2} + \frac{2}{2} - 25\right| + \frac{3}{2} = \left|\frac{2}{2}\right| + \frac{3}{2} \quad =$$

$$f_1(50 - z) = \left|\frac{50}{2} - \frac{2}{2} - 25\right| + \frac{3}{2} = \left|-\frac{2}{2}\right| + \frac{3}{2}$$

Als gerade Funktion ist f_2 spiegelsymmetrisch zu a = 0.

$$g_1(y) = \frac{y(y^2 - 1)}{y - 1} = y(y + 1) = \left(y^2 + y + (\tfrac{1}{2})^2\right) - \tfrac{1}{4} = (y + \tfrac{1}{2})^2 - \tfrac{1}{4}$$

$g_1(y)$ ist spiegelsymmetrisch zu $a = -\tfrac{1}{2}$, da

$$g_1(-\tfrac{1}{2} + z) = (-\tfrac{1}{2} + z + \tfrac{1}{2})^2 - \tfrac{1}{4} = z^2 - \tfrac{1}{4} =$$

$$g_1(-\tfrac{1}{2} - z) = (-\tfrac{1}{2} - z + \tfrac{1}{2})^2 - \tfrac{1}{2} = (-z)^2 - \tfrac{1}{2}$$

und neben 1 auch –2 nicht zur Definitionsmenge gehört.

Als ungerade Funktion ist g_2 drehsymmetrisch zum Nullpunkt.

b. Da $f_1([20, 80]) = [\tfrac{3}{2}, \tfrac{33}{2}] \subset \mathbf{R}$ ist eine Verkettung möglich und es gilt

$$h(x) = 8\left|\tfrac{1}{2}x - 25\right| + 12$$

4.11 **a.** Als Exponentialfunktion ist g_1 in R definiert und injektiv,

$$g_1^{-1}(y) = \ln y - 2; \quad g_1^{-1} : \mathbf{R}_+ \to \mathbf{R}$$

b. Als linear gebrochene Funktion ist g_2 in $\mathbf{R}\backslash\{-2\}$ definiert und injektiv,

NR: $3xy + 6y = 4x - 7 \Rightarrow 3xy - 4x = -6y - 7$

$$g_2^{-1}(y) = \frac{-6y - 7}{3y - 4}; \quad g_2^{-1} : \mathbf{R}\backslash\{\tfrac{4}{3}\} \to \mathbf{R}\backslash\{-2\}$$

4.12 a. $M_1:\ 4y \le (x - 4)^2 + 12 \quad\Leftrightarrow\quad y = \tfrac{1}{4}(x - 4)^2 + 3$

Parabel mit dem Scheitel $(x_S, y_S) = (4, 3)$ und $a = \tfrac{1}{4}$

b. $M_2:\ y \le -x + 11$

c. $M_3:\ 2y \le -5\,|x - 2| + 24 \quad\Leftrightarrow\quad y \le -\tfrac{5}{2}\,|x - 2| + 12$

Ecke $(x, y) = (2, 12)$

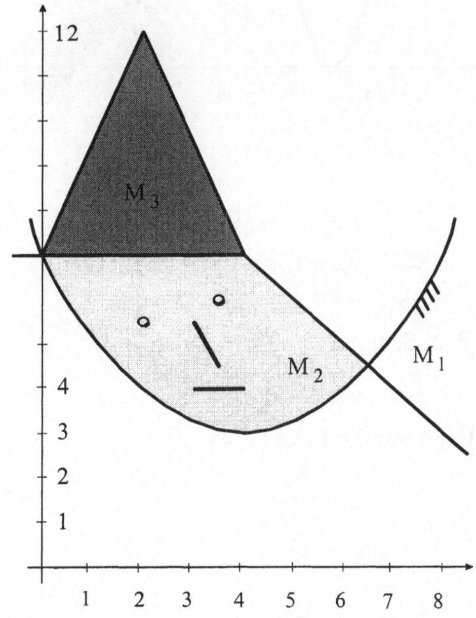

4.13 $M_1 : -4y \leq (x^2 - 8x + 4^2) + 4 - 16 = (x-4)^2 - 12$

$\Leftrightarrow y \geq -\frac{1}{4}(x-4)^2 + 3$

Parabel mit dem Scheitelpunkt (4, 3) und $a = -\frac{1}{4}$

$M_2 : y \leq 4 - |x-4| = \begin{cases} x & \text{für} \quad x < 4 \\ -x + 8 & \text{für} \quad x \geq 4 \end{cases}$

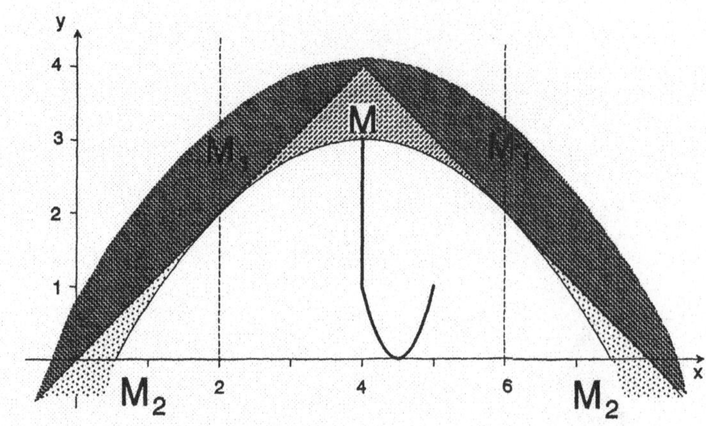

4.14 $M_1 : x^2 + y + 16 \leq 10x \qquad \Leftrightarrow \quad y \leq -x^2 + 10x - 16$

$\Leftrightarrow \quad y \leq -(x^2 - 10x + 25) - 16 + 25$

$\Leftrightarrow \quad y \leq -(x-5)^2 + 9$

Normalparabel mit dem Scheitel (5, 9) und $a = -1$

$M_2 : 5y + 2|x-5| \geq 20 \qquad \Leftrightarrow \quad y \geq 4 - \frac{2}{5}|x-5|$

Lineare Betragsfunktion mit der Ecke (5, 4)

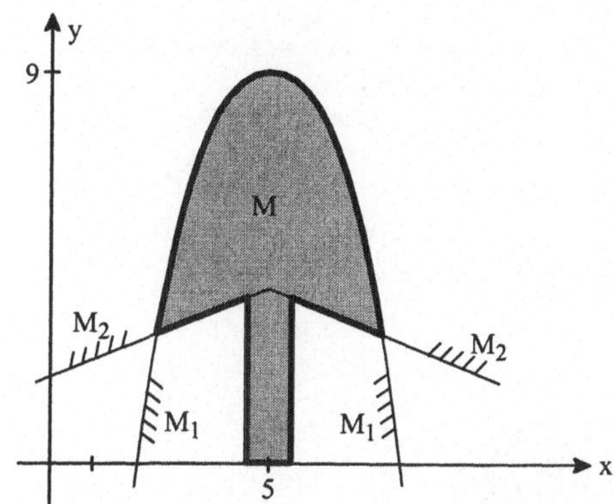

4.15 M_1: $4x^2 + 4y + 61 < 36x$

$\Leftrightarrow y < -x^2 + 9x - \dfrac{61}{4}$

$\Leftrightarrow y < -(x^2 - 9x + (\tfrac{9}{2})^2) + \dfrac{81}{4} - \dfrac{61}{4}$

$\Leftrightarrow y < -(x - \tfrac{9}{2})^2 + 5$

Randkurve ist eine Parabel mit dem Scheitel $(\tfrac{9}{2}, 5)$ und $a = -1$

M_2: $|2x - 9| + 4y \leq 28 \quad \Leftrightarrow \quad y \leq 7 - \tfrac{1}{4}|2x - 9| \quad \Leftrightarrow \quad y \leq 7 - \tfrac{1}{2}|x - \tfrac{9}{2}|$

Lineare Betragsfunktion mit der Ecke $(\tfrac{9}{2}, 7)$.

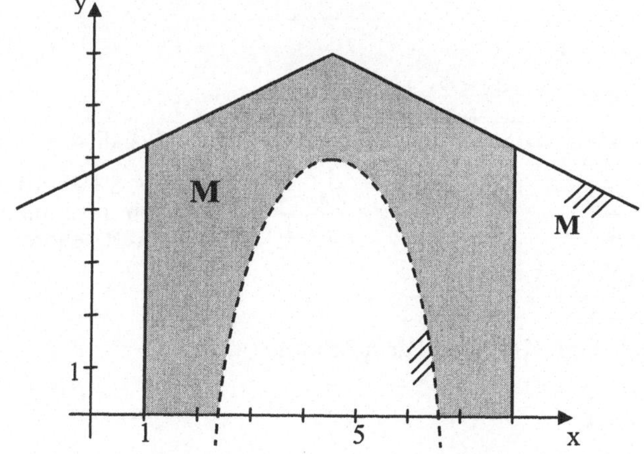

4.16 $M_1:\ 4x^2 + 4y + 29 < 28x\ \Leftrightarrow\ 4y < -4x^2 + 28x - 29$

$\Leftrightarrow y < -(x^2 - 7x + (\tfrac{7}{2})^2) - \tfrac{29}{4} + \tfrac{49}{4} \Leftrightarrow y < -(x - \tfrac{7}{2})^2 + 5$

Scheitel $(\tfrac{7}{2}, 5)$

$M_2:\ |2x - 7| + 2y \le 14\ \Leftrightarrow\ y \le 7 - \tfrac{1}{2} \cdot |2x - 7 = 7 - |x - \tfrac{7}{2}|$

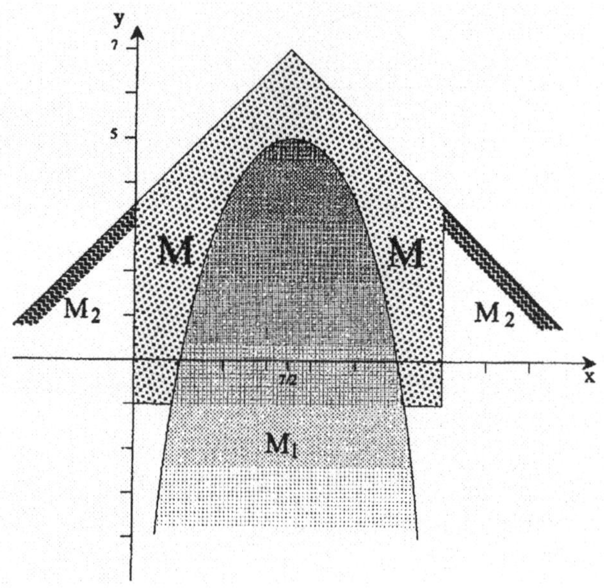

4.17 $M_1:\ xy \le 2x + 4y\ 2$

$y(x - 4) = xy - 4y \le 2x + 2$

<u>1. Fall:</u> $x - 4 > 0 \Leftrightarrow x > 4$ <u>2. Fall:</u> $x < 4$ <u>3. Fall:</u> $x = 4$

$$y \le \frac{2x + 2}{x - 4} \qquad\qquad y \ge \frac{2x + 2}{x - 4}$$

$0 < 8 + 2 = 10,$
d.h. alle Punkte $(4, y)$,
$y \in \mathbb{R}$ gehören zu M_1

$$y = \frac{2(x - 4) + 2 + 8}{x - 4} = 2 + \frac{10}{x - 4},$$

d. h. Hyperbel mit $K = 10$ und dem Zentrum $(4, 2)$

$M_2:\ y \ge 4 + \dfrac{x}{2}$

$M_3:\ y \le 2x - 8$

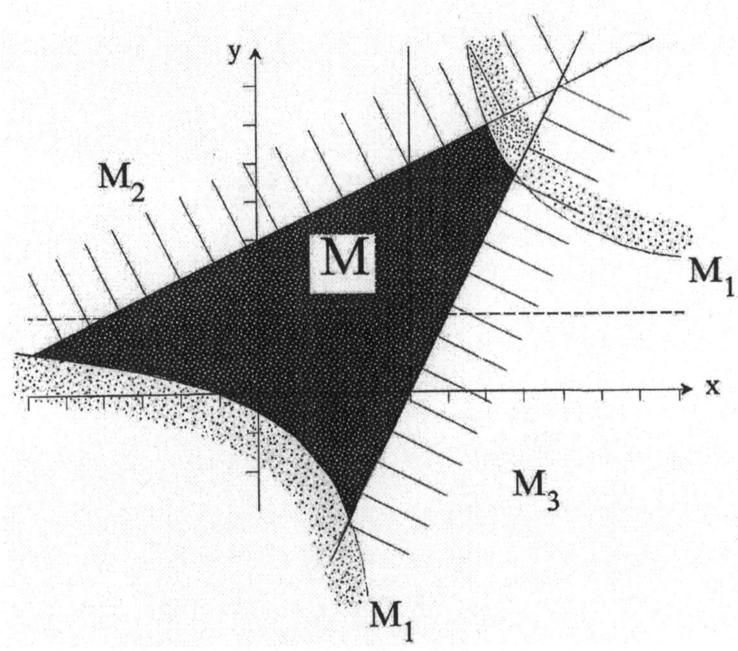

4.18 M_1: $3x + 3y + xy + 4 \geq 0 \Leftrightarrow xy + 3y \geq -3x - 4 \Leftrightarrow$

$y(x+3) \geq -3x - 4 \quad |:(x+3)$

<u>1. Fall</u>: $x+3 > 0 \Rightarrow x > -3$ <u>2. Fall</u>: $x < -3$ <u>3. Fall</u>: $x = -3$

$y \geq \dfrac{-3x - 4}{x + 3}$ $y \leq \dfrac{-3x - 4}{x + 3}$ $\begin{array}{l} 0 \geq 9 - 4 = 5 \\ \text{d.h. es existiert kein } y, \\ \text{so dass } (-3, 4) \in M_1 \end{array}$

$y = \dfrac{-(x+3) - 4 + 9}{x + 3} = -3 + \dfrac{5}{x + 3}$

Hyperbel mit dem Zentrum $(-3, -3)$ und $K = 5$

M_2: $y \leq 5 - \frac{1}{2}|x - 1|$

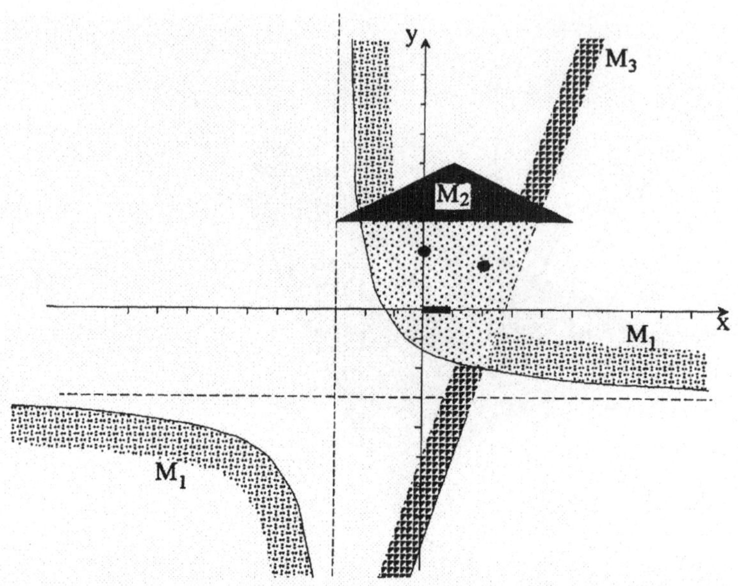
y
M_3
M_2
x
M_1
M_1

5. Grenzwerte und Stetigkeit

Sätze und Regeln

Allgemeiner Grenzwertsatz

Existieren die Grenzwerte $\lim\limits_{x \to x_0} f(x)$ und $\lim\limits_{x \to x_0} g(x)$, so existieren auch die nach-

folgenden Grenzwerte, und es gilt:

$$\lim\limits_{x \to x_0} [f(x) + g(x)] = \lim\limits_{x \to x_0} f(x) + \lim\limits_{x \to x_0} g(x)$$

$$\lim\limits_{x \to x_0} [f(x) - g(x)] = \lim\limits_{x \to x_0} f(x) - \lim\limits_{x \to x_0} g(x)$$

$$\lim\limits_{x \to x_0} [f(x) \cdot g(x)] = \lim\limits_{x \to x_0} f(x) \cdot \lim\limits_{x \to x_0} g(x)$$

Sofern $\lim\limits_{x \to x_0} g(x) \neq 0$, und falls eine Umgebung $U_\delta(x_0)$, $\delta > 0$ so existiert,

dass $g(x) \neq 0$ für alle $x \in U_\delta(x_0)$, gilt auch:

$$\lim\limits_{x \to x_0} \frac{f(x)}{g(x)} = \frac{\lim\limits_{x \to x_0} f(x)}{\lim\limits_{x \to x_0} g(x)}$$

Grenzwertsatz für einseitige Grenzwerte

$$\lim\limits_{x \to x_0^-} f(x) = f_0 = \lim\limits_{x \to x_0^+} f(x) \Leftrightarrow \lim\limits_{x \to x_0} f(x) = f_0$$

Transformationsgleichungen für einseitige Grenzwerte

$$\lim\limits_{x \to x_0^-} f(x) = \lim\limits_{h \to 0^+} f(x_0 - h)$$

$$\lim\limits_{x \to x_0^+} f(x) = \lim\limits_{h \to 0^+} f(x_0 + h)$$

Stetigkeit verketteter Funktionen

Sind $f: [a, b] \to \mathbf{R}$ und $g: [c, d] \to \mathbf{R}$ stetige Funktionen, und ist die Bildmenge von f eine Teilmenge von [c, d], so ist die verkettete Funktion $g \circ f : [a, b] \to \mathbf{R}$ stetig auf [a, b].

Zwischenwertsatz von BOLZANO

Eine auf einem abgeschlossenen Intervall [a, b] stetige Funktion f nimmt jeden Wert zwischen f (a) und f (b) als Funktionswert an, d. h. für jeden Wert Z zwischen f (a) und f (b) gibt es (mindestens) ein $z \in [a, b]$, so dass $Z = f(z)$.

Extremwertsatz von WEIERSTRASS

Eine auf einem abgeschlossenen Intervall [a, b] stetige Funktion f nimmt dort sowohl ihr (absolutes) Maximum als auch ihr (absolutes) Minimum an.

Aufgaben

5.1 Berechnen Sie die folgenden Grenzwerte. Falls diese nicht existieren, berechnen Sie die einseitigen und/oder die uneigentlichen Grenzwerte.

a. $\displaystyle\lim_{x \to \infty} \frac{4x^2 - 6x + 9}{7x^6 - 8x^2}$

b. $\displaystyle\lim_{x \to -\infty} \frac{2x^2 + x}{-3x^3 + 5x^2 + 25}$

c. $\displaystyle\lim_{x \to -\infty} \frac{5x^3 + 2x^2 - x}{3 - 2x - 3x^2}$

5.2 Bestimmen Sie die nachstehenden Grenzwerte. Falls ein Grenzwert nicht existiert, sind - soweit möglich - die einseitigen Grenzwerte zu berechnen.

a. $\displaystyle\lim_{x \to 0} \frac{\dfrac{3}{x} - \dfrac{7}{x^3} + 2}{\dfrac{4}{x} + \dfrac{1}{x^2} - 5}$

b. $\displaystyle\lim_{x \to 0} \frac{\dfrac{1}{x} - \dfrac{7}{x^2}}{2 + \dfrac{5}{x^2} - \dfrac{3}{x^3}}$

c. $\displaystyle\lim_{x \to 0} \frac{\dfrac{3}{x^2} - \dfrac{5}{x} + 1}{\dfrac{2}{x^3} + 7x}$

d. $\displaystyle\lim_{x \to 0} \frac{\dfrac{4}{x^3} - \dfrac{5}{x^2} + \dfrac{1}{x}}{7x + \dfrac{5}{x^3}}$

e. $\displaystyle\lim_{x\to 0}\frac{2+2x-\frac{1}{x}}{\frac{2}{x}-\frac{1}{x^2}+5}$

f. $\displaystyle\lim_{x\to 0}\frac{\frac{1}{x^2}-\frac{4}{x}}{\frac{2}{x}}$

5.3 Berechnen Sie die nachfolgenden Grenzwerte. Falls diese nicht existieren, berechnen Sie die einseitigen und/oder die uneigentlichen Grenzwerte.

a. $\displaystyle\lim_{x\to 3}\frac{2x-6}{|9-3x|}$

b. $\displaystyle\lim_{x\to 2}\frac{3\,|x-2|}{4-2x}$

c. $\displaystyle\lim_{x\to 2}\frac{8-4x}{\sqrt{(2x-4)^2}}$

d. $\displaystyle\lim_{x\to 3}\frac{\sqrt{4(x-3)^2}}{2x-6}=$

5.4 Berechnen Sie die nachfolgenden Grenzwerte. Falls diese nicht existieren, berechnen Sie die einseitigen und/oder die uneigentlichen Grenzwerte.

a. $\displaystyle\lim_{x\to 2}\frac{6-3x}{3-|x-5|}$

b. $\displaystyle\lim_{x\to -2}\frac{(4+2x)\,|5-x|}{x^2-x-6}$

c. $\displaystyle\lim_{x\to 2}\frac{|2x+3|-3}{x-2}$

d. $\displaystyle\lim_{x\to -3}\frac{|x+1|-2}{9+3x}$

5.5 Berechnen Sie die nachfolgenden Grenzwerte. Falls diese nicht existieren, bestimmen Sie die einseitigen und/oder die uneigentlichen Grenzwerte.

a. $\displaystyle\lim_{x\to 2}\frac{x^2+5x-14}{3x^2-6x}$

b. $\displaystyle\lim_{x\to 3}\frac{2x^2-2x-12}{(x-3)(x+1)}$

c. $\displaystyle\lim_{x\to 2}\frac{x^2+x-6}{4-6x+2x^2}$

d. $\displaystyle\lim_{x\to 5}\frac{-2x^2+10x}{5+4x-x^2}$

5.6 Berechnen Sie die nachfolgenden Grenzwerte. Falls diese nicht existieren, berechnen Sie die einseitigen und/oder die uneigentlichen Grenzwerte.

a. $\displaystyle\lim_{x\to 2}\frac{x^3-8}{x-2}$

b. $\displaystyle\lim_{x\to -4}\frac{2x+4}{x^2+6x+8}$

c. $\displaystyle\lim_{x\to 2}\frac{|2x-4|}{x^2-x-2}$

d. $\displaystyle\lim_{x\to 4}\frac{2x-6}{x^2-7x+12}$

e. $\displaystyle \lim_{x \to -\frac{1}{3}} \frac{-x^2}{\sqrt{9x^2 + 6x + 1}}$

5.7 Bestimmen Sie eine rationale Funktion f(x) so, dass sie die folgenden Eigenschaften aufweist:
- eine einfache Nullstelle in $x_1 = -5$
- eine zweifache Nullstelle in $x_2 = -3$
- eine Polstelle mit wechselnden Vorzeichen in $x_3 = 0$
- eine Polstelle mit gleichen Vorzeichen in $x_4 = -2$
- eine hebbare Unstetigkeitsstelle in $x_5 = 7$
- für $x \to -\infty$ die Asymptote $y = -5$

Zeigen Sie durch Bildung des Grenzwertes, dass dann $y = -5$ auch für $x \to -\infty$ eine Asymptote von f(x) bildet.

5.8 **a.** Bestimmen Sie eine rationale Funktion f(x) so, dass f die folgenden Eigenschaften aufweist:
- eine Nullstelle in $x_1 = -4$
- eine zweifache Nullstelle in $x_2 = 0$
- eine Polstelle mit wechselndem Vorzeichen in $x_3 = 5$
- eine hebbare Unstetigkeitsstelle in $x_4 = 2$
- eine Polstelle mit gleichem Vorzeichen in $x_5 = -8$
- für $x \to \pm\infty$ die Asymptote $y = 3$.

b. Wie muss für die in Teilaufgabe a. bestimmte Funktion der Funktionswert f(2) definiert werden, damit f in $x = 2$ stetig ist?

c. Zeigen Sie, dass für die in Teilaufgabe a. bestimmte Funktion f gilt:
$$\lim_{x \to -\infty} f(x) = 3 \, .$$

5.9 Bestimmen Sie eine rationale Funktion f(x), welche die folgenden Eigenschaften aufweist:
- für $x \to -\infty$ die Asymptote $y = -\frac{1}{3}$
- eine zweifache Nullstelle in $x_1 = 2$
- eine einfache Nullstelle in $x_2 = -5$

- eine Polstelle mit gleichem Vorzeichen in $x_3 = 1$
- eine Polstelle mit wechselndem Vorzeichen in $x_4 = -2$
- eine hebbare Unstetigkeitsstelle in $x_5 = 4$.

Zeigen Sie durch Grenzwertbildung, dass die von Ihnen vorgeschlagene Funktionsform die verlangte Asymptote aufweist.

Wie ist der Funktionswert f(4) zu wählen, damit die Unstetigkeit $x_5 = 4$ behoben wird

5.10 Gegeben ist die Funktion f: $[-4, 3] \rightarrow \mathbf{R}$

$$\text{mit} \quad f(x) = \begin{cases} -0{,}25(x+2)^2 + a & \text{für} \quad -4 \leq x \leq 0 \\ |x-1| & \text{für} \quad 0 < x \leq 3 \end{cases}$$

a. Überprüfen Sie für $a = 1$ die Funktion f auf Stetigkeit im gesamten Intervall $[-4, 3]$ Liegt an den Unstetigkeitsstellen links- bzw. rechtsseitige Stetigkeit vor?

b. Bestimmen Sie den Parameter a so, dass die Funktion f in $[-4, 3]$ stetig ist.

5.11. Durch die Funktion $s(t) = 20(1 - e^{-0{,}35t})$ wird ein Sättigungsvorgang beschrieben.

a. Wie hoch ist das Sättigungsniveau?

b. Bestimmen Sie eine lineare Asymptote für s(t).

c. Bestimmen Sie den Zeitpunkt t_1, in dem 80 % des Sättigungsniveaus erreicht ist.

d. Ist die Berechnung einer 50 %igen Sättigung abhängig vom Sättigungsniveau?

Lösungen

5.1   **a.** $\displaystyle\lim_{x\to\infty}\frac{4x^2-6x+9}{7x^6-8x^2} = \lim_{x\to\infty}\frac{\frac{4}{x^4}-\frac{6}{x^5}+\frac{9}{x^6}}{7-\frac{8}{x^4}} = \frac{0}{7} = 0$

b. $\displaystyle\lim_{x\to-\infty}\frac{2x^2+x}{-3x^3+5x^2+25} = \lim_{x\to-\infty}\frac{\frac{2}{x}+\frac{1}{x^2}}{-3+\frac{5}{x}+\frac{25}{x^3}} = \frac{0}{-3} = 0$

c. $\displaystyle\lim_{x\to-\infty}\frac{5x^3+2x^2-x}{3-2x-3x^2} = \lim_{x\to-\infty}\frac{5x+2-\frac{1}{x}}{\frac{3}{x^2}-\frac{2}{x}-3} = \lim_{x\to-\infty}\frac{5x}{-3} = +\infty$

5.2   **a.** $\displaystyle\lim_{x\to0}\frac{\frac{3}{x}-\frac{7}{x^3}+2}{\frac{4}{x}+\frac{1}{x^2}-5} = \lim_{x\to0}\frac{3x-\frac{7}{x}+2x^2}{4x+1-5x^2} = \lim_{x\to0}\frac{-\frac{7}{x}}{1} = \infty$

$\displaystyle\lim_{x\to0^-}\left(-\frac{7}{x}\right)=+\infty, \quad \lim_{x\to0^+}\left(-\frac{7}{x}\right)=-\infty$

b. $\displaystyle\lim_{x\to0}\frac{\frac{1}{x}-\frac{7}{x^2}}{2+\frac{5}{x^2}-\frac{3}{x^3}} = \lim_{x\to0}\frac{x^2-7x}{2x^3+5x-3}=0$

c. $\displaystyle\lim_{x\to0}\frac{\frac{3}{x^2}-\frac{5}{x}+1}{\frac{2}{x^3}+7x} = \lim_{x\to0}\frac{3x-5x^2+x^3}{2-7x^4}=0$

d. $\displaystyle\lim_{x\to0}\frac{4-5x+x^2}{7x^4+5} = \frac{4}{5}$

e. $\displaystyle\lim_{x\to0}\frac{2+2x-\frac{1}{x}}{\frac{2}{x}-\frac{1}{x^2}+5} = \lim_{x\to0}\frac{2x^2+2x^3-x}{2x-1+5x^2} = \frac{0}{-1} = 0$

f. $\lim\limits_{x\to 0} \dfrac{\frac{1}{x^2} - \frac{4}{x}}{\frac{2}{x}} = \lim\limits_{x\to 0} \dfrac{\frac{1}{x} - 4}{2} = \lim\limits_{x\to 0}\left(\dfrac{1}{2x} - 2\right)$

$$= \lim\limits_{x\to 0} \dfrac{1}{2x} = \infty$$

$$\lim\limits_{x\to 0^-} \dfrac{1}{2x} = -\infty, \qquad \lim\limits_{x\to 0^+} \dfrac{1}{2x} = +\infty$$

5.3 a. $\lim\limits_{x\to 3} \dfrac{2x-6}{|9-3x|} = \lim\limits_{x\to 3} \dfrac{2(x-3)}{3|3-x|}$

$$\left.\begin{array}{l} \lim\limits_{x\to 3^-} \dfrac{2(x-3)}{3(3-x)} = -\dfrac{2}{3} \\[3mm] \lim\limits_{x\to 3^+} \dfrac{2(x-3)}{-3(3-x)} = \dfrac{2}{3} \end{array}\right\} \Rightarrow \lim\limits_{x\to 3} \dfrac{2x-6}{|9-3x|} \text{ existiert nicht.}$$

b. $\lim\limits_{x\to 2} \dfrac{3|x-2|}{4-2x} = \lim\limits_{x\to 2} \dfrac{3(x-2)}{2(2-x)}$ existiert nicht, da

$$\lim\limits_{x\to 2^-} \dfrac{3|x-2|}{2(2-x)} = \lim\limits_{x\to 2^-} \dfrac{-3(x-2)}{2(2-x)} = \dfrac{3}{2}$$

$$\lim\limits_{x\to 2^+} \dfrac{3|x-2|}{2(2-x)} = \lim\limits_{x\to 2^+} \dfrac{3(x-2)}{2(x-2)} = -\dfrac{3}{2}$$

c. $\lim\limits_{x\to 2} \dfrac{8-4x}{\sqrt{(2x-4)^2}} = \lim\limits_{x\to 2} \dfrac{4(2-x)}{2|x-2|}$ existiert nicht, da

$$\lim\limits_{x\to 2-} \dfrac{4(2-x)}{-2(x-2)} = 2 \neq \lim\limits_{x\to 2+} \dfrac{4(2-x)}{2(x-2)} = -2$$

d. $\lim\limits_{x\to 3} \dfrac{\sqrt{4(x-3)^2}}{2x-6} = \lim\limits_{x\to 3} \dfrac{2|x-3|}{2(x-3)} \Rightarrow$ existiert nicht,

$$\lim\limits_{x\to 3^-} \dfrac{-2(x-3)}{2(x-3)} = -1 \neq \lim\limits_{x\to 3^+} \dfrac{2(x-3)}{2(x-3)} = 1$$

5.4 **a.** $\displaystyle\lim_{x\to 2}\frac{6-3x}{3-|x-5|}$ $\underset{\substack{\text{da } x-5\\ \text{negativ in } U(2)}}{=}$ $\displaystyle\lim_{x\to 2}\frac{3(2-x)}{3+(x-5)}$

$$= \lim_{x\to 2}\frac{3(2-x)}{x-2} \;\approx\; -3$$

b. $\displaystyle\lim_{x\to -2}\frac{(4+2x)\,|5-x|}{x^2-x-6} = \lim_{x\to -2}\frac{2(2+x)(5-x)}{(x+2)\,(x-3)}$

$$= \lim_{x\to -2}\frac{2(5-x)}{x-3} = \frac{14}{-5} = -2{,}8$$

c. $\displaystyle\lim_{x\to 2}\frac{|2x+3|-3}{x-2} = \lim_{x\to 2}\frac{2x}{x-2} = \infty$

$$\lim_{x\to 2^-}\frac{4}{x-2} = -\infty, \qquad\qquad \lim_{x\to 2^+}\frac{4}{x-2} = +\infty$$

d. $\displaystyle\lim_{x\to -3}\frac{|x+1|-2}{9+3x} = \lim_{x\to -3}\frac{-(x+1)-2}{3(3+x)}$

$$= \lim_{x\to -3}\frac{-x-3}{3(3+x)} = \lim_{x\to -3}\frac{-1}{3} = -\frac{1}{3}$$

5.5 **a.** $\displaystyle\lim_{x\to 2}\frac{x^2+5x-14}{3x^2-6x} = \lim_{x\to 2}\frac{(x-2)(x+7)}{3x(x-2)}$

$$= \lim_{x\to 2}\frac{x+7}{3x} = \frac{9}{6} = \frac{3}{2}$$

b. $\displaystyle\lim_{x\to 3}\frac{2x^2-2x-12}{(x-3)(x+1)} = \lim_{x\to 3}\frac{2(x-3)(x+2)}{(x-3)(x+1)} \approx \frac{2\cdot 5}{4} = \frac{5}{2}$

c. $\displaystyle\lim_{x\to 2}\frac{x^2+x-6}{4-6x+2x^2} = \lim_{x\to 2}\frac{(x-2)\,(x+3)}{2(x-2)\,(x-1)}$

$$= \lim_{x\to 2}\frac{x+3}{2(x-1)} = \frac{2+3}{2(2-1)} = \frac{5}{2}$$

d. $\displaystyle\lim_{x\to 5}\frac{-2x^2+10x}{5+4x-x^2}=\lim_{x\to 5}\frac{-2x(x-5)}{(5-x)(1+x)}=\lim_{x\to 5}\frac{2x}{1+x}=\frac{10}{6}=\frac{5}{3}$

5.6   **a.** $\displaystyle\lim_{x\to 2}\frac{x^3-8}{x-2}=\lim_{x\to 2}\frac{(x^2+2x+4)}{1}=4+4+4=12$

b. $\displaystyle\frac{2x+4}{x^2+6x+8}=\frac{2(x+2)}{(x+4)(x+2)}=\frac{2}{x+4}$

Damit folgt $\displaystyle\lim_{x\to-4^+}\frac{2}{x+4}=+\infty$

und andererseits $\displaystyle\lim_{x\to-4^-}\frac{2}{x+4}=-\infty$

c. Es gilt $\displaystyle\frac{|2x-4|}{x^2-x-2}=\frac{2|x-2|}{(x-2)(x+1)}$. Somit erhalten wir

$$\lim_{x\to 2^+}\frac{|2x-4|}{x^2-x-2}=\lim_{x\to 2^+}\frac{2(x-2)}{(x-2)(x+1)}=\lim_{x\to 2^+}\frac{2}{x+1}=\frac{2}{3}\quad\text{und}$$

$$\lim_{x\to 2^-}\frac{|2x-4|}{x^2-x-2}=\lim_{x\to 2^-}\frac{-2(x-2)}{(x-2)(x+1)}=\lim_{x\to 2^-}\frac{-2}{x+1}=-\frac{2}{3}$$

$\displaystyle\frac{|2x-4|}{x^2-x-2}$ hat also keinen Grenzwert in $x=2$

d. $\displaystyle\lim_{x\to 4}\frac{2x-6}{x^2-7x+12}=\lim_{x\to 4}\frac{2(x-3)}{(x-4)(x-3)}=\lim_{x\to 4}\frac{2}{x-4}=\infty$

$$\lim_{x\to 4^-}\frac{2}{x-4}=-\infty,\qquad\lim_{x\to 4^+}\frac{2}{x-4}=+\infty$$

e. $\displaystyle\lim_{x\to\frac13}\frac{-x^2}{\sqrt{9x^2+6x+1}}=\lim_{x\to\frac13}\frac{-x^2}{|3x+1|}=-\infty$

$$\lim_{x\to\frac13^-}\frac{-x^2}{-(3x+1)}=-\infty,\qquad\lim_{x\to\frac13^+}\frac{-x^2}{3x+1}=-\infty$$

5.7 $f(x) = \dfrac{-5 \cdot (x+5) \cdot (x+3)^2 \cdot (x-7)}{x \cdot (x+2)^2 \cdot (x-7)}$

$$\lim_{x \to -\infty} f(x) \;=\; \lim_{x \to -\infty} \frac{-5 \cdot (1+\frac{5}{x}) \cdot (1+\frac{3}{x})^2 \cdot (1-\frac{7}{x})}{1 \cdot (1+\frac{2}{x})^2 \cdot (1-\frac{7}{x})} \;=\; \frac{-5}{1} = -5$$

5.8   a. $f(x) = \dfrac{(x+4) \cdot x^2 \cdot (x-2) \cdot 3}{(x-5) \cdot (x-2) \cdot (x+8)^2}$

b. $f(2) = \lim_{x \to 2} f(x) \;=\; \lim_{x \to 2} \dfrac{(x+4) \cdot x^2 \cdot 3}{(x-5) \cdot (x+8)^2} \;=\; \dfrac{6 \cdot 4 \cdot 3}{-3 \cdot 100} = -0{,}24$

c. $\lim_{x \to -\infty} f(x) = \lim_{x \to -\infty} \dfrac{(1+\frac{4}{x}) \cdot 1 \cdot (1-\frac{2}{x}) \cdot 3}{(1-\frac{5}{x}) \cdot (1-\frac{2}{x}) \cdot (1+\frac{8}{x})^2} \;=\; \dfrac{3}{1} = 3$

5.9 $f(x) = \dfrac{(x-2)^2 \cdot (x+5) \cdot (x-4)}{-3 \cdot (x-1)^2 \cdot (x+2) \cdot (x-4)}$

$$\lim_{x \to -\infty} \frac{(1-\frac{2}{x})^2 \cdot (1+\frac{5}{x})}{-3 \cdot (1-\frac{1}{x})^2 \cdot (1+\frac{2}{x})} \;=\; \frac{1}{-3 \cdot 1^2 \cdot 1} \;=\; -\frac{1}{3}$$

Der Funktionswert in x = 4 ist gleich

$$f(4) = \lim_{x \to 4} f(x) \;=\; \lim_{x \to 4} \frac{(x-2)^2 \cdot (x+5)}{-3 \cdot (x-1)^2 \cdot (x+2)} \;=\; \frac{2^2 \cdot 9}{-3 \cdot 3^2 \cdot 6} \;=\; \frac{2}{-9} = -\frac{2}{9}$$

zu wählen.

5.10 a. $f(x) = \begin{cases} -0{,}25(x+2)^2 + 1 & \text{für} \quad -4 \le x \le 0 \\ -x+1 & \text{für} \quad 0 < x < 1 \\ x-1 & \text{für} \quad 1 \le x \le 3 \end{cases}$

f(x) ist als quadratische Funktion stetig in [− 4, 0] und als lineare Funktion stetig in]0, 1[und in [1, 3].

Da $f(0) = 0 \neq \lim_{x \to 0^+} -x+1 = 1$ ist f in x = 0 <u>nicht</u> stetig, aber linksseitig stetig in x = 0.

Da $\lim\limits_{x \to 1^-} -x+1 = 0 = f(1)$ ist f stetig in x = 1.

b. $f(0) = -0{,}25\,(0+2)^2 + a = \lim\limits_{x \to 0^+} -x+1$

d. h. $-0{,}25 \cdot 2^2 + a = 1 \quad \Leftrightarrow \quad -1+a = 1 \quad \Leftrightarrow \quad a = 2$

5.11 a. Das Sättigungsniveau ist $s^* = \lim\limits_{t \to +\infty} 20 \cdot (1 - \dfrac{1}{e^{0{,}35t}}) = 20$

b. $\lim\limits_{t \to +\infty} (s(t) - (a+bt)) = \lim\limits_{t \to +\infty} [\, 20 \cdot \left(1 - \dfrac{1}{e^{0{,}35t}}\right) - (a+bt)]$

$= \lim\limits_{t \to +\infty} \left[(20-a) - \left(\dfrac{20}{e^{0{,}35t}} + bt\right) \right] = 0$

$\Leftrightarrow \quad a = 20$ und

$$\lim\limits_{t \to +\infty} \dfrac{20 + bt \cdot e^{35t}}{e^{0{,}35t}} = \lim\limits_{t \to +\infty} \dfrac{(b + 0{,}35bt) \cdot e^{0{,}35t}}{0{,}35e^{35t}} = \lim\limits_{t \to +\infty} \dfrac{b \cdot (1 + 0{,}35t)}{0{,}35} = 0$$

$\Leftrightarrow \quad b = 0$

c. $0{,}8s^* = s^* (1 - e^{-0{,}35 \cdot t_1})$

$\Leftrightarrow \quad e^{-0{,}35 \cdot t_1} = 0{,}2 \quad \Leftrightarrow \quad -0{,}35 \cdot t_1 = \ln 0{,}2$

$\Leftrightarrow \quad t_1 = -\dfrac{\ln 0{,}2}{0{,}35} \approx 4{,}60$ Zeiteinheiten.

d. Die Berechnung einer 50 %igen Sättigung ist unabhängig vom Sättigungsniveau s^*, da dieses beim Rechenvorgang heraus gekürzt wird.

6. Differentialrechnung

Sätze und Regeln

Differenzierbarkeit bei Existenz einseitiger Differentialquotienten

Eine Funktion f ist genau dann an einer Stelle $x_0 \in D$ differenzierbar, wenn der linksseitige und der rechtsseitige Differentialquotient an dieser Stelle x_0 existieren und miteinander übereinstimmen. Es gilt dann:

$$f'(x_0) = f'_-(x_0) = f'_+(x_0)$$

Ableitungsregeln

Sind $f(x)$ und $g(x)$ in x differenzierbar, dann ist auch

a. die Funktion $f(x) + g(x)$ in x differenzierbar, und es gilt:

$$(f(x) + g(x))' = f'(x) + g'(x) \qquad \textit{\textbf{Summenregel}}$$

b. die Funktion $f(x) \cdot g(x)$ in x differenzierbar, und es gilt:

$$(f(x)\cdot g(x))' = f'(x)\cdot g(x) + f(x)\cdot g'(x) \qquad \textit{\textbf{Produktregel}}$$

c. die Funktion $\dfrac{f(x)}{g(x)}$ in x differenzierbar, sofern $g(x) \neq 0$, und es gilt:

$$\left(\frac{f(x)}{g(x)}\right)' = \frac{f'(x)\cdot g(x) - f(x)\cdot g'(x)}{[g(x)]^2} \qquad \textit{\textbf{Quotientenregel}}$$

Kettenregel

Ist die verkettete Funktion $h(x) = g \circ f(x) = g(f(x))$ in einer Umgebung der Stelle x_0 definiert und sind die Funktionen f und g differenzierbar in x_0 bzw. in $y_0 = f(x_0)$, dann ist auch die Funktion $h(x)$ in x_0 differenzierbar, und es gilt:

$$h'(x_0) = \frac{dg}{dy}(y_0) \cdot \frac{df}{dx}(x_0) \qquad \textit{\textbf{Kettenregel}}$$

Analog der Bezeichnung äußere Funktion für $g(y)$ und innere Funktion für $f(x)$ nennt man $\dfrac{dg}{dy}(y_0) = \dfrac{dg}{dy}(f(x_0))$ *äußere Ableitung* und $\dfrac{df}{dx}(x_0)$ *innere Ableitung*.

Ableitungsregel für Potenzen

$$(x^n)' = n \cdot x^{n-1} \quad x \in \mathbf{R}, \; n \in \mathbf{N}$$

$$(x^r)' = r \cdot x^{r-1} \text{ für } x \in \mathbf{R}_+, r \in \mathbf{Q}, r \neq 0$$

Ableitungsregeln für Exponentialfunktion und Logarithmusfunktionen

$$(e^x)' = e^x \quad \text{für alle } x \in \mathbf{R}$$

$$(a^x)' = \ln a \cdot a^x \quad \text{für alle } x \in \mathbf{R}, \; a > 0, a \neq 0 \quad \text{mit } \ln a = {}^e\!\log a$$

$$(\ln y)' = \frac{1}{y} \quad \text{für } y \in \mathbf{R}_+$$

$$({}^a\!\log y)' = \frac{1}{\ln a \cdot y} \quad \text{für } y \in \mathbf{R}_+, \; a > 0, a \neq 1$$

Logarithmische Ableitung

$$f'(x) = f(x) \cdot (\ln f(x))'$$

Ableitung zusammengesetzter Funktionen

$$\text{Die Funktion} \quad f(x) = \begin{cases} f_1(x) & \text{für} \quad x < x_0 \\ f_2(x) & \text{für} \quad x_0 \leq x \end{cases}$$

sei stetig in x_0 und die Funktionen f_1 und f_2 seien in einer Umgebung $U(x_0)$ der Stelle x_0 stetig differenzierbar. Für die Differenzierbarkeit der Funktion f in x_0 ist dann hinreichend und notwendig, dass

$$\lim_{x \to x_0^-} f_1'(x) = \lim_{x \to x_0^+} f_2'(x)$$

Diese einseitigen Grenzwerte stellen dann die 1. Ableitung von f in x_0 dar.

Monotonieverhalten

Ist die Funktion f auf einem Intervall [a, b] stetig und im Innern dieses Intervalls differenzierbar, so ist f genau dann

i. monoton steigend in [a, b], wenn $f'(x) \geq 0$ für alle $x \in]a, b[$;

ii. monoton fallend in [a, b], wenn $f'(x) \leq 0$ für alle $x \in]a, b[$.

Verschwindet die Ableitung $f'(x)$ nur in isolierten Punkten des Intervalls [a, b], d. h. $\exists I \subseteq [a, b] \mid f'(x) = 0$ für alle $x \in I$, so ist das monotone Steigen bzw. Fallen im strengen Sinne zu verstehen.

Notwendige und hinreichende Bedingung für ein relatives Extremum

Die Funktion f sei in einer Umgebung $U(x_0)$ einer Stelle x_0 stetig und nicht konstant und - eventuell mit Ausnahme der Stelle x_0 selbst - differenzierbar. Dann hat die Funktion f in x_0 dann ein relatives Extremum, wenn ihre Ableitung $f'(x)$ in x_0 das Vorzeichen wechselt.

Gilt in einer Umgebung $U(x_0)$

a. $f'(x) > 0$ für $x < x_0$ und $f'(x) < 0$ für $x > x_0$,

so hat f in x_0 ein relatives Maximum.

b. $f'(x) < 0$ für $x < x_0$ und $f'(x) > 0$ für $x > x_0$,

so hat f in x_0 ein relatives Minimum.

Notwendige Bedingung für ein relatives Extremum

Besitzt die in x_0 differenzierbare Funktion f in x_0 ein relatives Extremum, so folgt $f'(x_0) = 0$.

Hinreichende Bedingung für ein relatives Extremum

Ist eine Funktion f an einer Stelle x_0 zweimal stetig differenzierbar, so ist hinreichend für

- ein relatives Minimum in x_0, dass $f'(x_0) = 0$ und $f''(x_0) > 0$,

- ein relatives Maximum in x_0, dass $f'(x_0) = 0$ und $f''(x_0) < 0$.

Konvexität und Konkavität einer Funktion

Für eine in einem Intervall I mindestens zweimal differenzierbare Funktion f ist die Eigenschaft $f''(x) \geq 0$ für alle $x \in I$ hinreichend dafür, dass f konvex in I ist.

Für eine in einem Intervall I mindestens zweimal differenzierbare Funktion f ist die Eigenschaft $f''(x) \leq 0$ für alle $x \in I$ hinreichend dafür, dass f konkav in I ist.

Gelten sogar die strengen Ungleichungen $f''(x) > 0$ bzw. $f''(x) < 0$, so ist Konvexität bzw. Konkavität im strengen Sinne zu verstehen.

Wendepunkt einer Funktion

Man sagt, die mindestens einmal differenzierbare Funktion f besitzt in x_w einen Wendepunkt, wenn f' in x_w ein relatives Extremum hat.

Elastizität einer Funktion f(x)

$$\mathscr{E}f(x) = \frac{x}{f(x)} \cdot f'(x)$$

Satz von TAYLOR

Ist eine Funktion $f(x)$ $(n+1)$-mal differenzierbar in einem Intervall $]a, b[$, so existiert für beliebige Argumente $x_0, x \in]a, b[$ eine Zahl x_1 mit $x_0 < x_1 < x$ bzw. $x < x_1 < x_0$, so dass

$$f(x) = \sum_{i=0}^{n} \frac{f^{(i)}(x_0)}{i!} \cdot (x - x_0)^i + \frac{f^{(n+1)}(x_1)}{(n+1)!}(x - x_0)^{n+1}$$

Dabei heißt:

$$P_n(x) = \sum_{i=0}^{n} \frac{f^{(i)}(x_0)}{i!}(x - x_0)^i \qquad \textit{n-tes TAYLORpolynom}$$

$$R_n(x) = \frac{f^{(n+1)}(x_1)}{(n+1)!}(x - x_0)^{n+1} \qquad \textit{LAGRANGEsches Restglied}$$

Hinreichende Bedingung für ein relatives Extremum

Gilt für eine genügend oft stetig differenzierbare Funktion

$$f'(x_0) = 0 \quad \text{und} \quad f''(x_0) = 0,$$

so bilde man die Ableitungen höherer Ordnung an der Stelle x_0 so lange, bis $f^{(n)}(x_0) \neq 0$ ist.

a. Ist n gerade und $f^{(n)}(x_0) > 0$, so hat f in x_0 ein relatives Minimum.

b. Ist n gerade und $f^{(n)}(x_0) < 0$, so hat f in x_0 ein relatives Maximum.

c. Ist n ungerade, so hat f in x_0 kein relatives Extremum.

Regel von DE L'HOSPITAL

Sind die Funktionen f und g in einer Umgebung $U(x_0)$ der Stelle x_0 $(n+1)$-mal stetig differenzierbar und gilt:

$$f^{(i)}(x_0) = g^{(i)}(x_0) = 0 \qquad \text{für } i = 0, 1, \dots, n \qquad \text{und}$$

$$g^{(n+1)}(x) \neq 0 \qquad \text{für alle } x \in U(x_0),$$

so ist

$$\lim_{x \to x_0} \frac{f(x)}{g(x)} = \frac{f^{(n+1)}(x_0)}{g^{(n+1)}(x_0)} \qquad \textit{Regel von DE L'HOSPITAL}$$

Aufgaben

6.1   Bilden Sie die erste Ableitung der Funktion

a. $f(x) = \dfrac{2x+7}{3-x}$ **b.** $g(x) = \dfrac{7x-2}{(x+3)^4}$

c. $h(x) = {}^5\log(x^3 + 2x - 5)$ **d.** $k(x) = 3x^3(4x-1)^5$

e. $s(x) = 5x^2 \cdot \ln(2x^3 - 7x)$ **f.** $t(x) = 4x^2 \cdot e^{2x^3 + 5}$

6.2   Gegeben ist die Funktion $f: [-3, 5] \to \mathbf{R}$

$$\text{mit} \quad f(x) = \begin{cases} f_1(x) = |x+1| + a & \text{für} \quad -3 \le x < 1 \\ f_2(x) = 2(x-3)^2 - 3 & \text{für} \quad 1 \le x \le 5 \end{cases}$$

a. Ist $f(x)$ mit $a = 1$ in $[-3, 5]$ stetig? Liegt an Unstetigkeitsstellen rechts- bzw. linksseitige Stetigkeit vor? Die Stetigkeit ist für alle Punkte des Intervalls $[-3, 5]$ zu begründen!

b. Bestimmen Sie $a \in \mathbf{R}$ so, dass die Funktion f stetig in $[-3, 5]$ ist.

c. Untersuchen Sie die gemäß Teilaufgabe b. stetige Funktion f auf Differenzierbarkeit in $]-3, 5[$. Bilden Sie - soweit möglich - die 1. Ableitung. Begründung!

6.3   Gegeben ist die Kostenfunktion $K(x)$ mit

$$K(x) = \begin{cases} x + K_f & \text{für} \quad 0 \le x < 50 \\ (\frac{x}{10} + 2)^2 + 8 & \text{für} \quad 50 \le x \le 100 \end{cases}$$

a. Wie groß müssen die fixen Kosten K_f sein, damit die Kostenfunktion $K(x)$ stetig in $[0, 100]$ ist? Die Stetigkeit ist für alle Punkte zu begründen!

b. In welchen Punkten $x \in]0, 100[$ ist $K(x)$ (mit K_f gemäß der Teilaufgabe a.) differenzierbar? Zur Überprüfung der Differenzierbarkeit in $x_1 = 50$ ist der Differentialquotient zu bilden.

Die Grenzkosten müssen <u>nicht</u> berechnet werden!

6.4 **a.** Gegeben ist die Funktion f: $[-4, 6] \to \mathbf{R}$ mit

$$f(x) = \begin{cases} -2|x+2| + 6 & \text{für } -4 \leq x < 1 \\ x^2 - 4x + 3 & \text{für } \quad 1 \leq x \leq 4 \\ \sqrt{12 - 2x} + 4 & \text{für } \quad 4 \leq x \leq 6 \end{cases}$$

Bestimmen Sie den Differenzierungsbereich $D_{f'}$ von f und geben Sie die Gleichung der Funktion $f': D_{f'} \to \mathbf{R}$ an.

b. Bestimmen Sie mittels logarithmischer Ableitung die Elastizität der Funktion

$$h(x) = \frac{x+1}{x} \cdot e^{x^2} \, , \quad D = \mathbf{R}_+ \, .$$

Interpretieren Sie die Elastizität von h an der Stelle $x_0 = 2$.

6.5 Für welche Argumente x ist die Funktion

$$f(x) = \frac{7x(x-2)(x+11)}{x^2 + 2x - 8} \quad \text{stetig?}$$

Für alle $x \in \mathbf{R}$ ist die Stetigkeit zu begründen bzw. durch Grenzwertbildung aufzuzeigen, um welche Art von Unstetigkeit es sich handelt!

6.6 **a.** Bilden Sie die erste und die zweite Ableitung der Funktion

$$f(x) = x \cdot (\ln x - 1) + e^{2x} \, .$$

b. Bilden Sie die Ableitungen 1. und 2. Ordnung der Funktion

$$g(x) = {}^5\log(4x^2) + 7^{3x+1} \, .$$

6.7 Gegeben ist die Funktion f: $x \to (x + 1) \cdot |x - 1|$ mit $D = \mathbf{R}$.

a. Untersuchen sie die Funktion f auf Stetigkeit.

b. Untersuchen sie die Funktion f auf Monotonie und Krümmungsverhalten.

c. Ist die Funktion injektiv bzw. surjektiv?

6.8 **a.** Bestimmen Sie die Gleichung einer Parabel, die durch den Punkt (3, 22) geht und im Punkt (−2, −28) ein relatives Minimum hat.

b. Bestimmen Sie die Gleichung der Tangente an den Graph der Funktion

$$g(x) = \frac{3x + 6}{2x + 1} \text{ an der Stelle } x_0 = 1 \, .$$

6.9 Untersuchen Sie die Funktion $f(x) = \dfrac{3}{x^2 + 2}$ anhand eines Variations-diagramms auf relative Extrema, Wendepunkte, Krümmungsverhalten und Monotonie. Geben Sie die größtmögliche Definitionsmenge auf der Grundmenge $\mathbf{R}$ an.

6.10 Untersuchen Sie die Funktion $g(x) = \dfrac{x^3 + x^2 - 17x + 15}{x^2 + 2x - 3}$ anhand eines Variationsdiagramms auf Monotonie, Konvexität, Konkavität, relative Extrema, Wendepunkte und Polstellen.

6.11 Untersuchen Sie die Funktion

$$f(x) = \frac{2x}{2x^2 + 5}$$

anhand eines Variationsdiagramms auf relative Extrema, Wendepunkte, Krümmungsverhalten und Monotonie. Geben Sie die größtmögliche Definitionsmenge auf der Grundmenge $\mathbf{R}$ an

6.12 Gegeben ist die Funktion $f(x) = \dfrac{x^4 - 15x^3 + 72x^2 - 108x}{3 - x}$.

    a. Untersuchen Sie die Funktion f auf Stetigkeit in $\mathbf{R}$. Charakterisieren Sie die Unstetigkeitsstellen.

    b. Untersuchen Sie die Funktion f anhand eines Variationsdiagramms auf Nullstellen, relative Extrema, Wendepunkte, Monotonie- und Krümmungsverhalten.
Die zugehörigen Funktionswerte sind <u>nicht</u> zu berechnen.

6.13 Gegeben ist die Funktion $f(x) = \dfrac{\frac{1}{3}x^4 + 2x^3 - 12x^2 - 43x + 6}{x + 3}$.

    a. Untersuchen Sie die Funktion auf Stetigkeit in $\mathbf{R}$. Charakterisieren Sie die Unstetigkeitsstelle(n).

    b. Untersuchen Sie die Funktion f anhand eines Variationsdiagramms auf relative Extrema, Wendepunkte, Monotonie- und Krümmungsverhalten.

6.14 **a.** Bestimmen Sie die Elastizität der Funktion $g(x) = e^{2(x-2)^2}$.
       Interpretieren Sie die Elastizität der Funktion g an der Stelle $x = 3$.

b. Bestimmen Sie die Elastizität der Funktion $f(x) = (x-1)^2 \cdot e^{x^2}$ an der Stelle $x_0 = 2$ und interpretieren Sie das Ergebnis.

c. Berechnen Sie für die Funktion $f(x) = 3^{x^2+2x+5}$ die Elastizität. Interpretieren Sie dann die Elastizität an der Stelle $x = 5$.

d. Berechnen Sie die Elastizität der Funktion $f(x) = \dfrac{x^2}{(x-1) \cdot 5x}$

und interpretieren Sie die Elastizität für die Stelle $x_0 = 2$.

e. Berechnen Sie die Elastizität der Funktion $h(x) = \dfrac{x^2}{3x^2+1}$.

Interpretieren Sie dann die Elastizität zu $h(x)$ an der Stelle $x_0 = -2$.

f. Berechnen Sie die Elastizität der Funktion

$$y = f(x) = 4 \cdot \sqrt{x} \cdot e^{x^2-5x+6} \quad \text{für } x \geq 0.$$

Interpretieren Sie dann die Elastizität an der Stelle $x_0 = 3$.

6.15 a. Bilden Sie mittels der logarithmischen Ableitung die 1. Ableitung von

$$z(x) = \frac{5x \cdot e^{2x^2+99} - 2 \cdot e^{2x^2+99}}{(2x+2)^3} \quad \text{für } x > 1.$$

b. Berechnen Sie die Elastizität der Funktion

$$f(x) = \frac{3x+1}{(x+5)^2} \cdot e^{3x^2} \quad \text{für } x \geq 0$$

mit Hilfe der logarithmischen Ableitung. Interpretieren Sie anschließend die Elastizität von f an der Stelle $x_0 = 2$.

6.16 Das Unternehmen M. Onopolist, das zu Gesamtkosten in Höhe von $K(x) = x^2 + 4x + 12$ produziert, setzt seine Waren mit der Preisabsatzrelation $x(p) = 10 - 2 \cdot \sqrt{p}$ am Markt ab.

a. Wo ist die Preisabsatzfunktion definiert? Bestimmen Sie, wenn möglich, die Umkehrfunktion zu $x(p)$.

b. Bestimmen Sie die COURNOTsche Menge, den zugehörigen Preis und den maximalen Gewinn!

6.17 Ein monopolistischer Markt werde durch die Preis-Absatz-Relation
$x(p) = 81 - (p + 1)^2$ im Preisintervall $D = [0, 8]$ beschrieben.

   a. Bestimmen Sie die Absatzelastizität an den Stellen $p_1 = 5$ und interpretieren Sie die Ergebnisse.

   b. Bestimmen Sie die Umkehrfunktion $p(x)$ der Preis-Absatz-Relation. Geben Sie den Definitionsbereich von $p(x)$ an.

   c. Bestimmen Sie die gewinnmaximale Produktionsmenge x_c und den dazugehörigen Preis $p_c = p(x_c)$ (d. h. den COURNOTschen Punkt), wenn für die Kostenfunktion gilt: $K(x) = 600 - 66 \cdot \sqrt{81 - x} - x$.

    <u>Hinweis:</u> Der Nachweis des Vorliegens eines rel. und abs. Maximums ist am leichtesten über die Monotonieeigenschaften von $G'(x)$ zu erbringen!

6.18 Berechnen Sie die Funktionsgleichung und den (ökonomisch sinnvollen) Definitionsbereich der Angebotsfunktion eines Unternehmers, der auf einem Markt mit vollständiger Konkurrenz anbietet und dessen Kostenfunktion

$$K(x) = 2x^2 + 3x + 578 \quad \text{ist.}$$

6.19 Der Schokoladenfabrikant Süßling möchte die beim Weihnachtsgeschäft übrig gebliebenen Schokoladenartikel durch Weiterverarbeitung für die anstehende Produktion von Osterhasen verwenden.

Hierbei entstehen zusätzliche Kosten in Höhe von $K_2(x) = 5x + 1$ [Tsd. €] bei der Produktion von x Tonnen Osterhasen pro Tag. Addiert man dazu die Kosten in Höhe von $K_1(x) = \frac{1}{4}x^2 + 3x + 2$ [Tausend €] für die Herstellung von x Tonnen Weihnachtsartikel pro Tag, so muss der Fabrikant Süßling mit Gesamtkosten in Höhe von $K(x) = K_1(x) + K_2(x)$ rechnen.

Wie viele Tonnen Osterhasen soll Herr Süßling pro Tag produzieren, wenn er seinen Gewinn maximieren will und er jeden 100g-Osterhasen zu einem konstanten Stückpreis von 1 € bei vollständiger Konkurrenz verkaufen kann?
Wie hoch ist der maximal pro Tag erzielbare Gewinn?

<u>Lösungshinweis:</u> Eine Tonne "100g-Osterhasen" umfasst 10.000 Stück! Die Angabe der Geldbeträge erfolgt in "Tausend €".

6.20 Die Unternehmerin Milly Vanilly stellt Speiseeis her. Dabei entstehen Gesamtkosten in Höhe von

$$K(x) = x^3 - 12x^2 + 36x + 98 \quad [\text{in } 100 \text{ €}],$$

wenn sie x [hl] Speiseeis pro Tag herstellt. (Marktmodell vollständiger Konkurrenz!)

a. Wie viel Speiseeis soll Milly Vanilly pro Tag herstellen, wenn sie ihren Gewinn maximieren möchte und der Marktpreis 48,75 [in 100 €] pro hl beträgt? Wie hoch ist der maximal erzielbare Gewinn?

b. Ab welchem Marktpreis p lohnt es sich für Milly Vanilly Speiseeis am Markt anzubieten? <u>Hinweis:</u> 7 ist eine Lösung von $x^3 - 6x^2 - 49 = 0$.

c. Wie lautet die Angebotsfunktion von Milly Vanilly? Wie lautet deren ökonomisch sinnvoller Definitionsbereich?

6.21 Emilinde Nasenbier ist Besitzerin eines Luxushotels. Ihre Kosten hängen von der Anzahl der Übernachtungen x ab. Ihre Gesamtkosten pro Monat setzen sich wie folgt zusammen:

$$K(x) = \frac{1}{10}x^3 - 21x^2 + 1560x + 26450 \quad [\text{€}]$$

(Marktmodell vollständiger Konkurrenz!)

a. Wie viele Übernachtungen braucht Emilinde Nasenbier im Monat, wenn sie ihren Gewinn maximieren möchte und der Preis pro Übernachtung 840 € beträgt? Wie hoch ist der maximal erzielbare Gewinn?

b. Ab welchem Marktpreis p lohnt es sich für Emilinde Gäste im Hotel aufzunehmen? <u>Hinweis:</u> 115 ist Lösung von $\frac{1}{5}x^3 - 21x^2 - 26450 = 0$.

c. Wie lautet die Angebotsfunktion von Frau Nasenbier? Wie lautet deren ökonomisch sinnvoller Definitionsbereich?

6.22 Felix T. Üftler hat einen automatischen Tischabwischer zur Serienreife entwickelt. Der Wirt seiner Stammkneipe, Peter Schluckspecht, ist von dieser Erfindung ganz begeistert und ermuntert ihn, diesen Tischabwischer zu produzieren. Da es keine Konkurrenzprodukte gebe, könne er mit einem Monopol rechnen.

Da Üftler weiterhin unsicher ist, sucht er die Wahrsagerin Petra Rophet auf. In ihrer Kristallkugel sieht sie F. T. Üftler als erfolgreichen Monopolisten für Tischabwischer mit einer linearen Preisabsatzrelation p = p(x).

Ergänzend erklärt sie, dass exakt bei $p = 20$ [€] kein Wischer nachgefragt wird und dass nur $x = 200$ Wischer nachgefragt werden, wenn er diese kostenlos abgeben würde.

Weiterhin bemüht P. Rophet den Kaffeesatz und liest daraus ab, dass die Kostenfunktion

$$K(x) = 300 + 2x \ [\text{€}] \ \text{ist.}$$

a. Wie lautet mit den von P. Rophet angegebenen Informationen die Preisabsatzrelation?

b. Ermitteln Sie die Gewinnfunktion und die gewinnmaximale Produktionsmenge.

c. Wie hoch ist der für F. T. Üftler verbleibende maximale Gewinn, wenn P. Rophet stets 10 % des Gewinns als Gage verlangt?

6.23 Bestimmen Sie als Näherungsfunktion für $f(x) = \ln x$ im Intervall $[2, 4]$ ein Polynom 3. Grades, das um $x_0 = 3$ entwickelt ist. Schätzen Sie mittels des LAGRANGEschen Restgliedes die maximale Abweichung dieser Näherungsfunktion.

6.24 Approximieren Sie die Funktion $f(x) = \frac{1}{2} \cdot \ln(2x + 3)$ im Intervall $[0, 2]$ durch ein Polynom 2. Grades, das um $x_0 = 1$ entwickelt ist.

Schätzen Sie die maximale Abweichung über das Intervall $[0, 2]$ mittels des LAGRANGEschen Restgliedes ab.

6.25 Berechnen Sie die nachfolgenden Grenzwerte. Falls diese nicht existieren, bestimmen Sie die einseitigen und/oder die uneigentlichen Grenzwerte.

a. $\lim\limits_{x \to 1} \dfrac{\ln x}{x^4 - 1}$ 　　　　　　　　　 **b.** $\lim\limits_{x \to 0} \dfrac{3x^2 - 5x}{e^x - 1}$

c. $\lim\limits_{x \to 1} \dfrac{(x - 1)\ln x}{x^2 - 2x + 1}$ 　　　　　 **d.** $\lim\limits_{x \to 0} \dfrac{x^2 - 2x + 1}{e^x - 1}$

6.26 Berechnen Sie die nachfolgenden Grenzwerte. Falls diese nicht existieren, berechnen Sie die einseitigen und/oder die uneigentlichen Grenzwerte.

a. $\lim\limits_{x \to 1} \dfrac{e^{x-1} \ln x}{1 - e^{x-1}}$ 　　　　　 **b.** $\lim\limits_{x \to +1} \dfrac{x \cdot \ln x}{3 \cdot e^{x-1} - 3}$

Lösungen

6.1 **a.** $f'(x) = \dfrac{2(3-x)-(2x+7)-1}{(3-x)^2} = \dfrac{13}{(3-x)^2}$

b. $g'(x) = 7(x+3)^{-4} + (7x-2)(-4)(x+3)^{-5} = \dfrac{7(x+3)-4(7x-2)}{(x+3)^5}$

$\qquad = \dfrac{-21x+29}{(x+3)^5}$

c. $h'(x) = \dfrac{3x^2+2}{\log 5 \cdot (x^3+2x-5)}$

d. $k'(x) = 9x^2(4x-1)^5 + 3x^3 \cdot 5(4x-1)^4 \cdot 4$

$\qquad = (4x-1)^4 \cdot [36x^3 - 9x^2 + 60x^3] = (4x-1)^4 \cdot [96x^3 - 9x^2]$

e. $s'(x) = 10x \cdot \ln[2x^3 - 7x) + 5x^2 \cdot \dfrac{6x-7}{2x^3-7x}$

$\qquad = 10x \cdot \ln(2x^3 - 7x) + \dfrac{30x^3 - 35x^2}{2x^3-7x}$

f. $t'(x) = 8x \cdot e^{2x^3+5} + 4x^2 \cdot e^{2x^3+5} \cdot 6x^2$

$\qquad = e^{2x^3+5} \cdot (8x + 24x^4)$

6.2 **a.** $f(x) = \begin{cases} -x-1+a = -x & \text{für } -3 \le x < -1 \\ x+1+a = x+2 & \text{für } -1 \le x < 1 \\ 2(x-3)^2 - 3 & \text{für } 1 \le x \le 5 \end{cases}$

Als Polynom 1. bzw. 2. Ordnung ist f stetig in $]{-3}, -1[,\ ]{-1}, 1[,\ [1, 5]$ und rechtsseitig stetig in $x_1 = -3$ und $x_2 = -1$.

Da $\lim\limits_{x \to -1^-} (-x) = 1 = f(-1) = -1 + 2$ ist f stetig in $x_2 = -1$.

Da $\lim\limits_{x \to 1^-} (x+2) = 3 \ne f(1) = 2(1-3)^2 - 3 = 8 - 3 = 5$ ist f nicht stetig in

$x_3 = 1$.

b. Damit f stetig in [3, 5] ist, muss gelten

$$\lim_{x \to 1^-} (x + 1 + a) = 2 + a = f(1) = 5 \Leftrightarrow a = 3.$$

c. Als Polynom 1. bzw. 2. Ordnung ist f differenzierbar in]–3, 1[,]–1, 1[und in]1, 5[und es gilt :

$$f'(x) = \begin{cases} -1 & \text{für } -3 < x < -1 \\ +1 & \text{für } -1 < x < 1 \\ 4(x-3) & \text{für } 1 < x < 5 \end{cases}$$

Da $\lim\limits_{x \to -1^-} f'(x) = -1 \neq \lim\limits_{x \to -1^+} f'(x) = +1$ ist f(x) nach dem Satz über die

Ableitung zusammengesetzter Funktionen nicht differenzierbar in $x_2 = -1$.

Da $\lim\limits_{x \to 1^-} f'(x) = 1 \neq \lim\limits_{x \to 1^+} f'(x) = 4(1-3) = -8$ ist f(x) nach dem Satz

über die Ableitung zusammengesetzter Funktionen nicht differenzierbar in $x_3 = 1$.

6.3 **a.** Als Polynom (1. bzw. 2. Grades) ist K stetig in]0, 50[und [50, 100] und rechtsseitig in $x_0 = 0$.

Damit K stetig ist in [0, 100] muss gelten:

$$\lim_{x \to 50^-} (x + K_f) = K(50) = (5+2)^2 + 8 = 49 + 8 = 57$$

$$50 + K_f = 57 \Leftrightarrow K_f = 7$$

b. Als Polynom ist K differenzierbar in]0, 50[und]50, 100 [

$$f_-'(50) = \lim_{h \to 0+} \frac{1}{-h}[(50-h)+7-57] = \lim_{h \to 0+} \frac{-h}{-h} = 1$$

$$f_+'(50) = \lim_{h \to 0+} \frac{1}{h}[(\tfrac{50+h}{10}+2)^2 + 8 - 57] = \lim_{h \to 0+} [(7+\tfrac{h}{10})^2 + 8 - 57]$$

$$= \lim_{h \to 0+} \frac{1}{h}[49 + \tfrac{14h}{10} + \tfrac{h^2}{100} + 8 - 57] = \lim_{h \to 0+} [\tfrac{14}{10} + \tfrac{h}{100}] = \tfrac{14}{10} = \tfrac{7}{5}$$

Da $f_-'(50) \neq f_+'(50)$ ist f differenzierbar in x = 50.

6.4 a. $f(x) = \begin{cases} 2x+10 & \text{für} \quad -4 \le x < -2 \\ -2x+2 & \text{für} \quad -2 \le x < 1 \\ x^2-4x+3 & \text{für} \quad 1 \le x \le 4 \\ \sqrt{12-2x}+4 & \text{für} \quad 4 < x \le 6 \end{cases}$

Als Polynom bzw. als Wurzelfunktion (algebraische Funktion) ist f differenzierbar in $]-4, -2[,]-2, 1[,]1, 4[$ und $]4, 6[$, und es gilt

$$f'(x) = \begin{cases} 2 & \text{für} \quad -4 < x < -2 \\ -2 & \text{für} \quad -2 < x < 1 \\ 2x-4 & \text{für} \quad 1 < x < 4 \\ \dfrac{-1}{\sqrt{12-2x}} & \text{für} \quad 4 < x < 6 \end{cases}$$

$\underline{\text{in } x_1 = -2}$: Da $\lim\limits_{x \to -2^-} f'(x) = 2 \ne \lim\limits_{x \to -2^+} f'(x) = -2$, ist f nach dem

Satz über die Ableitung zusammengesetzter Funktionen in $x_1 = -2$ nicht differenzierbar.

$\underline{\text{in } x_2 = 2}$: Da $\lim\limits_{x \to 1^-} f(x) = -2+2 = 0 \overset{!}{=} \lim\limits_{x \to 1^+} f(x) = 1-4+3$,

ist f stetig in $x_2 = 1$.

Da $\lim\limits_{x \to 1^-} f'(x) = -2 \overset{!}{=} \lim\limits_{x \to 1^+} f'(x) = 2-4$, ist f nach dem

Satz über die Ableitung zusammengesetzter Funktionen differenzierbar in $x_2 = 1$.

$\underline{\text{in } x_3 = 4}$: Da $\lim\limits_{x \to 4^-} x^2-4x-3 = -3 \ne \lim\limits_{x \to 4^+} \sqrt{12-2x}+4 = 6$,

ist f in $x_3 = 4$ nicht stetig und daher nicht differenzierbar.

b. $\ln\left(\dfrac{x+1}{x} \cdot e^{x^2}\right) = \ln(x+1) - \ln x + \ln(e^{x^2}) = \ln(x+1) - \ln x + x^2$

$$h'(x) = \dfrac{x+1}{x} \cdot e^{x^2} \cdot \left(\dfrac{1}{x+1} - \dfrac{1}{x} + 2x\right)$$

$$\mathcal{E}\, h(x) = \dfrac{x}{\dfrac{x+1}{x} \cdot e^{x^2}} \cdot \dfrac{x+1}{x} \cdot e^{x^2} \cdot \left(\dfrac{1}{x+1} - \dfrac{1}{x} + 2x\right)$$

$$= x \cdot \left(\dfrac{x-(x+1)}{x(x+1)} + 2x\right) = \dfrac{-1}{x+1} + 2x^2$$

$\mathcal{E}\,h(2) = \frac{-1}{3} + 8 = \frac{23}{3}$,

d. h. wenn x von $x_0 = 2$ um 1 % erhöht wird, so steigt h um $\frac{23}{3}$ %.

6.5 $x^2 + 2x - 8 = 0 \iff (x+1)^2 = 8+1 \iff x = +2$ oder $x = -4$

Als rationale Funktion ist damit f stetig für alle $x \in \mathbf{R} \setminus \{2, -4\}$.

$f(2) = \frac{91}{3}$

Da $\lim\limits_{x \to 2} f(x) = \frac{7x(x+11)}{(x+4)} = \frac{14 \cdot 13}{6} = \frac{91}{3}$ existiert, besitzt f in $x = 2$ eine

hebbare Unstetigkeitsstelle. Um die Unstetigkeit zu beheben, ist lediglich zu

definieren: $f(2) = \frac{91}{3}$

Da $\lim\limits_{x \to -4^+} f(x) = \lim\limits_{x = -4+h \atop h \to 0^+} \frac{7(-4+h)(7+h)}{h} = \lim\limits_{h \to 0^+} \frac{7(-4)7}{h} = -\infty$

und $\lim\limits_{x \to -4^-} f(x) = \lim\limits_{x = -4-h \atop h \to 0^+} \frac{7(-4-h)(7-h)}{-h} = \lim\limits_{h \to 0^+} \frac{7(-4)7}{-h} = \infty$

besitzt f in $x = -4$ eine Polstelle mit wechselndem Vorzeichen.

6.6   **a.** $f'(x) = \ln x - 1 + x \cdot (\frac{1}{x}) + e^{2x} \cdot 2 = \ln x + 2 \cdot e^{2x}$; $f''(x) = \frac{1}{x} + 4 \cdot e^{2x}$

b. $g'(x) = \frac{8x}{\ln 5 \cdot 4x^2} + \ln 7 \cdot 7^{3x+1} \cdot 3 = \frac{2}{\ln 5 \cdot x} + 3 \cdot \ln 7 \cdot 7^{3x+1}$

$g''(x) = \frac{-2}{\ln 5 \cdot x^2} + (3 \ln 7)^2 \cdot 7^{3x+1}$

6.7   **a.** $f(x) = \begin{cases} -(x+1)(x-1) = 1 - x^2 & \text{für } x < 1 \\ x^2 - 1 & \text{für } x \geq 1 \end{cases}$

Als Polynom ist f stetig in $]-\infty, 1[$ und $]1, +\infty[$

und rechtsseitig stetig in $x = 1$.

Da $\lim\limits_{x \to 1^-} (1 - x^2) = 0 = f(1)$ ist f stetig in $x_0 = 1$.

b. $f'(x) = \begin{cases} -2x & \text{für } x < 1 \\ 2x & \text{für } x > 1 \end{cases}$

Da $f'(x) = -2x > 0$ für $x < 0$ ist f streng monoton steigend in $]-\infty, 0]$.

Da $f'(x) = -2x < 0$ für $0 < x < 1$ ist f streng monoton fallend in $[0, 1]$.

Da $f'(x) = 2x > 0$ für $1 < x$ ist f streng monoton steigend in $[1, +\infty[$.

$$f''(x) = \begin{cases} -2 & \text{für } x < 1 \\ 2 & \text{für } x > 1 \end{cases} \quad \Rightarrow \quad \begin{array}{l} \text{f ist konkav in }]-\infty, 1] \\ \text{f ist konvex in } [1, +\infty[\end{array}$$

c. Da $f(\mathbf{R}) = \mathbf{R}$, ist f surjektiv

f ist nicht injektiv, da z.B. $f(-1) = 0 = f(1)$

6.8 **a.** Sei $f(x) = a(x - b)^2 + c$ die Gleichung der Parabel, so muss gelten:

$(b, c) = (-2, -28)$, d. h. $f(x) = a(x + 2)^2 - 28$.

Da der Punkt $(3, 22)$ der Gleichung genügt, muss weiterhin gelten:

$22 = a(3 + 2)^2 - 28 = 25a - 28 \quad \Leftrightarrow \quad 50 = 25a \quad \Leftrightarrow \quad a = 2$

Die Gleichung der Parabel lautet somit: $f(x) = 2(x + 2)^2 - 28$.

b. $g'(x) = \dfrac{3 \cdot (2x + 1) - (3x + 6) \cdot 2}{(2x + 1)^2} = \dfrac{6x + 3 - 6x - 12}{(2x + 1)^2} = \dfrac{-9}{(2x + 1)^2}$

$g'(1) = \dfrac{-9}{9} = -1, \quad g(1) = \dfrac{9}{3} = 3$

$t(x) = -1(x - 1) + 3 = -x + 4$

6.9 Definitionsmenge: $D = \mathbf{R}$, da $f(x) > 0$ für alle $x \in \mathbf{R}$.

$f'(x) = \dfrac{-3 \cdot 2x}{(x^2 + 2)^2} = \dfrac{-6x}{(x^2 + 2)^2} = 0 \quad \Leftrightarrow \quad x = 0$

$f''(x) = -6(x^2 + 2)^{-2} - 6x(-2)(x^2 + 2)^{-3} \cdot 2x = \dfrac{-6x^2 - 12 + 24x^2}{(x^2 + 2)^3}$

$f''(x) = \dfrac{18x^2 - 12}{(x^2 + 2)^3} = 0 \quad \Leftrightarrow \quad 18x^2 - 12) = 6(3x^2 - 2) = 0$

$\Leftrightarrow \quad x^2 = \dfrac{2}{3} \quad \Leftrightarrow \quad x = \pm\sqrt{\dfrac{2}{3}} = \pm 0{,}816$

$$f''(x) = \frac{6(3x^2 - 2)}{(x^2 + 2)^3} > 0 \quad \Leftrightarrow \quad x^2 > \frac{2}{3} \quad \Leftrightarrow \quad |x| > \sqrt{\frac{2}{3}}$$

$$\Leftrightarrow \quad x < -\sqrt{\frac{2}{3}} \quad \text{oder} \quad \sqrt{\frac{2}{3}} < x$$

x		$-\sqrt{\frac{2}{3}}$		0		$\sqrt{\frac{2}{3}}$	
f							
f'	+		+	0	−		−
f''	−		0		−	0	+

$\Rightarrow$ f ist streng monoton steigend in $]-\infty, 0[$

f ist streng monoton fallend in $[0, +\infty]$;

f hat ein relatives Maximum in $x = 0$;

f ist konkav in $[-\sqrt{\frac{2}{3}}, \sqrt{\frac{2}{3}}]$ und konvex in $]-\infty, -\sqrt{\frac{2}{3}}]$ und $[\sqrt{\frac{2}{3}}, +\infty[$;

f hat in $-\sqrt{\frac{2}{3}}$ und in $\sqrt{\frac{2}{3}}$ einen Wendepunkt.

6.10 Definitionsmenge: $N(x) = x^2 + 2x - 3 = (x + 3)(x - 1) = 0$
$\Leftrightarrow x_1 = 1$ oder $x_2 = -3$

d. h. $D = \mathbf{R} \setminus \{1, -3\}$.

Überprüfen der Zählerfunktion in $x_1 = 1$ und $x_2 = -3$

$Z(1) = 1 + 1 - 17 + 15 = 0, \; Z(-3) = (-3)^3 + (-3)^2 + 51 + 15 = 75 - 27 = 48$

$(x^3 + x^2 - 17x + 15) : (x - 1) = x^2 + 2x - 15$

$\underline{x^3 - x^2}$
$\quad 2x^2$
$\quad \underline{2x^2 - \; 2x}$
$\qquad -15x$

$$g(x) = \frac{(x^2 + 2x - 15)(x - 1)}{(x + 3)(x - 1)} = \frac{x^2 + 2x - 15}{x + 3} = g(x),$$

d. h. g hat in $x_1 = 1$ eine hebbare Unstetigkeitsstelle.

Da $\lim\limits_{x\uparrow -3} g*(x) = \lim\limits_{x\uparrow -3} \frac{-12}{x + 3} = +\infty, \quad \lim\limits_{x\downarrow -3} g*(x) = \lim\limits_{x\downarrow -3} \frac{-12}{x + 3} = -\infty$

hat g in $x_2 = -3$ eine Polstelle mit wechselndem Vorzeichen.

$$g*(x) = \frac{(x^2 + 2x - 15)}{x + 3} = 0 \Leftrightarrow (x^2 + 2x - 15) = (x - 3)(x + 5) = 0,$$

d. h. Nullstellen in $x_3 = 3$ und $x_4 = -5$.

$$g^{*'}(x) = \frac{1}{(x+3)^2}[(2x+2)(x+3)-(x^2+2x-15)]$$

$$= \frac{1}{(x+3)^2}[x^2+6x+21] = 0,$$

$x^2+6x+3^2 = -21+9 = -12,$ d. h. keine reelle Nullstelle in D

$\Rightarrow$ g hat keine relativen Extrema in D.

$$g^{*''}(x) = \frac{1}{(x+3)^3}[(2x+6)(x+3)-2(x^2+6x+21)] = \frac{1}{(x+3)^3}(-24) \neq 0,$$

d. h. g hat keinen Wendepunkt in D.

x	$-\infty$	-5		-3			1	3	$+\infty$
g	$-\infty$	0	$+\infty$	Pol	$-\infty$		hebb.	0	$+\infty$
g'		$+$				$+$	Unst.	$+$	
g''		$+$				$-$		$-$	

$$g^{*}(1) = -3$$

$\Rightarrow$ g ist stetig monoton steigend in $]-\infty, -3[,\ ]-3, 1[$ und $]1, +\infty[,$

g ist streng konvex in $]-\infty, -3[,$

g ist streng konkav in $]-3, 1[$ und in $]1, +\infty[.$

6.11 $D = \mathbf{R}$

$$f'(x) = \frac{2(2x^2+5)-2x \cdot 4x}{(2x^2+5)^2}$$

$$= \frac{2(5-2x^2)}{(2x^2+5)^2} = 0 \Leftrightarrow x^2 = \tfrac{5}{2} \Leftrightarrow x_1 = \underbrace{\sqrt{\tfrac{5}{2}} = \tfrac{\sqrt{10}}{2}}_{\approx 1{,}58} \text{ oder } x_2 = -\sqrt{\tfrac{5}{2}}$$

$$f''(x) = \frac{2}{(2x^2+5)^3}[-4x(2x^2+5)-2(5-2x^2)4x]$$

$$= \frac{2}{(2x^2+5)^3}[8x^3-60x] = \frac{8x(2x^2-15)}{(2x^2+5)^3} = 0$$

$$\Leftrightarrow x_3 = 0 \text{ oder } x_4 = \underbrace{\sqrt{\tfrac{15}{2}}}_{\approx 2{,}74} \text{ oder } x_5 = -\sqrt{\tfrac{15}{2}}$$

$$f''(x) \geq 0 \quad \Leftrightarrow \quad 8x(2x^2 - 15) = 8x(\sqrt{2}x - \sqrt{15})(\sqrt{2}x + \sqrt{15}) \geq 0$$

$$\Leftrightarrow \quad -\sqrt{\frac{15}{2}} \leq x \leq 0 \quad \text{oder} \quad \sqrt{\frac{15}{2}} \leq x$$

x	$-\infty$	$-\sqrt{\frac{15}{2}}$	$-\sqrt{\frac{5}{2}}$	0	$\sqrt{\frac{5}{2}}$	$\sqrt{\frac{15}{2}}$	$+\infty$
f	-0						$+0$
f'		$-$	0	$+$	0	$-$	
f''		$-$	0	$+$	0	$-$	0	$+$

$\Rightarrow \quad$ f ist streng monoton steigend in $[-\sqrt{\frac{5}{2}}, \sqrt{\frac{5}{2}}]$,

f ist streng konvex in $]-\infty, -\sqrt{\frac{15}{2}}]$ und $[0, \sqrt{\frac{15}{2}}]$,

f streng konkav in $[-\sqrt{\frac{15}{2}}, 0]$ und in $[\sqrt{\frac{15}{2}}, +\infty[$,

f hat Wendepunkte in $x_3 = 0$, $x_4 = \sqrt{\frac{15}{2}}$ und $x_5 = -\sqrt{\frac{15}{2}}$.

6.12 a. Als rationale Funktion ist f definiert und stetig in $D = \mathbf{R} \setminus \{3\}$.

$$(x^4 - 15x^3 + 72x^2 - 108x) : (-x + 3) = x^3 + 12x^2 - 72$$
$$\underline{x^4 - 3x^3}$$
$$-12x^3$$
$$\underline{-12x^3 + 36x^2}$$
$$36x^2$$
$$\underline{36x^2 - 108x}$$

Da $\quad \lim_{x \to 3} \dfrac{(-x^3 + 12x^2 - 36x) \cdot (3 - x)}{3 - x} = -27 + 108 - 108 = -27$

hat f in $x = 3$ eine hebbare Unstetigkeitsstelle.

b. In $D = \mathbf{R} \setminus \{3\}$ verhält sich f genauso wie die Funktion

$$g(x) = -x^3 + 12x^2 - 36x.$$

$$g(x) = -x^3 + 12x^2 - 36x = -x(x^2 - 12x + 36) = -x(x - 6)^2 = 0$$

d. h. f hat die Nullstellen $x_1 = 0$ und $x_{2,3} = 6$.

$$g'(x) = -3x^2 + 24x - 36 = -3 \cdot (x^2 - 8x + 12) = -3(x - 6) \cdot (x - 2) = 0$$
$$\Leftrightarrow \quad x_4 = 6, \quad x_5 = 2$$

$$g''(x) = -6x + 24 = 0 \quad \Leftrightarrow \quad x_6 = 4$$

$$g'''(x) = -6 < 0$$

x	0	2		4		6	
g	0					0	
g'	$-$	0	$+$		$+$	0	$-$
g''			$+$	0	$-$		
g'''				$-$			

$\Rightarrow$ f hat in $x_6 = 4$ einen Wendepunkt;

f ist streng konvex in $]-\infty, 4]$

f ist streng konkav in $[4, +\infty[$,

f hat in $x_5 = 2$ ein relatives Minimum,

f hat in $x_4 = 6$ ein relatives Maximum,

f ist streng monoton fallend in $]-\infty, 2]$ und in $[6, +\infty[$

f ist streng monoton steigend in $[2, 6]$.

6.13 a. Als rationale Funktion ist f stetig in $D = \mathbf{R} \setminus \{-3\}$.

$$(\tfrac{1}{3}x^4 + 2x^3 - 12x^2 - 43x + 6) : (x + 3) = \tfrac{1}{3}x^3 + x^2 - 15x + 2$$

$$\begin{array}{l} \underline{\tfrac{1}{3}x^4 + x^3} \\ \quad\; x^3 \\ \quad\; \underline{x^3 + 3x^2} \\ \qquad -15x^2 \\ \qquad \underline{-15x^2 - 45x} \\ \qquad\quad\; 2x \\ \qquad\quad\; \underline{2x + 6} \end{array}$$

$$\lim_{x \to -3} \frac{(x + 3) \cdot (\tfrac{1}{3}x^3 + x^2 - 15x + 2)}{x + 3} = -9 + 9 + 45 + 2 = 47,$$

d. h. f hat in $x_1 = -3$ eine hebbare Unstetigkeitsstelle.

b. In D verhält sich die Funktion f genauso wie die Funktion

$$g(x) = \frac{1}{3}x^3 + x^2 - 15x + 2.$$

$$g'(x) = x^2 + 2x - 15 = (x+5)\cdot(x-3) = 0 \quad \Leftrightarrow \quad x_2 = 3 \text{ oder } x_3 = -5$$

$$g''(x) = 2x + 2 = 0 \quad \Leftrightarrow \quad x_4 = -1, \ g'''(x) = 2 > 0$$

x		-5		-3		-1		3	
f									
f'	+	0	$-$		$-$		$-$	0	+
f''			$-$		$-$	0	+		
f'''			+				+		

$\Rightarrow$ f hat in $x_4 = -1$ einen Wendepunkt

     f ist konkav in $]-\infty, -3[$ und in $]-3, -1]$

     f ist konvex in $[-1, +\infty[$

     f hat in $x_2 = 3$ ein relatives Minimum

     f hat in $x_3 = -5$ ein relatives Maximum

     f ist streng monoton steigend in $]-\infty, -5]$ und in $[3, +\infty[$

     f ist streng monoton fallend in $[-5, -3[$ und $]-3, 3]$

6.14 a. $g'(x) = e^{2(x-2)^2} \cdot 2 \cdot 2 \cdot (x-2) = 4(x-2) \cdot e^{2(x-2)^2}$

$$\varepsilon\, g(x) = \frac{x}{e^{2(x-2)^2}} \cdot 4 \cdot (x-2) \cdot e^{2(x-2)^2} = 4x \cdot (x-2);$$

$$\varepsilon\, g(3) = 4 \cdot 3 \cdot (3-2) = 12$$

d. h. wenn x in $x_0 = 3$ um 1 % erhöht wird, so erhöht sich der Wert der abhängigen Variablen um 12 %.

b. $f'(x) = 2 \cdot (x-1) \cdot e^{x^2} + e^{x^2} \cdot 2x \cdot (x-1)^2$

$$f'(2) = 2e^4 + e^4 \cdot 4 = 6e^4; \quad \varepsilon\, f(2) = \frac{2}{e^4} \cdot 6 \cdot e^4 = 12$$

Steigt x um 1 %, so wächst die abhängige Variable um 12 %.

c. $f'(x) = 3^{x^2+2x+5} \cdot \ln 3 \cdot (2x+2)$

$$\mathcal{E}f(x) = \frac{x}{3^{x^2+2x+5}} \cdot 3^{x^2+2x+5} \cdot \ln 3 \cdot (2x+2)$$

$$= \ln 3 \cdot (2x^2 + 2x) = (2x^2 + 2x) \cdot \ln 3$$

$\mathcal{E}f(5) = (50+10) \cdot \ln 3 = 60 \cdot \ln 3 = 65{,}917,$

d. h. wenn x von $x_0 = 5$ aus um 1 % erhöht wird, steigt f(x) um

65,917 % an, f ist elastisch in $x_0 = 5$.

d. $f'(x) = \dfrac{2x \cdot 5x \cdot (x-1) - x^2 \cdot (10x-5)}{((x-1) \cdot 5x)^2} = \dfrac{-5x^2}{((x-1) \cdot 5x)^2}$

$$\mathcal{E}f(x) = \frac{x \cdot (-5x^2)}{\frac{x^2}{(x-1) \cdot 5x} ((x-1) \cdot 5x)^2} = \frac{-5x}{5x \cdot (x-1)} = \frac{-1}{x-1}, \quad \mathcal{E}f(2) = -1$$

Wächst x also um 1 % von der Stelle $x_0 = 2$ aus, so fällt f(x) um 1 %

bezogen auf $f(2) = \frac{4}{10} = 0{,}4$.

e. $\mathcal{E}h(x) = \dfrac{x}{\frac{x^2}{3x^2+1}} \cdot \dfrac{2x}{(3x^2+1)^2} = \dfrac{2}{3x^2+1}$

$$\mathcal{E}h(x) = \frac{2}{3 \cdot (-2)^2 + 1} = \frac{2}{13} = 0{,}1538,$$

d. h. wenn x von $x_0 = -2$ aus um 1 % steigt, wächst h(x) um 0,15 %.

f. $f'(x) = \dfrac{2}{\sqrt{x}} \cdot e^{x^2-5x+6} + 4 \cdot \sqrt{x} \cdot e^{x^2-5x+6} \cdot (2x-5)$

$$= e^{x^2-5+6} \cdot \left[\frac{2}{\sqrt{x}} + 4 \cdot \sqrt{x} \cdot (2x-5) \right]$$

$$\mathcal{E}f(x) = \frac{x}{4 \cdot \sqrt{x} \cdot e^{x^2-5x+6}} \cdot e^{x^2-5x+6} \cdot \left[\frac{2}{\sqrt{x}} + 4 \cdot \sqrt{x} \cdot (2x-5) \right]$$

$$= \frac{x \cdot (\frac{2}{\sqrt{x}} + 4 \cdot \sqrt{x} \cdot (2x-5))}{4 \cdot \sqrt{x}} = \frac{1}{2} + x \cdot (2x-5) = 2x^2 - 5x + \frac{1}{2}$$

$\mathcal{E}f(3) = 2 \cdot 9 - 5 \cdot 3 + \frac{1}{2} = 18 - 15 + \frac{1}{2} = 3{,}5$

d. h. steigt x um 1 % so steigt y um 3,5 %.

6.15 a. $z'(x) = z(x) \cdot (\ln z(x))'$ $z(x) = \dfrac{(5x - 2) \cdot e^{2x^2 + 99}}{(2x + 2)^3}$

$$\ln z(x) = \ln(5x - 2) + \ln e^{2x^2 + 99} - \ln(2x + 2)^3$$

$$= \ln(5x - 2) + 2x^2 + 99 - 3 \cdot \ln(2x + 2)$$

$$(\ln z(x))' = \frac{5}{5x - 2} + 4x - \frac{6}{2x + 2}$$

$$z'(x) = \frac{(5x - 2) \cdot e^{2x^2 + 99}}{(2x + 2)^3} \cdot \left(\frac{5}{5x - 2} + 4x - \frac{6}{2x + 2} \right)$$

b. $\ln f(x) = \ln\left[\dfrac{3x + 1}{(x + 5)^2} \cdot e^{3x^2}\right] = \ln(3x + 1) - 2\ln(x + 5) + 3x^2$

$$[\ln f(x)]' = \frac{3}{3x + 1} - \frac{2}{x + 5} + 6x$$

$$f'(x) = f(x) \cdot \left[\frac{3}{3x + 1} - \frac{2}{x + 5} + 6x\right]$$

$$\mathcal{E} f(x) = \frac{x}{f(x)} \cdot f(x) \cdot \left[\frac{3}{3x + 1} - \frac{2}{x + 5} + 6x\right] = \frac{3x}{3x + 1} - \frac{2x}{x + 5} + 6x^2$$

$$\mathcal{E} f(2) = \frac{6}{7} - \frac{4}{7} + 24 = 24\frac{2}{7}$$

Wenn x von $x_0 = 2$ aus um 1 % steigt, dann steigt die abhängige Variable $y = f(x)$ um $24\frac{2}{7}$ %.

6.16 a. $x(p) = 10 - 2\sqrt{p} \geq 0$ für $p \geq 0$ $\Leftrightarrow$ $10 \geq 2\sqrt{p}$ $\Leftrightarrow$ $5 \geq \sqrt{p}$ $\Leftrightarrow$ $25 \geq p$

Definitionsmenge von $x(p)$ ist $[0, 25]$

$$x = 10 - 2\sqrt{p} \Leftrightarrow 2\sqrt{p} = 10 - x \Leftrightarrow \sqrt{p} = (5 - \tfrac{x}{2}) \Leftrightarrow p(x) = (5 - \tfrac{x}{2})^2$$

für $x \in [0, 10]$

b. $G(x) = (25 - 5x + \dfrac{x^2}{4})x - (x^2 + 4x + 12) = \dfrac{x^3}{4} - 6x^2 + 21x - 12$

$$G'(x) = \tfrac{3}{4}x^2 - 12x + 21 = 0 \Leftrightarrow x^2 - 16x + \mathbf{8}^2 = -28 + \mathbf{64} = 36$$

$$x_1 = 8 - 6 = 2 \quad \text{oder}$$

$[x_2 = 8 + 6 = 14$; liegt nicht in der Definitionsmenge!]

$G''(x) = \frac{3}{2}x - 12$, $G''(2) = 3 - 12 = -9 < 0$, d. h. G hat in x_1 ein relatives Maximum, das auch absolutes Gewinnmaximum ist, da

$G(2) = 2 - 24 + 42 - 12 = 8 > G(0) = -12 > G(10) = -152$

Onopolist erreicht für die COURNOTsche Menge $x_1 = 2$ den maximalen Gewinn $G_{max} = 8$. Dabei ist der COURNOTsche Preis $p_1 = (5 - \frac{2}{2})^2 = 16$ zu verlangen.

6.17 a. $x'(p) = -2(p+1)$, $x'(5) = -12$;

$$\mathcal{E}x(5) = \frac{5}{81 - 6^2} \cdot (-12) = -\frac{5 \cdot 12}{45} = -\frac{4}{3},$$

d. h. steigt vom Niveau $p_0 = 5$ aus der Preis um 1 %, so sinkt die Nachfrage (Absatz) um 1,33 %.

b. $x = 81 - (p+1)^2 \iff (p+1)^2 = 81 - x \iff |p+1| = \sqrt{81-x}$

Da $p \geq 0 \Rightarrow p = \sqrt{81-x} - 1$, $D_p = [0,80]$

c. $G(x) = x \cdot (\sqrt{81-x} - 1) - (600 - 66 \cdot \sqrt{81-x} - x)$

$$G'(x) = \sqrt{81-x} - 1 + x \cdot \frac{-1}{2\sqrt{81-x}} + 66 \cdot \frac{-1}{2\sqrt{81-x}} + 1 = 0$$

$$\iff 2 \cdot (81-x) - x - 66 = 0 \iff 96 = 3x \iff 32 = x_c$$

$$p_c = \sqrt{81-32} - 1 = 7 - 1 = 6$$

$$\text{Da} \quad G'(x) = \frac{96 - 3x}{2\sqrt{81-x}} \begin{cases} > 0 & \text{für} \quad x < 32 \\ < 0 & \text{für} \quad x > 32 \end{cases}$$

hat G in $x_c = 32$ ein relatives und absolutes Maximum.

<u>Hinweis:</u> Alternativ ist der Aufgabenteil c auch mit $G(p)$ lösbar.

6.18 Für eine Angebotsfunktion muss gelten: $p = K'(x)$ (notwendige Bedingung!),

d. h. $p = 4x + 3 \iff x = x(p) = \frac{p-3}{4}$

Da $K''(x) = 4 > 0$ für alle x, erzielt der Unternehmer mit $x = \frac{p-3}{4}$ jeweils das absolute Gewinnmaximum.

Das Angebot lohnt aber nur, wenn $G(x) = E(x) - K(x) = p \cdot x - K(x) \geq 0$, wenn wenigstens ein $x \geq 0$, d. h. $p \geq \dfrac{K(x)}{x} = k(x)$ oder $p \geq \underset{x \geq 0}{\text{Min}}\, k(x)$

$k(x) = 2x + 3 + \dfrac{578}{x}$

$k'(x) = 2 - \dfrac{578}{x^2} = 0 \iff x^2 = 289 \overset{x>0}{\iff} x = 17$

Da $k''(x) = 2 \cdot 578 \cdot \dfrac{1}{x^3} > 0$ für alle $x > 0$,

hat k in $x = 17$ das relative und absolute Minimum.

$k(17) = 2 \cdot 17 + 3 + \dfrac{578}{17} = 34 + 3 + 34 = 71$

Der Definitionsbereich der Angebotsfunktion ist somit $[71, +\infty[$.

6.19 x = Anzahl Tonnen, G, K in 1.000 €

$G(x) = 10x - (\tfrac{1}{4}x^2 + 3x + 2 + 5x + 1) = -\tfrac{1}{4}x^2 + 2x - 3$

$G'(x) = -\tfrac{1}{2}x + 2 = 0 \iff x = 4$, d. h. als quadratische Funktion mit $a = -\tfrac{1}{2}$

hat G in $x = 4$ ein relatives und absolutes Maximum.

$G(4) = 8 - 4 - 3 = 1$

Herr Süßling soll pro Tag 4 Tonnen Osterhasen produzieren und erreicht dann einen Gewinn in Höhe von 1.000 €.

6.20 a. $G(x) = 48{,}75x - (x^3 - 12x^2 + 36x + 98)$

$\qquad G'(x) = 48{,}75 - 3x^2 + 24x - 36 = 0$

$\qquad 4{,}25 = x^2 - 8x \quad |+4^2$

$\qquad 20{,}25 = (x - 4)^2$

$\qquad 4{,}5 = |x - 4|$

$\qquad x_1 = 8{,}5 \qquad x_2 = -0{,}5$ (ökonomisch nicht sinnvoll)

$\qquad G''(x) = -6x + 24$

Da $G'' = -6 \cdot 8{,}5 + 24 < 0$ hat G in $x_1 = 8{,}5$ ein relatives Maximum.

Da $G(0) = -98$ und $\underset{x \to +\infty}{\lim} G(x) = -\infty$ und $G(8{,}5) = 263{,}25$

hat G in $x_1 = 8{,}5$ auch ein absolutes Maximum.

$\Rightarrow$ Milly sollte 8,5 hl anbieten und erzielt damit einen maximalen Gewinn von 263,25 [100 €].

b. <u>Bedingung:</u> $p \geq$ Minimum der Stückkosten

$$k(x) = x^2 - 12x + 36 + \frac{98}{x}$$

$$K'(x) = 2x - 12 - \frac{98}{x^2} = 0$$

$$2x^3 - 12x^2 - 98 = 0$$

$$x^3 - 6x^2 - 49 = 0 \qquad x_1 = 7$$

$$x^3 - 6x^2 - 49 : (x-7) = x^2 + x + 7 \qquad\qquad x^2 + x + 7 = 0$$

$$\underline{x^3 - 7x^2} \qquad\qquad\qquad\qquad\qquad (x + \tfrac{1}{2})^2 = 7 + \tfrac{1}{4}$$

$$x^2 \qquad\qquad\qquad \Rightarrow \text{keine weiteren reellen}$$

$$\underline{x^2 - 7x} \qquad\qquad\qquad\qquad \text{Nullstellen}$$

$$7x - 49$$

Da $k''(x) = 2 + \dfrac{2 \cdot 98}{x^3} > 0$ für alle $x > 0$ hat k in $x = 7$ ein relatives und

absolutes Minimum.

$$k_{min} = k(7) = 7^2 - 12 \cdot 7 + 36 + \frac{98}{7} = 15$$

Ab einem Marktpreis von 15 [100 €] lohnt sich ein Angebot.

c. $G'(x) = p - K'(x) = p - 3x^2 + 24x - 36 = 0$

$$\tfrac{1}{3}p - 12 = x^2 - 8x \quad |+4^2$$

$$\tfrac{1}{3}p + 4 = (x-4)^2$$

$$\sqrt{\tfrac{1}{3}p + 4} = |x - 4|$$

$$x = 4 \pm \sqrt{\tfrac{1}{3}p + 4}$$

Da $G''(x) = -6x + 24 < 0 \iff 24 < 6x \iff x > 4$

lautet die Angebotsfunktion $x(p) = 4 + \sqrt{\tfrac{1}{3}p + 4}$ mit $p \geq 15$.

6.21 a. $G = 840x - \tfrac{1}{10}x^3 + 21x^2 - 1.560x - 26.450$

$$G' = -\tfrac{3}{10}x^2 + 42x - 720 = 0$$

$$x^2 - 140x = -2.400$$

$$x^2 - 140x + 4.900 = 4.900 - 2.400 = 2.500$$

$|x - 70| = 50 \quad \Leftrightarrow \quad x_1 = 120 \quad \text{oder} \quad x_2 = 20$

$G'' = -\frac{6}{10}x + 42$

$G''(120) < 0 \Rightarrow$ G hat in $x_1 = 120$ ein relatives Maximum.

$G''(20) > 0 \Rightarrow$ G hat in $x_2 = 20$ ein relatives Minimum.

Da $G(0) = -26.450$ und $\lim\limits_{x \to +\infty} G(x) = -\infty$ und $G(120) = 16.750$ hat G in $x_1 = 120$ auch ein absolutes Maximum.

Emilinde braucht 120 Übernachtungen und erzielt damit den maximalen Gewinn von 16.750 €.

b. $k(x) = \frac{1}{10}x^2 - 21x + 1.560 + \frac{26.450}{x}$

$k'(x) = \frac{1}{5}x - 21 - \frac{26.450}{x^2} = 0 \Leftrightarrow x^3 - 105x^2 - 132.250 = 0$

$$(x^3 - 105x^2 - 132.250) : (x - 115) = x^2 + 10x + 1.150$$

$$\underline{x^3 - 115x^2}$$

$\Rightarrow$ keine weitere positive Nullstelle

$$10x^2$$

einzige Nullstelle: $x = 115$

$$\underline{10x^2 - 1.150x}$$

$$1.150x - 132.250$$

$$1.150x - 132.250$$

Da $k''(x) = \frac{1}{5} + \frac{52.900}{x^3} > 0$ für alle $x > 0$, hat k in $x = 115$ ein relatives und absolutes Minimum $\Rightarrow k(115) = 697{,}50$

Ab einem Marktpreis von 697,50 € lohnt es sich für Emilinde, das Hotel zu führen.

c. $G'(x) = p - K'(x) \quad \Leftrightarrow \quad p - 1.560 = \frac{3}{10}x^2 - 42x$

$\frac{10}{3}p - 5.200 = x^2 - 140x$

$\frac{10}{3}p - 300 = (x - 70)2$

$\sqrt{\frac{10}{3}p - 300} = |x - 70|$

$x = 70 \pm \sqrt{\frac{10}{3}p - 300} \qquad\qquad p \geq 90$

Da $G''(x) = -\frac{3}{5}x + 42 < 0 \quad \Leftrightarrow \quad 42 < \frac{3}{5}x \quad \Leftrightarrow \quad x > 70$

lautet die Angebotsfunktion $x(p) = 70 + \sqrt{\frac{10}{3}p - 300}$ mit $p \geq 697{,}50$.

6.22 a. $p = p(x)$ geht durch die Punkte $(x_1, p_1) = (0, 20)$ und $(x_2, p_2) = (200, 0)$

$$p = \frac{0 - 20}{200 - 0} \cdot (x - 0) + 20 = -\frac{1}{10}x + 20$$

b. $G(x) = (-\frac{1}{10}x + 20) \cdot x - (300 + 2x) = -\frac{1}{10}x^2 + 20x - 300 - 2x$

$$= -\frac{1}{10}x^2 + 18x - 300$$

$$G'(x) = -\frac{1}{5}x + 18 = 0 \quad \Leftrightarrow \quad x^* = 90$$

Als quadratische Funktion mit $a = -\frac{1}{10}$ besitzt G in $x^* = 90$ ein relatives und absolutes Maximum.

c. $G(90) = -\frac{1}{10} \cdot 90^2 + 18 \cdot 90 - 300 = -810 + 1.620 - 300 = 510$

T. Üftler verbleibt ein Gewinn in Höhe von $510 - 51 = 459$ [€].

6.23 $f'(x) = \frac{1}{x}, \quad f''(x) = -\frac{1}{x^2}, \quad f'''(x) = \frac{2}{x^3}, \quad f^{(4)}(x) = -\frac{6}{x^4}$

$f'(x) = \frac{1}{3}, \quad f''(3) = -\frac{1}{9}, \quad f'''(3) = \frac{2}{27};$

$f(x) = \ln x \approx P_3(x) = \ln 3 + \frac{1}{3}(x - 3) - \frac{1}{9 \cdot 2}(x - 3)^2 + \frac{2}{27 \cdot 6}(x - 3)^3$

Restglied $|R_3(x)| = |-\frac{6}{x_1^4 \cdot 4!} \cdot (x - 3)^4| \leq \frac{6}{2^4 \cdot 4!} = \frac{1}{2^4 \cdot 4} = \frac{1}{2^6} = 0{,}0156$

6.24 $f(1) = \frac{1}{2}\ln(2 + 3) = \frac{1}{2}\ln 5$

$$f'(x) = \frac{1}{2} \cdot \frac{2}{2x + 3} = \frac{1}{2x + 3} \qquad \Rightarrow \qquad f'(1) = \frac{1}{5}$$

$$f''(x) = \frac{-1 \cdot 2}{(2x + 3)^2} = \frac{-2}{(2x + 3)^2} \qquad \Rightarrow \qquad f''(1) = \frac{-2}{5^2} = -\frac{2}{25}$$

$$f'''(x) = \frac{-2(-2)2}{(2x + 3)^3} = \frac{8}{(2x + 3)^3}$$

$$f(x) \approx \frac{1}{2}\ln 5 + \frac{1}{5}(x - 1) - \frac{1}{25}(x - 1)^2$$

$$\mid R(x) \mid = \left| \frac{8}{3! \cdot (2x_1 + 3)^3}(x-1)^3 \right| \le \frac{8}{6 \cdot 3^3} \cdot 1^3 \approx 0{,}049$$

6.25 a. $\displaystyle \lim_{x \to 1} \frac{\ln x}{x^4 - 1} \underset{\text{De l'Hospital}}{=} \lim_{x \to 1} \frac{\frac{1}{x}}{4x^3} = \frac{1}{4}$

b. $\displaystyle \lim_{x \to 0} \frac{3x^2 - 5x}{e^x - 1} \underset{\text{De l'Hospital}}{=} \lim_{x \to 0} \frac{6x - 5}{e^x} = \frac{-5}{e^0} = -5$

c. $\displaystyle \lim_{x \to 1} \frac{(x-1)\ln x}{x^2 - 2x + 1} = \lim_{x \to 1} \frac{(x-1)\ln x}{(x-1)^2}$

$\displaystyle = \lim_{x \to 1} \frac{\ln x}{x - 1} \underset{\text{De l'Hospital}}{=} \frac{\frac{1}{x}}{1} = 1$

d. $\displaystyle \lim_{x \to 0} \frac{x^2 - 2x + 1}{e^x - 1} \underset{\substack{\text{wenn } |x| \\ \text{klein genug}}}{=} \lim_{x \to 0} \frac{1}{e^x - 1} = \infty$

genauer gilt : $\displaystyle \lim_{x \to 0^-} \frac{1}{e^x - 1} = -\infty, \qquad \lim_{x \to 0^+} \frac{1}{e^x - 1} = +\infty$

6.26 a. $\displaystyle \lim_{x \to 1} \frac{e^{x-1}\ln x}{1 - e^{x-1}} \underset{\text{De l'Hospital}}{=} \lim_{x \to 1} \frac{e^{x-1}\ln x + e^{x-1}\frac{1}{x}}{-e^{x-1}}$

$\displaystyle \lim_{x \to 1} -\left(\ln x + \frac{1}{x}\right) = -1$

b. $\displaystyle \lim_{x \to 1} \frac{x \cdot \ln x}{3e^{x-1} - 3} \underset{\text{DeL'Hospital}}{=} \lim_{x \to 1} \frac{\ln x + \frac{x}{x}}{3e^{x-1}} = \frac{1}{3e^0} = \frac{1}{3}$

7. Funktionen mit mehreren unabhängigen Variablen

Sätze und Regeln

Gleichung einer Tangentialebene

$$T(x, y) = f(x_0, y_0) + f_x(x_0, y_0) \cdot (x - x_0) + f_y(x_0, y_0) \cdot (y - y_0)$$

Totales oder vollständiges Differential der Funktion $f(x, y)$

$$df = df(dx, dy) = f_x(x_0, y_0) \cdot dx + f_y(x_0, y_0) \cdot dy$$

Kettenregel

Ableitung einer verketteten Funktion $F(t) = f(x(t), y(t))$ in t_0

$$F'(t_0) = f_x(x_0, y_0) \cdot x'(t_0) + f_y(x_0, y_0) \cdot y'(t_0)$$

Satz von SCHWARZ

Existieren für eine Funktion $f(x, y)$ an einer Stelle (x_0, y_0) alle partiellen Ableitungen n-ter Ordnung und sind die Ableitungen in (x_0, y_0) stetig, so kommt es nicht auf die Reihenfolge der Differentiationen an.

Satz über die Existenz impliziter Funktionen

Es sei $g(x, y)$ eine in einer Teilmenge D der x-y-Ebene definierte und stetige Funktion, und es gebe eine Stelle $(x_0, y_0) \in D$, für die die drei folgenden Bedingungen erfüllt sind:

i. In (x_0, y_0) hat die Funktion $g(x, y)$ den Wert 0.

ii. Es gibt eine Umgebung der Stelle (x_0, y_0), in der eine der beiden partiellen Ableitungen g_x und g_y existiert und stetig ist.

iii. Die (existierende) partielle Ableitung ist an der Stelle (x_0, y_0) von Null verschieden.

Es gelten dann die beiden folgenden Aussagen:

1. Sind die Voraussetzungen ii. und iii. ohne Beschränkung der Allgemeinheit für
   g_y erfüllt, so lässt sich nach Wahl einer beliebigen, nicht zu großen Zahl $\varepsilon > 0$
   eine andere positive Zahl δ so angeben, dass **genau eine** Funktion $y = h(x)$
   existiert, die für alle $x \in]x_0 - \delta, x_0 + \delta[$ der Gleichung $g(x, h(x)) = 0$ und der
   Ungleichung $|h(x) - y_0| < \varepsilon$ genügt.

2. Ist die Voraussetzung ii. für die beiden partiellen Ableitungen g_x und g_y
   erfüllt und die Voraussetzung iii. für die Ableitung g_y, so ist $h(x)$ im Intervall
   $]x_0 - \delta, x_0 + \delta[$ differenzierbar, und es gilt:

$$h'(x) = \frac{dy}{dx} = -\frac{g_x(x, h(x))}{g_y(x, h(x))}$$

Notwendige Bedingung für ein relatives Extremum

Notwendig dafür, dass die in (x_0, y_0) nach beiden Variablen partiell differenzierbare Funktion $f(x, y)$ in (x_0, y_0) ein relatives Extremum besitzt, ist

$$f_x(x_0, y_0) = 0 \quad \text{und} \quad f_y(x_0, y_0) = 0.$$

Hinreichende Bedingung für ein relatives Extremum

Die Funktion $f(x, y)$ habe in einer Umgebung eines Punktes (x_0, y_0) stetige
partielle Ableitungen 1. und 2. Ordnung, und es gelte

$$f_x(x_0, y_0) = 0 \quad \text{und} \quad f_y(x_0, y_0) = 0.$$

i. Für das Vorhandensein eines relativen Extremums ist hinreichend, dass
   $$f_{xx}(x_0, y_0) \cdot f_{yy}(x_0, y_0) - (f_{xy}(x_0, y_0))^2 > 0.$$
   Ist zusätzlich

   - $f_{xx}(x_0, y_0) < 0$, dann hat $f(x, y)$ an der Stelle (x_0, y_0) ein relatives
     Maximum.

   - $f_{xx}(x_0, y_0) > 0$, dann hat $f(x, y)$ an der Stelle (x_0, y_0) ein relatives
     Minimum.

ii. Gilt im Punkt (x_0, y_0)
    $$f_{xx}(x_0, y_0) \cdot f_{yy}(x_0, y_0) - (f_{xy}(x_0, y_0))^2 < 0,$$
    so liegt kein Extremwert in (x_0, y_0) vor.

iii. Für $f_{xx}(x_0, y_0) \cdot f_{yy}(x_0, y_0) - (f_{xy}(x_0, y_0))^2 = 0$

   ist eine Entscheidung ohne weitere Untersuchung nicht möglich.

Die Reduktionsmethode

Zur Bestimmung von relativen Extrema der Funktion $f(x, y)$ unter Beachtung der Nebenbedingungen $g(x, y) = 0$ kann die Reduktionsmethode angewendet werden, wenn die Nebenbedingung im gesamten Untersuchungsraum D **eindeutig** nach einer der Variablen auflösbar ist. Man setzt dann die durch die Nebenbedingung definierte implizite Funktion $y = h(x)$ oder $x = h^{-1}(y)$ in die Funktion $f(x, y)$ ein und erhält die Funktion

$$F(x) = f(x, h(x)) \quad \text{oder} \quad \hat{F}(y) = f(h^{-1}(y), y),$$

die nur noch Funktion der unabhängigen Variablen x oder y ist.

LAGRANGE'sche Multiplikatormethode

Die Funktionen $f(x, y)$ und $g(x, y)$ seien in einer Menge $D \subseteq \mathbf{R}^2$ partiell nach beiden Variablen differenzierbar und es gilt

$$f_x(x_0, y_0) \neq 0 \text{ und } g_x(x_0, y_0) \neq 0 \qquad \text{oder}$$

$$f_y(x_0, y_0)) \neq 0 \text{ und } g_y(x_0, y_0) \neq 0.$$

Notwendig dafür, dass die Funktion f im Punkt $(x_0, y_0) \in D$ ein relatives Extremum unter Beachtung der Nebenbedingung $g(x, y) = 0$ besitzt, ist die Existenz einer eindeutig bestimmten reellen Zahl $\lambda \neq 0$, so dass gilt:

I. $\quad g(x_0, y_0) = 0$

II. $\quad f_x(x_0, y_0) - \lambda \cdot g_x(x_0, y_0) = 0$

III. $\quad f_y(x_0, y_0)) - \lambda \cdot g_y(x_0, y_0) = 0$

Aufgaben

7.1 Bilden Sie die partiellen Ableitungen 1. Ordnung der Funktion

    a. $g(x, y) = 2^{x^2 + y^3} - 4x^5 y^2 + 3x + {}^{10}\log(y + 2)$

    b. $f(x,y) = {}^{10}\log(3x^2 - 7xy + y^3) + x^3 \cdot e^{4y^2}$

7.2 Berechnen Sie mittels der Kettenregel die 1. Ableitung der Funktion

$$h(t) = g\big(x(t), y(t)\big) \qquad \text{in } t_0 = 3$$

mit $g(x, y) = 2x^3 - 7yx + 3y^2 \qquad x(t) = 2 - t, \quad y(t) = t^2 - 4t + 7$

7.3 **a.** Gegeben ist die Funktion:

$$g(x, y) = 3xy - 2x^2 - y^2 + 2x - 2y$$

Welche Punkte $(4, y)$ liegen auf der Höhenlinie $g(x, y) = 0$?
Bestimmen Sie in einem dieser Punkte die Gleichung der Tangente an die
Höhenlinie $g(x, y) = 0$.

    b. Wie ändert sich der Funktionswert von $g(x, y)$, wenn vom Basispunkt
$(x_0, y_0) = (2, 1)$ sich x um 5 % und y um 10 % erhöht?

Lineare Näherung mittels des totalen Differentials verlangt!

7.4 Gegeben ist die in $\mathbf{R}^2$ definierte Funktion:

$$g(x, y) = 2x^2 - 10x - 3xy^2 + 5x + y^3 + 5y - 1$$

    a. Welche Punkte $(x, 2)$ liegen auf der Höhenlinie $g(x, y) = 7$?

    b. Stellen Sie die Gleichung der Tangente an die Höhenlinie in dem Punkt
$(x, 2)$ mit dem kleineren x-Wert auf.

    c. Wie ändert sich näherungsweise (Berechnung mittels totalen Differen-
tials!) der Funktionswert von $g(x, y)$ vom Niveau $(10, 5)$ aus, wenn x um
10 % erhöht und y um 1 Einheit gesenkt wird?

7.5 Der Erdölraffinerie A. Ral entstehen pro Tag Gesamtkosten in Höhe von

$$K(x, y) = x^3 - 6xy + 2y^2 + 6x + 8y + 13.600 \,[\text{€}],$$

wenn x Tonnen Benzin und y Tonnen Heizöl produziert werden.

Die Tagesproduktion beträgt zur Zeit 50 Tonnen Benzin und 10 Tonnen
Heizöl.

Um wie viel € ändern sich die Kosten, wenn die Tagesproduktion an Benzin um 6 % erhöht und die Tagesproduktion an Heizöl um 10 % gesenkt werden soll?

Nur näherungsweise Berechnung mit Hilfe des totalen Differentials erwünscht!

7.6 Der Wochengewinn der Brauerei "Hopfenglück" beträgt

$$G(x, y) = 2x^2 + y^2 - \frac{1}{2}xy - 10 \, [1.000\,€],$$

wenn sie in der Woche x hl Pils und y hl Altbier produziert. Zurzeit beträgt die Wochenproduktion 300 hl Pils und 200 hl Altbier.

a. Nach einem ausgelassenen Betriebsfest am Wochenende sinkt in der nachfolgenden Woche die Produktion beider Biersorten um 2 %. Wie ändert sich dadurch der Gewinn?

b. Durch eine Betriebsstörung sinkt die Pilsproduktion in einer Woche um 5 hl. Um wie viel Prozent muss die Altbierproduktion geändert werden, damit der Gewinn konstant bleibt?

In beiden Teilaufgaben ist nur eine Näherungslösung mit Hilfe des totalen Differentials gewünscht!

7.7 Gegeben ist die auf $\mathbf{R} \times \mathbf{R}_+$ definierte Funktion:

$$g(x, y) = e^{xy} + 2 \cdot \ln y$$

a. Stellen Sie die Gleichung der Tangentialebene zu $g(x, y)$ an der Stelle $(x_0, y_0) = (1, 1)$ auf.

b. Berechnen Sie näherungsweise mittels des vollständigen Differentials die Differenz $f(1,1; 0,9) - f(1, 1)$.

7.8 Im LOGOLAND werden in der Vorbereitungsphase zu den Olympischen Spielen zur allgemeinen Kräftigung die Medikamente Oral-Repitrauma® (x) und Manzol® (y) von den Athleten eingenommen. Durch das erfolgreiche Abschneiden der so vorbereiteten Athleten erhofft LOGOLAND im Ausland einen Prestigegewinn P zu erreichen, der sich gemäß der Funktion

$$P(x, y) = -\frac{1}{2}x^2 + 9x + 9\sqrt{xy} - \sqrt{y^3} + 3y \quad \text{ergibt.}$$

Beantworten Sie mit Hilfe des vollständigen Differentials die nachfolgenden Fragen.

a. Zurzeit werden von beiden Medikamenten jeweils 9 EH verabreicht. Aus Kostengründen soll nun die Einnahme von Oral-Repitrauma® um eine Einheit erhöht werden. Wie muss die Dosierung von Manzol® geändert werden, damit der Prestigegewinn konstant bleibt?

b. Um das Prestige noch zu verbessern, soll die Medikamenteneinnahme trotz des hohen Niveaus $(x_1, y_1) = (16, 25)$ weiter gesteigert werden, und zwar Oral-Repitrauma® um 2 EH und Manzol® um 4 %. Welche Auswirkung hat diese Mehreinnahme auf den Prestigegewinn?

7.9 Der Spediteur Otto erhält von seinen Kunden für jeden gefahrenen km den Betrag p. Dem stehen variable Kosten von 10 GE (Geldeinheiten) pro gefahrenem km sowie 300 GE fixe Kosten gegenüber.

Otto plant eine Fahrt über 1000 km, für die er mit seinem Kunden einen Preis von 12 GE pro km vereinbart hat. Nun bietet dieser ihm an, er könne die Tour noch um 300 km ausdehnen, wenn er im Gegenzug für die gesamte Fahrstrecke den Preis pro km auf 11,5 GE reduziere.
Soll Otto das so geänderte Angebot akzeptieren?

a. Otto hält eine Approximation mit Hilfe des totalen Differentials für ausreichend. Vollziehen Sie seine Rechnung nach! Wie entscheidet er sich, wenn er an zusätzlichem Gewinn interessiert ist?

b. Ermitteln Sie die genauen Daten! Warum hat Otto sich falsch entschieden?

7.10 Bestimmen Sie auf $\mathbf{R}^2$ die relativen Extrema der Funktion

    a. $f(x, y) = x^3 + x^2 - xy + y^2$ **b.** $g(x, y) = x^2 - y^4 + 2y + 3$

    c. $h(x, y) = x^2 - xy + y^2 + 12x - 9y + 1$

7.11 Bestimmen Sie $\mathbf{R}^2$ die relativen Extremwerte der Funktion
$$f(x, y) = 2(x - y)^2 + y^2 e^y$$

7.12 Für ein Unternehmen, das ein Gut mit zwei Produktionsfaktoren X und Y herstellt, gelte

- die Produktionsfunktion $f(x, y) = 5x^{0,1} y^{0,9}$

- die Gesamtkostenfunktion $K(z) = z^2 + 4{,}8z + 15$

- die Preis-Absatz-Funktion $p(z) = 200 - 0{,}6z$

a. Bestimmen Sie die partiellen Produktionselastizitäten und interpretieren Sie die Ergebnisse!

b. Stellen Sie die Erlösfunktion auf!

c. Bestimmen Sie den gewinnmaximalen Preis und die zugehörige Menge!

7.13 Einem Monopolisten entstehen beim Herstellen von x_1 Einheiten (EH) des Produktes X_1 und x_2 EH des Produktes X_2 Gesamtkosten in Höhe von

$$K(x_1, x_2) = \tfrac{1}{9}x_1{}^2 + \tfrac{1}{3}x_1 x_2 + 6x_2 + 20 \text{ Geldeinheiten.}$$

Wie viele Einheiten der beiden Produkte soll er herstellen und zu welchen Preisen soll er sie am Markt anbieten, wenn er seinen Gewinn maximieren möchte und von den Nachfragefunktionen

$$x_1 = f_1(p_1) = 30 - 3p_1 \qquad \text{und}$$
$$x_2 = f_2(p_2) = 30 - 2p_2 \qquad \text{ausgehen muss?}$$

Wie hoch ist der maximal erzielbare Gewinn des Monopolisten?
<u>Lösungshinweis</u>: Lösen Sie die Nachfragefunktionen nach p_i auf und bilden Sie damit die Erlösfunktion $E(x_1, x_2)$!

7.14 Die Produzenten A-Protz und B-Protz bieten die konkurrierenden Güter A und B an. Zwischen den Absatzvariablen x_A, x_B und den Preisvariablen p_A, p_B gelten die Beziehungen

$$x_A = 100 - 2p_A - p_B \quad \text{und} \quad x_B = 120 - p_A - 3p_B.$$

Die Kosten der beiden Produzenten sind
$$K_A(x_A) = 120 + 2x_A \quad \text{bzw.} \quad K_B(x_B) = 120 + 2x_B.$$

a. Man ermittle die gemeinsame Gewinnfunktion
$$G(p_A, p_B) = G_A(p_A, p_B) + G_B(p_A, p_B).$$

b. Wie sind die Preise p_A und p_B zu wählen, damit der gemeinsame Gewinn maximal wird? Wie hoch ist der maximal erzielbare Gewinn?

7.15 Sie haben die Aufgabe, die Finanzstruktur eines Staatshaushaltes optimal zu gestalten. Der Etat beträgt 200 Mrd. Euro. Aus konjunkturellen Gründen darf nicht weniger, aus Gründen der Staatsverschuldung kann nicht mehr ausgegeben werden. Es ist möglich, das Budget vollständig den investiven

(x) und den konsumtiven (y) Ausgaben zuzuordnen. Die Nutzenfunktion der Ausgaben lautet:

$$N = x^2 + 2xy + 100y$$

Formulieren Sie die Nebenbedingung und ermitteln Sie die nutzenmaximale Ausgabenstruktur.

7.16 Gegeben ist die Funktion:

$$f(x, y) = x^2 y - 2xy^2 + 3xy - 4x + 7$$

a. Besitzt die Funktion $f(x, y)$ an der Stelle $P = (2, 3)$ eine stationäre Stelle unter Beachtung der Nebenbedingung

$$g(x, y) = x^3 - xy^2 + 3y + 1 = 0 \ ?$$

b. Welche Punkte $(2, y)$ liegen auf der Höhenlinie $f(x, y) = -7$? Stellen Sie in dem Punkt mit positivem y-Wert die Gleichung der Tangente an die Höhenlinie auf.

7.17 Onkel Dagobert geht es schlecht. An dem von ihm ins Leben gerufenen Tag des Goldes, ein Tag, an dem er alljährlich für seine 1789 in aller Welt verstreut liegenden Unternehmen des Duck-Konzerns Bilanz zieht, stellt er fest, dass der Erlös seiner Ölraffinerien um 0,3 %, seiner Spielwarenfabrik um 0,5 % und der Automobilproduktion um 0,6 % gesunken ist. Zudem müssten seine Goldtaler wieder einmal gesäubert werden - eine Ausgabe, die ihm zurzeit in Anbetracht seines nunmehr absehbaren Ruins unbezahlbar scheint.

Sich schon am Bettelstab sehend, sucht Dagobert verzweifelt nach noch nicht realisierten Ausbeutungsmöglichkeiten. Dabei kommt ihm sein Neffe Donald in den Sinn. Zwar, so weiß er aus Erfahrung, kann Donald keine anspruchsvollen Arbeiten zuverlässig erledigen, für die Säuberung seiner Taler scheint er jedoch geradezu prädestiniert.

Aufgrund seiner Lebenserfahrung geht Dagobert davon aus, dass die Sauberkeit der Taler in Abhängigkeit von der Arbeitszeit Donalds (x in Stunden) und der Entlohnung (y in 0,01 Taler pro Stunde) der Funktion

$$S(x, y) = -2x^2 - \frac{1}{2}xy + \frac{1}{2}y^2 + 3 \ \text{genügt.}$$

a. Wie viele Stunden soll Donald arbeiten und wie hoch soll die Entlohnung sein, damit die Sauberkeit der Taler maximiert wird unter Beachtung der Nebenbedingung $y - x = 8$, die interpretiert werden kann als Gleichgewichtsbeziehung zwischen nervlicher Beeinträchtigung durch zu hohe

Entlohnung und dem Ausgleich durch die Befriedigung über den Arbeitseinsatz von Donald.

b. Um wie viel ändert sich die Sauberkeit näherungsweise, wenn ausgehend von $(x_0, y_0) = (2, 10)$ die Variable x um eine Einheit erhöht und die Variable y um eine Einheit gesenkt wird?

7.18 Gegeben seien die in $\mathbf{R}^2$ definierten Funktionen:

$$f(x, y) = (y - 2)(x - 1) \quad \text{und} \quad g(x, y) = (2y + x - 1)(2y + 3x - 19).$$

a. Bestimmen Sie die stationären Stellen der Funktion $f(x, y)$ unter Beachtung der Nebenbedingung $g(x, y) = 0$.

b. Entscheiden Sie anhand einer Abbildung (mit geeigneten Höhenlinien), ob in den in Teilaufgabe a. gefundenen stationären Stellen relative oder absolute Extrema der Funktion f unter Beachtung der Nebenbedingung g $(x, y) = 0$ vorliegen.

7.19 Gegeben sind die auf $D = \mathbf{R}^2$ definierten Funktionen

$$f(x, y) = 3x + 4y \quad \text{und}$$

$$g(x, y) = (x - 5)^2 + (y - 3)^2 - 4$$

a. Welche Punkte $(x, 2)$ liegen auf der Höhenlinie $g(x, y) = 0$? Stellen Sie in einem dieser Punkte die Gleichung der Tangente an die Kurve $g(x, y) = 0$ auf.

b. Bestimmen Sie mittels der LANGRANGEschen Multiplikatormethode die stationären Stellen von $f(x, y)$ unter Beachtung der Nebenbedingung $g(x, y) = 0$.

c. Entscheiden Sie anhand einer Zeichnung, ob an den in Teilaufgabe b. ermittelten stationären Stellen relative und/oder absolute Extremwerte von $f(x, y)$ unter Beachtung der Nebenbedingung $g(x, y) = 0$ vorliegen.

Lösungen

7.1 **a.** $g_x(x,y) = 2^{x^2+y^3} \cdot \ln 2 \cdot 2x - 20x^4 y^2 + 3$

$$g_y(x,y) = 2^{x^2+y^3} \cdot \ln 2 \cdot 3y^2 - 8x^5 y + \frac{1}{\ln 10 \cdot (y+2)}$$

b. $f_x(x,y) = \dfrac{6x - 7y}{\ln 10 \cdot (3x^2 - 7xy + y^3)} + 3x^2 \cdot e^{4y^2}$

$$f_y(x,y) = \frac{-7x + 3y^2}{\ln 10 \cdot (3x^2 - 7xy + y^3)} + x^3 \cdot 8y \cdot e^{4y^2}$$

7.2 $x(3) = 2 - 3 = -1,$ $\qquad\qquad y(3) = 9 - 12 + 7 = 4$

$x'(t) = -1 = x'(3),$ $\qquad\qquad y'(t) = 2t - 4 \;\Rightarrow\; y'(3) = 6 - 4 = 2$

$g_x(x,y) = 6x^2 - 7y,$ $\qquad\qquad g_x(-1,4) = 6 - 28 = -22$

$g_y(x,y) = -7x + 6y,$ $\qquad\qquad g_y(-1,4) = 7 + 24 = 31$

$h'(3) = -22 \cdot (-1) + 31 \cdot 2 = 22 + 62 = 84$

7.3 **a.** $g(4,y) = 12y - 32 - y^2 + 8 - 2y = 0$

$\qquad\Leftrightarrow\; y^2 - 10y + 5^2 = 24 + 25$

$\qquad\Leftrightarrow\; y = 5 + 1 = 6 \;$ oder $\; y = 5 - 1 = 4,$

d. h. die Punkte (4, 6) und (4, 4) liegen auf der Höhenlinie.

$g_x(x,y) = 3y - 4x + 2$

$g_y(x,y) = 3x - 2y - 2$

<u>Tangente in (4, 6):</u> $h'(4)_{y=6} = -\dfrac{18-16+2}{12-12-2} = -\dfrac{4}{-2} = 2,$

also $t(x) = 2 \cdot (x - 4) + 6 = 2x - 2.$

<u>Tangente in (4, 4):</u> $h'(4)_{y=4} = -\dfrac{12-16+2}{12-8-2} = -\dfrac{-2}{2} = 1,$

also $t(x) = 1 \cdot (x - 4) + 4 = x.$

b. $g_x(2,1) = 3 - 8 + 2 = -3,\;\; dx = 0{,}05 \cdot 2 = 0{,}1$

$g_y(2,1) = 6 - 2 - 2 = 2,\;\; dy = 0{,}10 \cdot 1 = 0{,}1$

$dg = -3 \cdot 0{,}1 + 2 \cdot 0{,}1 = -0{,}1,$

d. h. der Funktionswert verringert sich um 0,1.

7.4   **a.** $\;g(x, 2) = 2x^2 - 10x - 12x + 10x + 8 + 10 - 1$

$$= 2x^2 - 12x + 17 = 7$$

$$\Leftrightarrow \quad 2x^2 - 12x = -10$$

$$x^2 - 6x = -5$$

$$(x-3)^2 = 9 - 5 = 4$$

$$x_1 = 3 + 2 = 5, \quad x_2 = 3 - 2 = 1,$$

d. h. die Punkte $P_1 = (5, 2)$ und $P_2 = (1, 2)$ liegen auf der Höhenlinie $g(x, y) = 7$.

b. $\quad h'(x) = -\dfrac{4x - 10 - 3y^2 + 5y}{-6xy + 5x + 3y^2 + 5}$

$$h'(1)_{y=2} = -\frac{4 - 10 - 12 + 10}{-12 + 5 + 12 + 5} = -\frac{-8}{10} = \frac{8}{10}$$

$$t(x) = \frac{8}{10}(x - 1) + 2 = \frac{8}{10}x + \frac{12}{10} \quad (= 0{,}8x + 1{,}2)$$

c. $\quad dx = \dfrac{10}{100} \cdot 10 = 1, \quad dy = -1$

$$g_x(10, 5) = 40 - 10 - 75 + 25 = -20$$

$$g_y(10, 5) = -300 + 50 + 75 + 5 = -170$$

$$dg = -20 \cdot 1 + (-170) \cdot (-1) = 150$$

7.5 $K_x(x, y) = 3x^2 - 6y + 6, \quad K_x(50, 10) = 7.500 - 60 + 6 = 7.446$

$K_y(x, y) = -6x + 4y + 8, \quad K_y(50, 10) = -300 + 40 + 8 = -252$

$dx = 0{,}06 \cdot 50 = 3, \qquad dy = -1$

$dK = 7.446 \cdot 3 - 252 \cdot (-1) = 22.338 + 252 = 22.590$

Die Kosten steigen um ca. 22.590 €.

7.6 $(x_0, y_0) = (300, 200)$.

$$G_x = 4x - \frac{1}{2}y, \quad G_x(300, 200) = 1.200 - 100 = 1.100;$$

$$G_y = 2y - \frac{1}{2}x, \quad G_y(300, 200) = 400 - 150 = 250.$$

a. $dx = -300 \cdot \dfrac{2}{100} = -6, \quad dy = -200 \cdot \dfrac{2}{100} = -4;$

$dG = 1.100 \cdot (-6) + 250 \cdot (-4) = -6.600 - 1.000 = -7.600,$

d. h. der Gewinn sinkt um 7.600 T€.

b. $dx = -5,\quad dG = 0,\quad dy = ?$

$0 = 1.100\cdot(-5) + 250\cdot dy \;\Rightarrow\; dy = \dfrac{5.500}{250} = 22$ und $\dfrac{22}{200}\cdot 100\,\% = 11\,\%$,

d. h. die Altbierproduktion muss um 11 % erhöht werden, um den Gewinn konstant zu halten.

7.7   **a.** $g_x = e^{xy}\cdot y + 0 \qquad g_x(1,\,1) = e$

$g_y = e^{xy}\cdot x + \dfrac{2}{y} \qquad g_y(1,\,1) = e + 2$

$g(1,\,1) = e$

$T(x,\,y) = e + e\cdot(x{-}1) + (e{+}2)\cdot(y{-}1) = e + e\cdot x - e + (e{+}2)\cdot y - e - 2$
$\qquad\qquad = e\cdot x + (e{+}2)\cdot y - (e{+}2)$

b. $dx = 0{,}1,\; dy = -\,0{,}1$

$df = e\cdot 0{,}1 + (e{+}2)\cdot(-\,0{,}1) = -\,0{,}2$

7.8 $P(x,y) = -\dfrac{1}{2}x^2 + 9x + 9\sqrt{xy} - \sqrt{y^3} + 3y$,

$P_x = -x + 9 + \dfrac{9}{2}\sqrt{\dfrac{y}{x}},\qquad P_y = \dfrac{9}{2}\sqrt{\dfrac{x}{y}} - \dfrac{3}{2}\sqrt{y} + 3$

a. $dx = +1,\; dP = 0,\; dy = ?\quad (x_0, y_0) = (9,\,9)$

$0 = (-9 + 9 + \dfrac{9}{2}\sqrt{\dfrac{9}{9}})\cdot 1 + (\dfrac{9}{2}\sqrt{\dfrac{9}{9}} - \dfrac{3}{2}\sqrt{9} + 3)\cdot dy,$

$0 = \dfrac{9}{2} + 3dy \;\Leftrightarrow\; dy = -\dfrac{9}{2\cdot 3} = -\dfrac{3}{2}$

b. $dx = 2,\; dy = 1,\; (x_1, y_1) = (16,\,25)$

$dP = (-16 + 9 + \dfrac{45}{8})\cdot 2 + \left(\dfrac{9}{2}\sqrt{\dfrac{16}{25}} - \dfrac{3}{2}\sqrt{25} + 3\right)\cdot 1$

$\qquad = -14 + \dfrac{45}{4} + (\dfrac{36}{10} - \dfrac{15}{2} + 3)\cdot 1 = -\dfrac{11}{4} + (3{,}6 - 4{,}5) = -3{,}65$

7.9   **a.** $G(x, p) = px - 10x - 300 = (p - 10)\cdot x - 300$

$G_x = p - 10,\quad G_x(1.000, 12) = 12 - 10 = 2$

$G_p = x,\quad G_p(1.000,\,12) = 1.000$

$dx = 300,\; dp = -\,0{,}5,$

$dG = 2\cdot 300 + 1.000\cdot(-\,0{,}5) = 600 - 500 = 100 > 0,$

d. h. nach dieser Näherungsrechnung soll sich Otto **für** das Zusatzgeschäft entscheiden.

b. $\Delta G = G\,(1.300,\ 11{,}5) - G(1.000{,}12)$

$\qquad = (11{,}5-10)\cdot 1.300 - 300 - [(12-10)\cdot 1.000 - 300]$

$\qquad = 1.650 - 1700 = -50 < 0$

d. h. bei genauer Berechnung vermindert das Zusatzgeschäft den Gewinn um 50 GE, er sollte daher nicht auf den Vorschlag des Kunden eingehen. Der Fehler von Otto liegt darin, dass eine Approximation mittels des vollständigen Differentials nur für relativ kleine Abweichungen gut ist. Hier liegen die Abweichungen aber bei $\dfrac{300}{1000} = 30\ \%$ und $\dfrac{0{,}5}{12} = 4{,}17\ \%$.

7.10 a. $f_x = 3x^2 + 2x - y = 0 \quad \Rightarrow \quad 12y^2 + 4y - y = y(12y+3) = 0$

$\qquad f_y = x + 2y = 0 \quad \Leftrightarrow \quad x = 2y$

$\qquad y_1 = 0 \quad \Rightarrow \quad x_1 = 0$

$\qquad y_2 = -\dfrac{1}{4} \quad \Rightarrow \quad x_2 = -\dfrac{1}{2}$

f hat die stationären Stellen $P_1 = (0,\ 0)$ und $P_2 = (-\tfrac{1}{2}, -\tfrac{1}{4})$.

$\qquad f_{xx} = 6x + 2, \quad f_{xy} = -1 = f_{yx}, \quad f_{yy} = 2$

In $P_1 = (0,\ 0)$:

Da $2\cdot 2 - (-1)^2 = 3 > 0$ und $f_{xx}\,(0{,}0) = 2 > 0$ hat f in P_1 ein relatives Minimum.

In $P_2 = (-\tfrac{1}{2}, -\tfrac{1}{4})$:

Da $(-3+2)\cdot 2 - (-1)^2 = -3 < 0$ hat f in P_2 <u>kein</u> relatives Extremum.

b. $g_x = 2x = 0 \quad \Leftrightarrow \quad x = 0$

$\qquad g_y = -4y^3 + 2 = 0 \quad \Leftrightarrow \quad y^3 = \dfrac{1}{2} \quad \Leftrightarrow \quad y = \dfrac{1}{\sqrt[3]{2}}$

Einzige stationäre Stelle: $(0, \dfrac{1}{\sqrt[3]{2}})$

$\qquad g_{xx} = 2, \quad g_{yy} = -12y^2, \quad g_{xy} = 0$

$2\cdot(-12(\dfrac{1}{\sqrt[3]{2}})^2) - 0^2 < 0$, d. h. g hat in $(0, \dfrac{1}{\sqrt[3]{2}})$ <u>kein</u> relatives Extremum.

c. $h_x = 2x - y + 12 = 0 \quad \Leftrightarrow \quad y = 2x + 12$

$h_y = -x + 2y - 9 = 0 \quad \Rightarrow \quad -x + 4x + 24 - 9 = 0 \Leftrightarrow 3x = -15 \Leftrightarrow x = -5$

$\Rightarrow y = -10 + 12 = 2$

$h_{xx} = 2, \quad h_{xy} = -1, \quad h_{yy} = 2$

Da $2 \cdot 2 - (-1) \cdot 2 = 3 > 0$ und $2 > 0$ hat h in $(-5, 2)$ ein relatives Minimum.

7.11 $f_x = 4(x - y) = 0 \quad \Leftrightarrow x = y$

$f_y = -4(x - y) + 2y \cdot e^y + y^2 \cdot e^y = 0 \quad \Rightarrow \quad e^y \cdot (2 + y) \cdot y = 0$

$\Leftrightarrow \quad y = 0$ oder $y = -2$

d. h. es existieren die beiden stationären Stellen $P_1 = (x_1, x_2) = (0, 0)$ und $P_2 = (x_2, y_2) = (-2, -2)$.

$f_{xx} = 4, \quad f_{xy} = -4 = f_{yx}$

$f_{yy} = 4 + e^y \cdot (2 + 2y + 2y + y^2) = 4 + e^y \cdot (2 + 4y + y^2)$

in $P_1 = (0, 0)$: Da $4(4 + 2) - (-4)^2 = 24 - 16 = 8 > 0$
und $f_{xx}(0, 0) = 4 > 0$ hat f in $P_1 = (0, 0)$ ein relatives Minimum.

in $P_2 = (-2, -2)$: Da $4(4 + e^{-2}(2 - 8 + 4)) - (-4)^2 = -2e^{-2} < 0$
hat f in P_2 kein relatives Extremum.

7.12 a.. $f_x(x, y) = 0.5 \cdot x^{-0.9} \cdot y^{0.9}$

$$\mathcal{E}_x f(x, y) = \frac{x}{5 \cdot x^{0,1} \cdot y^{0,9}} \cdot 5 \cdot 0,1 \cdot x^{-0,9} \cdot y^{0,9} = 0,1$$

$f_y(x, y) < 0,5 \cdot x^{0,1} \cdot 0,9 \cdot y^{-0,1}$

$$\mathcal{E}_y f(x, y) = \frac{y}{5 \cdot x^{0,1} \cdot y^{0,9}} \cdot 5 \cdot x^{0,1} \cdot 0,9 \cdot y^{-0,1} = 0,9$$

d. h. die partiellen Produktionselastizitäten sind konstant.

Wird von irgendeinem Ausgangsniveau (x_0, y_0) aus

i. x um 1 % erhöht, so erhöht sich der Output um 0,1 %
ii. y um 1 % erhöht, so erhöht sich der Output um 0,9 %.

Die Produktion ist unelastisch nach beiden Inputfaktoren und für alle Produktionsniveaus.

b. $E(z) = z \cdot p(z) = 200z - 0,6z^2$

c. $G(z) = 200z - 0,6z^2 - (z^2 + 4,8z + 15) = 1,6z^2 + 195,2z - 15$
$G'(z) = -3,2z + 195,2 = 0 \quad \Leftrightarrow \quad z^* = 61$

Als quadratische Funktion mit $a = -1,6$ hat G in z^* ein relatives und absolutes Maximum.

Alternativ: $G''(z) = -3,2 < 0 \quad \Rightarrow$ G hat in z^* ein relatives und absolutes Maximum.

$G_{max} = -1,6 \cdot 61^2 + 195,2 \cdot 61 - 15 = 5.938,60$ GE

$P_{max} = 200 - 0,6 \cdot 61 = 163,40$ GE

7.13 $p_1 = 10 - \frac{1}{3}x_1, \quad p_2 = 15 - \frac{1}{2}x_2$

$$G(x_1, x_2) = 10x_1 - \frac{1}{3}x_1^2 + 15x_2 - \frac{1}{2}x_2^2 - \frac{1}{9}x_1^2 - \frac{1}{3}x_1x_2 - 6x_2 - 20$$

$$= -\frac{4}{9}x_1^2 - \frac{1}{2}x_2^2 - \frac{1}{3}x_1x_2 + 10x_1 + 9x_2 - 20$$

$$G_{x_1} = -\frac{8}{9}x_1 - \frac{1}{3}x_2 + 10 = 0$$

$$G_{x_2} = -x_2 - \frac{1}{3}x_1 + 9 = 0 \quad \Leftrightarrow \quad \text{I.} \quad x_2 = 9 - \frac{1}{3}x_1$$

I in G_{x_1}
$$\Rightarrow \quad -\frac{8}{9}x_1 - 3 + \frac{1}{9}x_1 + 10 = 0 \quad \Leftrightarrow \quad -\frac{7}{9}x_1 + 7 = 0$$

$$\Leftrightarrow \quad x_1^* = 9 \quad \overset{I}{\Rightarrow} \quad x_2^* = 9 - 3 = 6$$

$$G_{x_1x_1} = -\frac{8}{9}, \quad G_{x_1x_2} = G_{x_2x_1} = -\frac{1}{3}, \quad G_{x_2x_2} = -1$$

Da $\left(-\frac{8}{9}\right)\left(-1\right) - \left(-\frac{1}{3}\right)^2 = \frac{8}{9} - \frac{1}{9} > 0$ und $G_{x_1x_2} = -\frac{8}{9} < 0$ hat G in (9, 6) ein relatives Maximum.

Als quadratische Funktion in x_1 und x_2 mit negativen Koeffizienten bei den quadratischen Ausdrücken hat G in (9, 6) auch das absolute Maximum.

Die gewinnmaximalen Preise sind $p_1^* = 7$ GEH und $p_2^* = 12$ GEH.

Der maximal erzielbare Gewinn ist dann

$G_{max} = 7 \cdot 9 + 6 \cdot 12 - (9 + 18 + 36 + 20) = 36 + 72 - 83 = 52$ GEH.

7.14 a.
$$G(p_A, p_B) = p_A \cdot x_A - K_A(x_A) + p_B \cdot x_B - K_B(x_B)$$
$$= p_A(100 - 2p_A - p_B) - (120 + 200 - 4p_A - 2p_B)$$
$$+ p_B(120 - p_A - 3p_B) - (120 + 240 - 2p_A - 6p_B)$$
$$= 100p_A - 2p_A^2 - p_A p_B - 320 + 4p_A + 2p_B$$
$$+ 120p_B - p_A p_B - 3p_B^2 - 360 + 2p_A + 6p_B$$
$$= -2p_A^2 - 2p_A p_B - 3p_B^2 + 106p_A + 128p_B - 680$$

b.
$$\left.\begin{array}{l} \text{(I)} \; G_{p_A} = -4p_A - 2p_B + 106 = 0 \\ \text{(II)} \; G_{p_B} = -2p_A - 6p_B + 128 = 0 \quad | \cdot (-2) \end{array}\right\}$$

$$\Leftrightarrow 10p_B = 150 \Leftrightarrow p_B^* = 15$$

$$\Rightarrow -2p_A - 90 + 128 = 0 \quad \Leftrightarrow \quad p_A^* = \frac{38}{2} = 19$$

Einzige stationäre Stelle ist also $P^* = (19, 15)$.

$$G_{p_A p_A} = -4, \; G_{p_A p_B} = -2, \; G_{p_B p_B} = -6$$

Da $(-4) \cdot (-6) - (-2)^2 = 24 - 4 = 20 > 0$ und $G_{p_A p_A} = -4 < 0$, hat G in

P^* ein relatives Maximum.

Der maximal erzielbare Gewinn ist
$$G(19, 15) = -722 - 570 - 675 + 2.014 + 1.920 - 680 = 1.287$$
Da G eine quadratische Funktion ist, hat G in P^* auch das absolute
Gewinnmaximum.

7.15 Wird die Nebenbedingung: $x + y = 200 \quad \Leftrightarrow \quad y = h(x) = 200 - x$

in die Nutzenfunktion $N(x, y)$ eingesetzt, so ergibt sich:
$$\overline{N}(x) = N(x, y = h(x)) = x^2 + 2x(200 - x) + 100(200 - x)$$
$$= x^2 + 400x - 2x^2 + 20.000 - 100x$$
$$= -x^2 + 300x + 20.000$$

$$\overline{N}'(x) = -2x + 300 = 0 \quad \Leftrightarrow \quad x^* = 150;$$
$$\overline{N}''(x) = -2 < 0$$

$\Rightarrow \overline{N}$ hat in $x^* = 150$ ein relatives und absolutes Maximum.

$\Rightarrow$ Die Funktion $N(x, y)$ hat u.B.d.Nb. in $(x^*, y^*) = (150, 50)$ ein relatives und absolutes Maximum.

D. h. der Staat soll 150 Mrd. Euro für investive und 50 Mrd. Euro für konsumtive Ausgaben verwenden.

7.16 a. $g(x,y) = x^3 - xy^2 + 3y + 1$, $\qquad$ $g(2,3) = 8 - 18 + 9 + 1 = 0$

$f_x - \lambda \cdot g_x = 2xy - 2y^2 + 3y - 4 - \lambda(3x^2 - y^2)$

$f_x(2,3) - \lambda \cdot g_x(2,3) = 12 - 18 + 9 - 4 - \lambda(12-9) = -1 - 3\lambda = 0$

$\Leftrightarrow \quad \lambda = -\frac{1}{3}$

$f_y - \lambda \cdot g_y = x^2 - 4xy + 3x - \lambda(-2xy + 3)$

$f_y(2,3) - \lambda \cdot g_y(2,3) = 4 - 24 + 6 - \lambda(-12 + 3) = -14 + 9\lambda = 0$

$\Leftrightarrow \quad \lambda = \frac{14}{9}$

Da zu $P = (2, 3)$ kein eindeutig bestimmter LAGRANGEscher Multiplikator existiert, ist $(2, 3)$ <u>keine</u> stationäre Stelle der Funktion f unter Beachtung der Nebenbedingung $g = 0$.

b. $f(2, y) = 4y - 4y^2 + 6y - 8 + 7 = -7 \quad \Leftrightarrow \quad -4y^2 + 10y = -6$

$\Leftrightarrow \quad y^2 - \frac{5}{2}y + (\frac{5}{4})^2 = \frac{6}{4} + \frac{25}{16} \quad \Leftrightarrow \quad (y - \frac{5}{4})^2 = \frac{49}{16}$

$\Leftrightarrow \quad y_1 = \frac{5}{4} + \frac{7}{4} = 3 \qquad \text{oder} \qquad y_2 = \frac{5}{4} - \frac{7}{4} = -\frac{1}{2}$

$P_1 = (2,3), \ P_2 = (2, -\frac{1}{2})$

$h'(2)_{y=3} = -\dfrac{f_x(2,3)}{f_y(2,3)} = -\dfrac{-1}{-14} = -\dfrac{1}{14}$

$t(x) = -\frac{1}{14}(x - 2) + 3 = -\frac{1}{14}x + 3 + \frac{1}{7} = -\frac{1}{14}x + \frac{22}{7}$

7.17 a. Lösung mittels Reduktionsmethode:

$y - x = 8 \quad \Leftrightarrow \quad y = h(x) = x + 8$

$S(x) = S(x, h(x)) = -2x^2 - \frac{1}{2}x(x + 8) + \frac{1}{2}(x + 8)^2 + 3$

$\qquad = -2x^2 - \frac{1}{2}x^2 - 4x + \frac{1}{2}x^2 + 8x + 32 + 3$

$\qquad = -2x^2 + 4x + 35$

$$S'(x) = -4x + 4 = 0 \quad \Leftrightarrow \quad x^* = 1, \; y^* = 9$$

$S''(x) = -4 < 0$, d. h. S hat in $x^* = 1$ ein relatives und absolutes Maximum

$\Rightarrow$ Um die Sauberkeit der Taler zu maximieren, soll Dagobert seinen Neffen Donald zu 1 Std. Arbeit und zu einem Stundenlohn von 0,09 Taler überreden.

b. $\; S_x(x,y) = 4x - \frac{1}{2}y \qquad S_x(2,10) = -8 - 5 = -13$

$$S_y(x,y) = -\frac{1}{2}x + y \qquad S_y(2,10) = -1 + 10 = 9$$

$$\Delta x = 1, \; \Delta y = -1, \; dS = -13 \cdot 1 + 9 \cdot (-1) = -22$$

d. h. die Sauberkeit sinkt ungefähr um 22 EH.

7.18 a. Die Nebenbedingung $g(x, y) = (2y + x - 1)(2y + 3x - 19) = 0$

$\Leftrightarrow 2y + x - 1 = 0 \quad$ oder $\quad 2y + 3x - 19 = 0$

$\Leftrightarrow y = \frac{1}{2} - \frac{1}{2}x = h_1(x) \quad$ oder $\quad y = \frac{19}{2} - \frac{3}{2}x = h_2(x)$

reduziert die Definitionsmenge $\mathbf{R}^2$ von f auf die Punkte auf den Geraden

$$y = \frac{1}{2} - \frac{1}{2}x \quad \text{und} \quad y = \frac{19}{2} - \frac{3}{2}x \; .$$

Die Menge der stationären Stellen von f u.B.d.Nb. $g(x, y) = 0$ ist dann die Vereinigungsmenge der stationären Stellen der Teilaufgaben.

f u.B.d.Nb. $\; g_1 = 2y + x - 1 = 0 \quad$ und

f u.B.d.Nb. $\; g_2 = 2y + 3x - 19 = 0$

<u>**i.** Reduktionsmethode</u>

$$F_1(x) = f(x, h_1(x)) = (\tfrac{1}{2} - \tfrac{1}{2}x - 2)(x - 1)$$

$$= (-\tfrac{1}{2}x - \tfrac{3}{2})(x - 1) = -\tfrac{1}{2}x^2 - x + \tfrac{3}{2}$$

$$F_1'(x) = -x - 1 = 0 \quad \Leftrightarrow \quad x_1 = -1$$

$$y_1 = \tfrac{1}{2} + \tfrac{1}{2} = 1$$

$$F_2(x) = f(x, h_2(x)) = (\tfrac{19}{2} - \tfrac{3}{2}x - 2)(x - 1)$$

$$= (\tfrac{15}{2} - \tfrac{3}{2}x)(x - 1) = -\tfrac{3}{2}x^2 + 9x - \tfrac{15}{2}$$

$$F_2'(x) = -3x + 9 = 0 \iff x_2 = 3$$

$$y_2 = \frac{19}{2} - \frac{9}{2} = \frac{10}{2} = 5$$

stationäre Stelle $P_1 = (-1,1)$ $\qquad$ stationäre Stelle $P_2 = (3, 5)$

ii. LAGRANGEsche Multiplikatormethode (aufwändigere Alternative)

I. $g_1 = 2y + x - 1 = 0$

II. $f_x - \lambda \cdot g_{1x} = y - 2 - \lambda \cdot 1 = 0$

III. $f_y - \lambda \cdot g_{1y} = x - 1 - \lambda \cdot 2 = 0 \iff \lambda = \frac{x-1}{2}$ $\quad$ III*

III* in II. $y - 2 = \frac{x-1}{2} \iff x = 2y - 3$ $\quad$ II*

II* in I: $2y + 2y - 3 - 1 = 0 \iff y_1 = 1$

in II*: $x_1 = 2 - 3 = -1$, in III*: $\lambda_1 = -1$

stationäre Stelle $P_1 = (-1,1)$

I. $g_2 = 2y + 3x - 19 = 0$

II. $f_x - \lambda \cdot g_{2x} = y - 2 - \lambda \cdot 3 = 0$

III. $f_y - \lambda \cdot g_{2y} = x - 1 - \lambda \cdot 2 = 0$

III* in II. $y - 2 = \frac{x-1}{2} \cdot 3 \iff y = \frac{3}{2}x + \frac{1}{2}$ $\quad$ II*

II* in I: $3x + 1 + 3x - 19 = 0 \iff x_2 = 3$

in II*: $y_2 = \frac{9}{2} + \frac{1}{2} = 5$, in III*: $\lambda_2 = 1$

stationäre Stelle $P_2 = (3, 5)$

b. Höhenlinie von f(x, y): $f(x, y) = (y - 2)(x - 1) = K$, $Y = \frac{K}{x-1} + 2$,

Hyperbel mit dem Zentrum $(1, 2)$

f hat u.b.d.Nb. $g(x, y) = 0$ in P_1 ein relatives Maximum, in P_2 ein relatives und absolutes Maximum, in P_3 kein relatives Extremum.

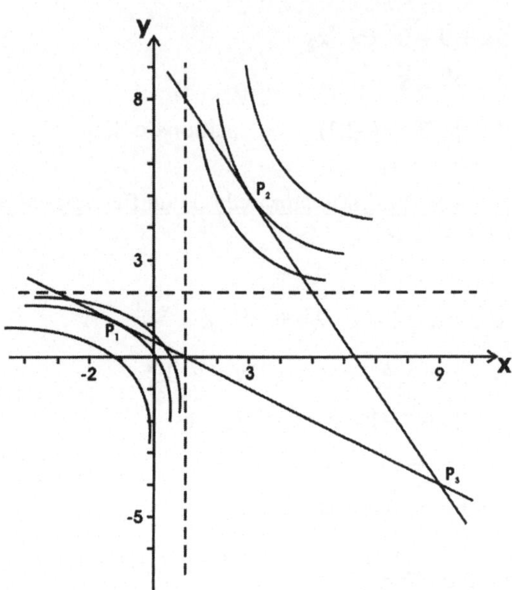

7.19 a. $(x-5)^2 + (2-3)^2 - 4 = 0 \quad \Leftrightarrow \quad (x-5)^2 = 4-1 = 3$

$\Leftrightarrow \quad x = 5 \pm \sqrt{3}$

Die beiden Punkte $P_1 = (5+\sqrt{3}),2)$ und $P_2 = (5-\sqrt{3},2)$ liegen auf der Höhenlinie $g(x, y) = 0$.

Steigung der impliziten Funktion: $h'(x) = -\dfrac{2(x-5)}{2(y-3)}$

in P_1 : $t_1(x) = -\dfrac{2\sqrt{3}}{2(-1)}(x-5-\sqrt{3})+2 = \sqrt{3}(x-5)-1$

Alternativ in P_2 : $t_1(x) = -\dfrac{-2\sqrt{3}}{2(-1)}(x-5+\sqrt{3})+2 = -\sqrt{3}(x-5)-1$

b. I $g = (x-5)^2 + (y-3)^2 - 4 = 0$

II $f_x - \lambda \cdot g_x = 3 - \lambda 2(x-5) = 0 \quad \Leftrightarrow \quad$ II* $\lambda = \dfrac{3}{2(x-5)}$

III $f_y - \lambda \cdot g_y = 4 - \lambda 2(y-3) = 0 \quad \Rightarrow \quad 4 = \dfrac{3 \cdot 2(y-3)}{2(x-5)} \quad \Leftrightarrow$

III* $(y-3) = \dfrac{4}{3}(x-5)$

$$\text{III} * \text{ in I}: (x-5)^2 + \frac{16}{9}(x-5)^2 = \frac{25}{9}(x-5)^2 = 4$$

$$\Leftrightarrow (x-5)^2 = \frac{4 \cdot 9}{25} \quad \Leftrightarrow \quad x_1 = 5 + \frac{6}{5} = 6{,}2 \quad \text{oder} \quad x_2 = 5 - \frac{6}{5} = 3{,}8$$

$$\text{III}* \Rightarrow y_1 = 3 + \frac{4}{3} \cdot \frac{6}{5} = 3 + \frac{8}{5} = 4{,}6; \quad y_2 = 3 + \frac{4}{3}\left(-\frac{6}{5}\right) = 3 - \frac{8}{5} = \frac{7}{5} = 1{,}4$$

$$\text{II}* \Rightarrow \lambda_1 = \frac{3}{2 \cdot \frac{6}{5}} = \frac{5}{4}, \quad \lambda_2 = \frac{3}{2 \cdot (-\frac{6}{5})} = -\frac{5}{4}$$

d. h. es existieren die beiden stationären Stellen
$P_3 = (6{,}2 \, ; \, 4{,}6)$ und $P_4 = (3{,}8 \, ; \, 1{,}4)$.

$$3x + 4y = \gamma \Leftrightarrow y = -\frac{3}{4}x + \frac{\gamma}{4},$$

d. h. f hat unter Beachtung der Nebenbedingung $g(x, y) = 0$ in:
- P_3 ein relatives und absolutes Maximum
- P_4 ein relatives und absolutes Minimum

c.

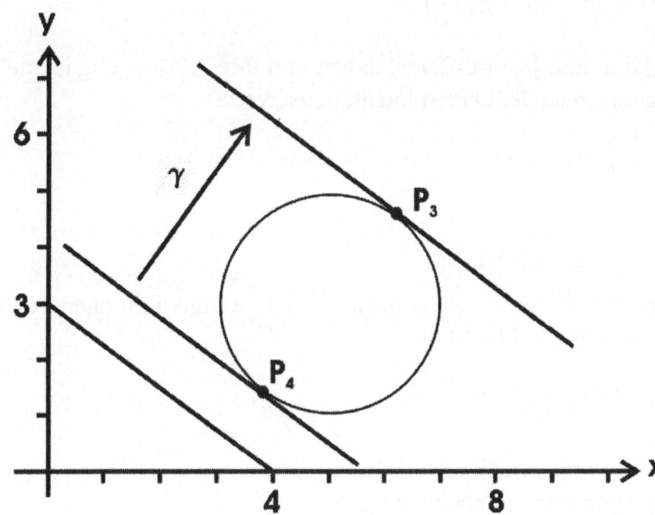

8. Integralrechnung

Sätze und Regeln

Mittelwertsatz der Integralrechnung

Für jede im abgeschlossenen Intervall [a, b] stetige Funktion f existiert ein $z \in [a, b]$ mit $\int_a^b f(x)\,dx = (b-a) \cdot f(z)$.

Hauptsatz der Differential- und Integralrechnung

Ist die Funktion $f(x)$ im Intervall [a, b] stetig, so ist die auf [a, b] durch

$$F(x) = \int_c^x f(t)\,dt \quad \text{mit } c \in [a,b]$$

definierte Funktion F in]a, b[differenzierbar, und ihre 1. Ableitung ist gleich dem Wert des Integranden an der oberen Integrationsgrenze

$$F'(x) = \frac{d}{dx}\int_c^x f(t)\,dt = f(x).$$

Hauptsatz der Integralrechnung

Ist f eine im abgeschlossenen Intervall [a, b] stetige Funktion, dann gilt für jede Stammfunktion F von f auf [a, b]:

$$\int_a^b f(x)dx = [F(x)]_a^b = F(b) - F(a)$$

Produktintegration oder partielle Integration

Sind u und v stetig differenzierbare Funktionen in]a, b[, so gilt für jedes Teilintervall [c, d] $\subset$]a, b[:

$$\int_c^d u(x) \cdot v'(x)\,dx = [u(x) \cdot v(x)]_c^d - \int_c^d u'(x) \cdot v(x)\,dx$$

bzw. für unbestimmte Integrale in $x \in$]a, b[

$$\int u(x) \cdot v'(x)\,dx = u(x) \cdot v(x) - \int u'(x) \cdot v(x)\,dx$$

Unbestimmte Integrale und Ableitungen

$f(x) = F'(x)$	$\int f(x)\,dx = F(x) + C$
B	Bx
x^n	$\dfrac{1}{n+1}x^{n+1}$
$\dfrac{1}{x^n} = x^{-n}$	$-\dfrac{1}{n-1}\cdot\dfrac{1}{x^{n-1}} = -\dfrac{1}{n-1}x^{-n+1}$
$\sqrt[n]{x} = x^{\frac{1}{n}},\ x > 0$	$\dfrac{n}{n+1}\sqrt[n]{x^{n+1}} = \dfrac{n}{n+1}x^{1+\frac{1}{n}}$
e^x	e^x
$a^x,\ a > 0$	$\dfrac{1}{\ln a}a^x$
$\dfrac{1}{x}$	$\ln|x|$
$\dfrac{1}{x\cdot\ln a},\ a > 0, a \neq 1$	$^a\log|x|,\ a > 0, a \neq 1$
$\cos x$	$\sin x$
$\sin x$	$-\cos x$
$\dfrac{1}{\sqrt{a^2-x^2}}$	$\arcsin\dfrac{x}{a}$
$\dfrac{1}{a^2+x^2}$	$\dfrac{1}{a}\cdot\arctan\dfrac{x}{a}$
$\sqrt{a^2-x^2}$	$\dfrac{x}{2}\sqrt{a^2-x^2} + \dfrac{a^2}{2}\cdot\arcsin\dfrac{x}{a}$

Substitutionsregel

Sei g(t) eine stetige Funktion von [α, β] auf [a, b], die in]α, β[differenzierbar ist und f eine stetige Funktion in [a, b], dann gilt:

$$\int_{\alpha}^{\beta} f(g(t))\cdot g'(t)\,dt = \int_{g(\alpha)}^{g(\beta)} f(x)\,dx$$

Ist g darüber hinaus eine eineindeutige Funktion, dann lässt sich die Substitutionsregel auch schreiben in der Form:

$$\int_{g^{-1}(a)}^{g^{-1}(b)} f(g(t))\cdot g'(t)\,dt = \int_{a}^{b} f(x)\,dx$$

wobei $t = g^{-1}(x)$ die Umkehrfunktion von $x = g(t)$ darstellt.

Für unbestimmte Integrale lautet die Substitutionsregel:

$$\int f(g(t)) \cdot g'(t)\, dt = \int f(x)\, dx$$

Integration von Partialbrüchen

$$\int x^k\, dx = \frac{x^{k+1}}{k+1}$$

$$\int \frac{dx}{(x-a)^{k+1}} = \begin{cases} -\dfrac{1}{k(x-a)^k} & \text{falls } k = 1, 2, \ldots \\[2ex] \ln|x-a| & \text{falls } k = 0 \end{cases}$$

$$\int \frac{2(x+b)}{(x^2+2bx+c)^{k+1}}\, dx = \int \frac{du}{u^{k+1}} = \begin{cases} \ln(x^2+2bx+c) & \text{für } k = 0 \\[2ex] -\dfrac{1}{k}\cdot\dfrac{1}{(x^2+2bx+c)^k} & \text{für } k = 1, 2, \ldots \end{cases}$$

Durch die Rekursionsformel

$$\int \frac{1}{(1+t^2)^{k+1}}\, dt = \frac{t}{2k(1+t^2)k} + \frac{2k-1}{2k}\cdot\int \frac{1}{(1+t^2)^k}\, dt$$

ist eine Rückführung auf das Integral $\int \dfrac{1}{1+t^2}\, dt = \arctan t$ möglich.

Volumen eines Rotationskörpers

Rotationsachse	Querschnittsfläche	Volumen
x-Achse	$q(x) = \pi[f(x)]^2$	$V_x = \pi \displaystyle\int_{x_1}^{x_2} [f(x)]^2\, dx$
y-Achse	$q(y) = \pi[g(y)]^2$	$V_y = \pi \displaystyle\int_{y_1}^{y_2} [g(y)]^2\, dy$

STIELTJESsches Integral

Ist die Funktion g in [a, b] stetig, die Funktion F in]a, b[differenzierbar und existiert das Integral der Funktion $F'(x) = f(x)$ über [a, b], dann gilt:

$$\int_a^b g(x)\, dF(x) = \int_a^b g(x) \cdot f(x)\, dx$$

Aufgaben

8.1 Berechnen Sie die Integrale

    a. $\int x^3 \cdot \ln x \, dx$ **b.** $\int x^2 \cdot e^x \, dx$ **c.** $\int\limits_{\frac{\pi}{4}}^{\pi} x^2 \cdot \sin 2x \, dx$

8.2 Berechnen Sie die Integrale

    a. $\int \dfrac{x^2}{\sqrt{x+5}} \, dx$ **b.** $\int \sin(3t+4) \, dt$ **c.** $\int \sqrt[3]{4+x} \, dx$

    d. $\int\limits_{0}^{2} \dfrac{3x}{\sqrt{4-x^2}} \, dx$ **e.** $\int\limits_{3}^{6} \dfrac{dx}{\sqrt{9-(\frac{x}{2})^2}}$ **f.** $\int \dfrac{x^2}{1+x^2} \, dx$

8.3 Berechnen Sie die Integrale

    a. $\int \dfrac{3x^2 + 11x + 4}{(x-3) \cdot (x+5)^2} \, dx, \quad x > 4$ **b.** $\int \dfrac{4x^2 - x - 3}{(x-3) \cdot (x^2+1)} \, dx, \; x > 3$

8.4 Berechnen Sie die Integrale

    a. $\int\limits_{1}^{+\infty} x \cdot e^{-x^2} \, dx$ **b.** $\int\limits_{-\infty}^{0} t \cdot e^{t^2} \, dt$ **c.** $\int\limits_{0}^{9} \dfrac{x}{\sqrt{9-x}} \, dx$

8.5 Das zwischen der Parabel $y = f(x) = \frac{1}{10} x^2$, der x-Achse und der Parallelen zur y-Achse in $x = 6$ liegende Flächenstück soll durch eine Parallele zur y-Achse

    a. halbiert,

    b. im Verhältnis 1 : 7 (kleineres Stück am Ursprung!) geteilt werden.

8.6 Die Kosten in Höhe von $K(18) = 208 \, €$ für die Herstellung von 18 Büchern pro Tag sollen ungefähr halbiert werden, genauer um 105 € vermindert werden. Wie viele Bücher sind dann pro Tag herzustellen, wenn die Grenzkostenkurve gleich $K'(x) = \frac{1}{2} x + 4$ ist?

8.7   Gegeben sind die Funktionen

$$f(x) = \tfrac{1}{2}x^2 + 1 \qquad \text{und} \qquad g(x) = -\tfrac{1}{4}|x| + 10$$

a. Berechnen Sie den Inhalt der Fläche, die von den Kurven $y = f(x)$ und $y = g(x)$ eingeschlossen wird.

b. Das Kurvenstück $G = \{(x, y)|\ x \in [0, 4],\ y = f(x)\}$ rotiert um die y-Achse. Berechnen Sie das Volumen des dabei entstehenden Körpers.

8.8   Gegeben ist die Funktion $f: \mathbf{R} \to \mathbf{R}$ mit $f(x) = \begin{cases} 0 & \text{für } x \le -1 \\ |x| & \text{für } x \in\ ]-1, 0] \\ x^{-\frac{1}{2}} & \text{für } x \in\ ]0, 1[\\ x^{-\frac{3}{2}} & \text{für } x \ge 1 \end{cases}$

Berechnen Sie das uneigentliche Integral $\int_{-\infty}^{+\infty} f(x)\, dx$.

Lösungshinweis: Beachten Sie die Unstetigkeitsstellen von $f(x)$!

8.9   Die Elastizität einer Nachfragefunktion $x = f(p)$ sei gleich bleibend $-\tfrac{1}{2}p^2 + p$. Berechnen Sie die Nachfragefunktion, für die gilt $f(0) = 10$.

8.10   Berechnen Sie das Volumen des Rotationskörpers, der dadurch entsteht, dass die Kurve $y = \tfrac{4}{3}\sqrt{x^2 + 9}$

in den Grenzen $x_1 = 4$ und $x_2 = 6$ um die y-Achse rotiert wird.

8.11   Die variablen Kosten in Höhe von $K_V(14) = 154$ Geldeinheiten für die Herstellung von 14 Stück pro Tag sollen ungefähr halbiert, genau um 78 Geldeinheiten vermindert werden. Wie viele Stücke sind dann pro Tag herzustellen, wenn die Grenzkostenkurve gleich $K'(x) = \tfrac{1}{2}(x + 15)$ ist?

8.12   Berechnen Sie das Volumen eines Pyramidenstumpfes mit quadratischer Grundfläche.

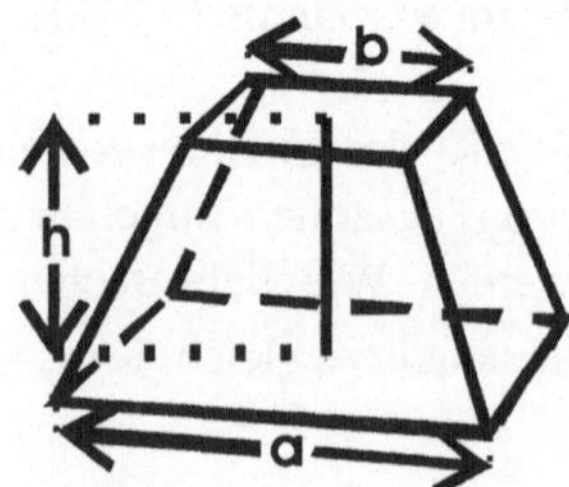

8.13 Gegeben ist die quadratische Funktion $y = f(x) = \frac{1}{4}x^2 + 3$

mit der Definitionsmenge $[0, 4]$.
Berechnen Sie das Volumen des Rotationsparaboloids, das entsteht, wenn der Graph von f um die y-Achse rotiert.

8.14 Berechnen Sie das Volumen eines Fasses, dessen Form durch die Rotation einer Ellipse um ihre große Achse entsteht, wobei die Polkappen des Rotationskörpers senkrecht zur Drehachse abgeschnitten werden.
Die Höhe des Fasses sei 12 dm, sein größter Durchmesser 12 dm und der Durchmesser der beiden Bodenflächen 10 dm.

8.15 Berechnen Sie die Integrale

$$\textbf{a.} \ \int\limits_0^4 \int\limits_3^x (t - t^2)\,dt\,dx \qquad \textbf{b.} \ \int\limits_{-1}^0 \int\limits_1^x x(t^2 - 3x)\,dt\,dx \qquad \textbf{c.} \ \int\limits_1^e \int\limits_1^x (2t + 1)\ln t\,dt\,dx$$

Lösungen

8.1 **a.** $\int x^3 \cdot \ln x\,dx \underset{\substack{u=\ln x,\\ v'=x^3}}{=} \frac{1}{4}x^4 \cdot \ln x - \frac{1}{4}\int x^3\,dx$

$$= \frac{1}{4}x^4 \cdot \ln x - \frac{1}{16}x^4 + C = \frac{1}{4}x^4\left(\ln x - \frac{1}{4}\right) + C$$

b. $\int x^2 e^x\,dx \underset{\substack{u=x^2,\\ v'=e^x}}{=} x^2 e^x - \int 2x e^x\,dx \underset{\substack{u=x,\\ v'=e^x}}{=} x^2 e^x - 2[x e^x - \int e^x\,dx]$

$$= e^x(x^2 - 2x + 2) + C$$

c. $\int\limits_{\frac{\pi}{4}}^{\pi} x^2 \sin 2x\,dx \underset{\substack{u=x^2,v'=\sin 2x\\ u'=2x,v=-\frac{1}{2}\cos 2x}}{=} [-\frac{1}{2}x^2 \cos 2x]_{\frac{\pi}{4}}^{\pi} + \int\limits_{\frac{\pi}{4}}^{\pi} x \cos 2x\,dx$

$$\underset{\substack{u=x,v'=\cos 2x\\ u'=1,v=\frac{1}{2}\sin 2x}}{=} -\frac{\pi^2}{2} + [\frac{1}{2}x \sin 2x]_{\frac{\pi}{4}}^{\pi} - \frac{1}{2}\int\limits_{\frac{\pi}{4}}^{\pi} \sin 2x\,dx$$

$$= -\frac{\pi^2}{2} - \frac{\pi}{8} + \frac{1}{4}[\cos 2x]_{\frac{\pi}{4}}^{\pi} = -\frac{1}{8}(4\pi^2 + \pi - 2)$$

8.2 a. $\displaystyle\int \frac{x^2}{\sqrt{x+5}}\,dx \underset{y=x+5}{=} \int \frac{(y-5)^2}{\sqrt{4}}\,dy = \int\left(y^{\frac{3}{2}} - 10y^{\frac{1}{2}} + 25y^{-\frac{1}{2}}\right)dy$

$$= \left[\frac{2}{5}y^{\frac{5}{2}} - 10\cdot\frac{2}{3}y^{\frac{3}{2}} + 25\cdot 2y^{\frac{1}{2}}\right] + C = \sqrt{y}\left(\frac{2}{5}y^2 - \frac{20}{3}y + 50\right) + C$$

$$= \sqrt{x+5}\left(\frac{2}{5}(x^2 + 10x + 25) - \frac{20}{3}x - \frac{100}{3} + 50\right) + C$$

$$= \sqrt{x+5}\left(\frac{2}{5}x^2 - \frac{8}{3}x + \frac{125}{3}\right) + C$$

b. $\displaystyle\int \sin(3t + 4)\,dt \underset{x=3t+4}{=} \frac{1}{3}\int \sin dx = -\frac{1}{3}\cos x + C$

$$= -\frac{1}{3}\cos(3t + 4) + C$$

c. $\displaystyle\int \sqrt[3]{4 + x}\,dx \underset{y=4+x}{=} \int y^{\frac{1}{3}}\,dy = \frac{3}{4}y^{\frac{4}{3}} + C = \frac{3}{4}(4 + x)^{\frac{4}{3}} + C$

d. $\displaystyle\int_0^2 \frac{3x}{\sqrt{4 - x^2}}\,dx \underset{y=4-x^2}{=} -\frac{3}{2}\int_4^0 y^{-\frac{1}{2}}\,dy = -\frac{3}{2}[2y^{\frac{1}{2}}]_4^0 = +\frac{3}{2}\cdot 4 = 6$

e. $\displaystyle\int_3^6 \frac{dx}{\sqrt{9 - (\frac{x}{2})^2}} = \frac{1}{2}\int_3^6 \frac{dx}{\sqrt{36 - x^2}} = \frac{1}{2}[\arcsin\frac{x}{6}]_3^6 = \frac{1}{2}(\arcsin 1 - \arcsin\frac{1}{2})$

$$= \frac{1}{2}\left(\frac{\pi}{2} - \frac{\pi}{6}\right) = \frac{\pi}{6}$$

f. $\displaystyle\int \frac{x^2}{1 + x^2}\,dx = \int \frac{1 + x^2}{1 + x^2}\,dx - \int \frac{1}{1 + x^2}\,dx = \int 1\,dx - \int \frac{1}{1 + x^2}\,dx$

$$= x - \arctan x + C$$

8.3   a. $\dfrac{3x^2 + 11x + 4}{(x-3)(x+5)^2} = \dfrac{A}{x-3} + \dfrac{B}{x+5} + \dfrac{C}{(x+5)^2}$

$$= \frac{A(x^2 + 10x + 25) + B(x^2 + 2x - 15) + C(x-3)}{(x-3)(x+5)^2}$$

$x^2: \quad 3 = A + B \qquad\qquad \Leftrightarrow \quad A = 3 - B$

$x^1: \quad 11 = 10A + 2B + C \qquad \Leftrightarrow \quad 11 = 30 - 10B + 2B + C$

$x^0: \quad 4 = 25A - 15B - 3C \quad \Leftrightarrow \quad C = 8B - 19$

$\qquad\qquad 4 = 75 - 25B - 15B - 24B + 57$

$\qquad\qquad 64B = 128 \qquad\qquad\qquad \Leftrightarrow \quad B = 2, \quad A = 1, \quad C = -3$

$$\int \frac{3x^2 + 11x + 4}{(x-3)(x+5)^2}\, dx = \int \frac{1}{x-3}\, dx + 2\int \frac{1}{x+5}\, dx - 3\int \frac{1}{(x+5)^2}\, dx$$

$$= \ln(x-3) + 2\ln(x+5) + 3(x+5)^{-1} + C = \ln(x-3)(x+5)^2 + \frac{3}{x+5} + C$$

b. $\dfrac{4x^2 - x - 3}{(x-3)(x^2+1)} = \dfrac{A}{x-3} + \dfrac{Bx + C}{x^2+1} = \dfrac{A(x^2+1) + B(x^2 - 3x) + C(x-3)}{(x-3)(x^2+1)}$

$x^2: \quad 4 = A + B$

$x^1: \quad -1 = -3B + C \qquad\qquad \Leftrightarrow \quad C = 3B - 1 = 2$

$x^0: \quad -3 = A - 3C \qquad\qquad \Leftrightarrow \quad A = 3C - 3 = 9B - 6 = 3$

$\qquad\qquad 4 = 9B - 6 + B \qquad\qquad \Leftrightarrow \quad B = 1$

$$\int \frac{4x^2 - x - 3}{(x-3)(x^2+1)}\, dx = 3\int \frac{1}{x-3}\, dx + \int \frac{x+2}{x^2+1}\, dx$$

$$= 3\ln(x-3) + \frac{1}{2}\ln(x^2+1) + 2\arctan x + C$$

$$= \ln(x-3)\sqrt[3]{x^2+1} + 2\arctan x + C$$

Nebenrechnung:

$$\int \frac{x+2}{x^2+1}\,dx = \frac{1}{2}\int \frac{2x}{x^2+1}\,dx + 2\int \frac{1}{x^2+1}\,dx = \frac{1}{2}\int \frac{1}{y}\,dy + 2\arctan x$$

$$= \frac{1}{2}\ln(x^2+1) + 2\arctan x + C$$

8.4 **a.** $\displaystyle\int_1^{+\infty} x\cdot e^{-x^2}\,dx = \lim_{A\to+\infty}\int_1^A x\cdot e^{-x^2}\,dx \underset{y=-x^2}{=} \lim_{A\to+\infty}(-\frac{1}{2}\int_{-1}^{-A^2} e^y\,dy)$

$$= \lim_{A\to+\infty}(-\frac{1}{2}[e^y]_{-1}^{-A^2} = \lim_{A\to+\infty}(-\frac{1}{2}e^{-A^2} + \frac{1}{2}e^{-1}) = 0 + \frac{1}{2e} \approx 0{,}18394$$

b. $\displaystyle\int_{-\infty}^{0} t\cdot e^{t^2}\,dt = \lim_{B\to-\infty}\int_B^0 t\cdot e^{t^2}\,dt \underset{u=t^2}{=} \lim_{B\to-\infty}(\frac{1}{2}\int_{B^2}^0 e^u\,du)$

$$= \lim_{B\to-\infty}(\frac{1}{2}[e^u]_{B^2}^0) = \lim_{B\to-\infty}(\frac{1}{2}e^0 - \frac{1}{2}e^{B^2}) = -\infty$$

c. $\displaystyle\int_0^9 \frac{x}{\sqrt{9-x}}\,dx = \lim_{A\to 9}\int_0^A \frac{x}{\sqrt{9-x}}\,dx \underset{y=9-x}{=} \lim_{A\to 9}\int_9^{9-A} \frac{9-y}{-\sqrt{y}}\,dy$

$$= \lim_{A\to 9}\left\{-\int_9^{9-A} \frac{9}{\sqrt{y}}\,dy + \int_9^{9-A} \sqrt{y}\,dy\right\}$$

$$= \lim_{A\to 9}\left\{-9[2\sqrt{y}]_9^{9-A} + \left[\frac{2}{3}y^{\frac{3}{2}}\right]_9^{9-A}\right\}$$

$$= \lim_{A\to 9}\left\{-18\sqrt{9-A} + 18\cdot\sqrt{9} + \frac{2}{3}(9-A)^{\frac{3}{2}} - \frac{2}{3}\cdot 9^{\frac{3}{2}}\right\} = 18\cdot 3 - 18 = 36$$

8.5 Gesamtfläche gleich $\displaystyle\int_0^6 \frac{1}{10}x^2\,dx = \frac{1}{10}[\frac{1}{3}x^3]_0^6 = 7{,}2$

a. $\displaystyle\int_0^y \frac{1}{10}x^2\,dx = \frac{1}{10}[\frac{1}{3}x^3]_0^y = \frac{1}{30}y^3 = \frac{1}{2}\cdot 7{,}2$

$$\Leftrightarrow\quad y^3 = 15\cdot 7{,}2 = 108 = 3^3\cdot 4 \quad\Leftrightarrow\quad y = 3\cdot\sqrt[3]{4} \approx 4{,}76$$

b. $\int_0^z \frac{1}{10} x^2 dx = \frac{1}{30} z^3 = \frac{1}{8} \cdot 7{,}2 \quad \Leftrightarrow \quad z^3 = 3^3 \quad \Leftrightarrow \quad z = 3$

8.6 $\quad K(x) = \int (\frac{1}{2} x + 4)\, dx = \frac{1}{4} x^2 + 4x + C$

$K(18) = 81 + 72 + C = 208 \quad \Leftrightarrow \quad C = 55$

$K(x) = \frac{1}{4} y^2 + 4y + 55$

$K(y) = \frac{1}{4} y^2 + 4y + 55 = 208 - 105 = 103$

$\frac{1}{4} y^2 + 4y = 48$

$y^2 + 16y = 4 \cdot 48$

$(y + 8)^2 = 64 + 192 = 256$

$y = -8 + 16 = 8$

Es sind dann 8 Bücher pro Tag herzustellen.

8.7 $\quad$ **a.** $f(x)$ und $g(x) = \begin{cases} \dfrac{1}{4} x + 10 & \text{für } x < 0 \\ -\dfrac{1}{4} x + 10 & \text{für } x \geq 0 \end{cases}$ sind gerade Funktionen.

Es reicht daher aus, die nicht negative x-Achse zu untersuchen.

$x \geq 0 \quad f(x) = \frac{1}{2} x^2 + 1 = g(x) = -\frac{1}{4} x + 10$

$\qquad x^2 + \frac{1}{2} x = 18$

$\qquad (x + \frac{1}{4})^2 = \dfrac{1 + 288}{16} = \dfrac{17^2}{4^2} \quad \Leftrightarrow \quad x = 4$

Der gesuchte Flächeninhalt ist gleich

$F = 2 \cdot \int_0^4 (-\frac{1}{4} x + 10 - \frac{1}{2} x^2 - 1)\, dx = 2 [-\frac{1}{8} x^2 + 9x - \frac{1}{6} x^3]_0^4$

$\qquad = 2(-2 + 36 - \frac{32}{3}) = \frac{2}{3}(-6 + 108 - 32) = \frac{140}{3}$

b. $\quad y_1 = f(0) = 1, \qquad f(4) = 9 = y_2$

$\qquad y = \frac{1}{2} x^2 + 1 \quad \Leftrightarrow \quad 2y - 2 = x^2 \quad \Leftrightarrow \quad x = f^{-1}(4) = \sqrt{2y - 2}$

Volumen des Paraboloids:

$$V = \pi \int\limits_{1}^{9} \left(\sqrt{2y-2}\right)^2 dy = \pi[y^2 - 2y]_1^9 = \pi(81 - 18 - 1 + 2) = 64\pi$$

8.8 $\displaystyle\int\limits_{-\infty}^{+\infty} f(x)\,dx = \int\limits_{-\infty}^{-1} 0\,dx + \int\limits_{-1}^{0} |x|\,dx + \int\limits_{0}^{1} x^{-\frac{1}{2}}\,dx + \int\limits_{1}^{+\infty} x^{-\frac{3}{2}}\,dx$

$$= 0 + \int\limits_{-1}^{0}(-x)\,dx + \lim_{A\to 0+}\int\limits_{A}^{1} x^{-\frac{1}{2}}\,dx + \lim_{B\to+\infty}\int\limits_{1}^{B} x^{-\frac{3}{2}}\,dx$$

$$= -\left[\frac{x^2}{2}\right]_{-1}^{0} + \lim_{A\to 0+}\left[2x^{\frac{1}{2}}\right]_{A}^{1} - \lim_{B\to+\infty}\left[2x^{-\frac{1}{2}}\right]_{1}^{B}$$

$$= \left(0 + \tfrac{1}{2}\right) + (2 - 0) - 2\lim_{B\to+\infty}\frac{1}{\sqrt{B}} + 2 = 4{,}5$$

8.9 $\displaystyle \mathcal{E}\,f(p) = \frac{p}{f(p)} f'(p) = -\tfrac{1}{2}p^2 + p$

$\Leftrightarrow \quad \dfrac{f'(p)}{f(p)} = -\tfrac{1}{2}p + 1$

$\Leftrightarrow \quad \int \dfrac{f'(p)}{f(p)}\,dp = \int(-\tfrac{1}{2}p + 1)\,dp$

$\Leftrightarrow \quad \ln f(p) = -\tfrac{1}{4}p^2 + p + C$

$\Leftrightarrow \quad f(p) = \exp(-\tfrac{1}{4}p^2 + p + C)$

$$= C_1 \cdot e^{-\frac{1}{4}p^2 + p} \quad \text{mit} \quad C_1 = e^C > 0$$

$f(0) = 10 = C_1 \cdot e^0$

$C_1 = 10$

8.10 $\displaystyle y = \tfrac{4}{3}\sqrt{x^2 + 9} \quad\Leftrightarrow\quad (\tfrac{3}{4}y)^2 = x^2 + 9 \quad\Leftrightarrow\quad \tfrac{9}{16}y^2 - 9 = x^2$

$\Leftrightarrow \quad x^2 = \tfrac{9}{16}(y^2 - 16)$

<u>Grenzen:</u> $\quad y_1 = \tfrac{4}{3}\sqrt{16 + 9} = \tfrac{20}{3} \qquad\qquad y_2 = \tfrac{4}{3}\sqrt{36 + 9} = \tfrac{4}{3}\sqrt{45}$

$$V = \pi \int_{y_1}^{y_2} \frac{9}{16}(y^2 - 16)\,dy = \frac{9\pi}{16}\left[\frac{y^3}{3} - 16y\right]_{y_1}^{y_2}$$

$$= \frac{9\pi}{16}\left[\frac{45\sqrt{45}}{3^4} \cdot 4^3 - \frac{64}{3}\sqrt{45} - \frac{8000}{3^4} + \frac{320}{3}\right]$$

$$= \frac{9\pi}{16}\underbrace{[139{,}75 - 36{,}44]}_{103{,}31} = 182{,}56$$

8.11 $K'(x) = \frac{1}{2}(x + 15)$

$$K_v(x) = \int_0^x K'(x)\,dx = \int_0^x \frac{1}{2}(x + 15)\,dx = \frac{1}{4}x^2 + \frac{15}{2}x = 154 - 78 = 76$$

$$x^2 + 30x = 304$$

$$(x + 15)^2 = 225 + 304 = 529 = 23^2$$

$$x = -15 + 23 = 8$$

Es sind dann noch 8 Stück pro Tag herzustellen.

8.12 Zwischenfläche auf der Höhe y $\dfrac{c - b}{a - b} = \dfrac{h - y}{h}$

$$\Rightarrow \quad c = b + \frac{(h - y)(a - b)}{h}$$

$$= \frac{hb + ha - hb - y(a - b)}{h}$$

$$= a + y\frac{b - a}{h}$$

$$V = \int_0^h \left(a + y\frac{b - a}{h}\right)^2 dy = \int_0^h \left[a^2 + \frac{2a(b - a)}{h} \cdot y + y^2\frac{(b - a)^2}{h^2}\right] dy$$

$$= \left[a^2 y + \frac{a(b - a)}{h} \cdot y^2 + \frac{1}{3}y^3\frac{(b - a)^2}{h^2}\right]_0^h$$

$$= a^2 h + a(b - a)h + \frac{1}{3}h(b - a)^2 = \frac{h}{3}(3a^2 + 3ab - 3a^2 + b^2 - 2ab + a^2)$$

$$= \frac{h}{3}(a^2 + ab + b^2)$$

8.13 $y_0 = f(0) = 3, \qquad y_1 = f(4) = 7$

$\underline{\text{für } x \geq 0:}$

$$y = \tfrac{1}{4}x^2 + 3 \quad \Leftrightarrow \quad 4y - 12 = x^2 \quad \Leftrightarrow \quad x = \sqrt{4y - 12} = f^{-1}(y)$$

Das Volumen des Rotationsparaboloids ist gleich:

$$V = \pi \int_3^7 (4y - 12)\,dy = 2\pi\,[y^2 - by]_3^7 = 2\pi\,(49 - 42 - 9 + 18) = 32\pi$$

8.14 Ellipsengleichung: $\qquad \dfrac{x^2}{a^2} + \dfrac{y^2}{b^2} = 1$

$$P_1 = (0,6): \quad \frac{D^2}{a^2} + \frac{6^2}{b^2} = 1 \quad \Leftrightarrow \quad b = 6$$

$$P_2 = (6,5): \quad \frac{6^2}{a^2} + \frac{5^2}{b^2} = 1 \quad \Leftrightarrow \quad \frac{6^2}{a^2} = \frac{6^2 - 5^2}{6^2}$$

$$\Leftrightarrow \quad a = \frac{6^2}{\sqrt{6^2 - 5^2}} = \frac{6^2}{\sqrt{11}} \approx 10{,}854$$

$$\frac{x^2}{\frac{6^4}{11}} + \frac{y^2}{6^2} = 1 \quad \Leftrightarrow \quad y^2 = 6^2\left(1 - \frac{x^2 \cdot 11}{6^4}\right) = 6^2 - \frac{11x^2}{6^2}$$

positiver Ast: $\qquad y = f(x) = \sqrt{6^2 - \dfrac{11x^2}{6^2}}$

Fassvolumen:

$$V = 2\pi \int_0^6 \left(6^2 - \frac{11}{6^2}x^2\right)dx = 2\pi\left[6^2 x - \frac{11}{6^2 \cdot 3}x^3\right]_0^6 = 2\pi(6^3 - 22)$$

$$= 1.218{,}94 \text{ Liter}$$

8.15 a. $\displaystyle \int_0^4 \int_3^x (t - t^2)\,dt\,dx = \int_0^4 [\tfrac{1}{2}t^2 - \tfrac{1}{3}t^3]_3^x\,dx = \int_0^4 \left(\tfrac{1}{2}x^2 - \tfrac{1}{3}x^3 - (\tfrac{9}{2} - 9)\right)dx$

$$= [\tfrac{1}{6}x^3 - \tfrac{1}{12}x^4 + \tfrac{9}{2}x]_0^4 = \frac{32}{3} - \frac{64}{3} + 18 = -\frac{32}{3} + 18 = \frac{22}{3} = 7{,}33$$

b. $\displaystyle\int_{-1}^{0}\int_{1}^{x} x(t^2-3x)\,dt\,dx = \int_{-1}^{0}\left[\tfrac{1}{3}xt^3 - 3x^2 t\right]_1^x dx$

$\displaystyle = \int_{-1}^{0}\left(\tfrac{1}{3}x^4 - 3x^3 - \tfrac{1}{3}x + 3x^2\right)dx$

$\displaystyle = \left[\tfrac{1}{15}x^5 - \tfrac{3}{4}x^4 - \tfrac{1}{6}x^2 + 1\cdot x^3\right]_{-1}^{0} = \tfrac{1}{15} + \tfrac{3}{4} + \tfrac{1}{6} + 1 = \tfrac{119}{60}$

c. $\displaystyle\int_{1}^{e}\int_{1}^{x}(2t+1)\ln t\,dt\,dx \underset{\substack{u=\ln t,\,v'=2t+1\\ u'=\frac{1}{t},\,v=t^2+t}}{=} \int_{1}^{e}\left\{\left[(t^2+t)\ln t\right]_1^x - \int_1^x (t+1)\,dt\right\}dx$

$\displaystyle = \int_{1}^{e}\left\{(x^2+x)\ln x - \underset{=0}{2\ln 1} - \left[\tfrac{1}{2}t^2 + t\right]_1^x\right\}dx$

$\displaystyle = \int_{1}^{e}\left\{(x^2+x)\ln x - (\tfrac{1}{2}x^2 + x - \tfrac{3}{2})\right\}dx$

$\displaystyle \underset{\substack{u=\ln x,\,u'=\frac{1}{x}\\ v'=x^2+x,\\ v=\frac{1}{3}x^3+\frac{1}{2}x^2}}{=} \left[(\tfrac{1}{3}x^3 + \tfrac{1}{2}x^2)\ln x\right]_1^e - \int_{1}^{e}(\tfrac{1}{3}x^2 + \tfrac{1}{2}x)\,dx - \int_{1}^{e}(\tfrac{1}{2}x^2 + x - \tfrac{3}{2})\,dx$

$\displaystyle = \tfrac{1}{3}e^3 + \tfrac{1}{2}e^2 - \tfrac{5}{18}e^3 - \tfrac{3}{4}e^2 + \tfrac{3}{2}e + \tfrac{5}{18} + \tfrac{3}{4} - \tfrac{3}{2} = \tfrac{1}{18}e^3 - \tfrac{1}{4}e^2 + \tfrac{3}{2}e - \tfrac{17}{36}$

9. Lineare Restriktionssysteme

Aufgaben

9.1 **a.** Bestimmen Sie die allgemeine Lösung des inhomogenen Gleichungssystems

$$x_1 - x_2 - x_3 + 2x_4 = 1$$
$$2x_1 + 3x_2 - 4x_3 + 5x_4 = 6$$
$$3x_1 + 2x_2 - 5x_3 + 7x_4 = 7$$
$$x_1 + 4x_2 - 3x_3 + 3x_4 = 5$$

und geben Sie eine beliebige spezielle Lösung an, bei der die freie(n) Variable(n) ungleich 0 ist (sind).

b. Bestimmen Sie die allgemeine und eine spezielle nicht-negative Lösung des Gleichungssystems:

$$x_1 + 2x_2 + 4x_3 - x_4 = 6$$
$$x_1 + 2x_3 + 3x_4 = 10$$
$$3x_1 + 4x_3 - 5x_4 = -2$$

9.2 Um Futtermischungen herzustellen hat man drei Grundfutter zur Verfügung, genannt A, B und C, deren Nährwertinhalte pro Mengeneinheit in der nachfolgenden Tabelle erfasst sind:

	A	B	C
Fett	1	2	5
Stärke	4	3	4
Eiweiß	2	1	3

Kann man aus diesem Grundfutter ein Futter mischen, das genau 18 Einheiten Fett, 14 Einheiten Stärke und 9 Einheiten Eiweiß enthält?

9.3 Einem landwirtschaftlichen Betrieb stehen 3 Sorten Düngemittel zur Verfügung, die - vgl. nachfolgende Tabelle - gewisse Einheiten Kalium, Phosphat und Magnesium enthalten.

	Düngemittel (1 EH)		
	I	II	III
Kalium (EH)	2	2	1
Phosphat (EH)	4	5	2
Magnesium (EH)	2	0	0

Zur Verbesserung der Erträge soll ein Feld probeweise mit einer neuen Düngemittelmischung gedüngt werden, die 18 EH Kalium, 40 EH Phospat und 4 EH Magnesium enthält. Falls es möglich ist diese Düngemittelmischung aus den bereits vorhandenen Düngemitteln herzustellen, dann geben Sie bitte an, wie viele Einheiten der einzelnen Grundmischungen hierzu benötigt werden.

9.4 Der Gärtnergeselle Freddy Ike hat seinen ersten Tag bei der Garten- und Landschaftsbaufirma Grashüpfer und erhält als erstes von seinem Chef W. Iese den Auftrag, auf einem bisher unbepflanzten Gartenstück der Firma eine Blumenwiese anzulegen. Herr Iese möchte gerne, dass Freddy eine Samenmischung ausstreut, die 1,4 kg Margaritensamen, 0,8 kg Wiesenknöterichsamen und 1,2 kg Samen der Trollblume enthält. Dafür stellt er Freddy drei fertige Samenmischungen zur Verfügung, deren 1kg-Packungen sich aus folgenden Wiesenblumensamen zusammensetzen. Der Rest besteht aus Grassamen.

Samen in kg	Samenmischungen		
	I	II	III
Margariten	0,2	0,1	0,3
Wiesenknöterich	0,3	0,2	0
Trollblume	0,4	0,1	0,1

a. Wie viele 1 kg-Packungen der einzelnen Samenmischungen benötigt Freddy, um den Auftrag seines Chefs erfüllen zu können.

b. Hätte Freddy jede beliebige Mischung bestehend aus den genannten 3 Wiesenblumen herstellen können (vorausgesetzt sein Chef W. Iese hätte die entsprechenden Samenmischungen in ausreichender Zahl auf Lager)? Begründung mit passendem Satz!

9.5 Dagobert R. Eich besaß 1996 Aktien der drei Unternehmen A, B und C im Gesamtnennwert von 10.000 US-Dollar. Für die Aktien A erhält er 4 % Dividende auf den Nennwert, für die Aktien B 5 % und das Unternehmen C schüttete 6 % Dividende aus. Insgesamt wurden ihm 530 US-Dollar Dividende ausgezahlt, wobei er auf die Aktien des Unternehmens C genau doppelt soviel Dividende erhielt wie auf die Aktien des Unternehmens B.
Wie viele Aktien der Unternehmen A, B, C hatte Eich 1996?

9.6 Ein Betrieb der Chemiebranche stellt 3 verschiedene Gasverbindungen aus Stickstoff und Sauerstoff her. Für Stickoxid (Produkt 1) werden 1 EH Stickstoff und 1 EH Sauerstoff, für Lachgas (Produkt 2) 2 EH Stickstoff und 1 EH Sauerstoff und für Distickstoffpentoxid (Produkt 3) 2 EH Stickstoff und 5 EH Sauerstoff benötigt.
Die Lagerbestände des Betriebes betragen zurzeit 30 EH Stickstoff und 20 EH Sauerstoff.
Wie viele EH der einzelnen Gasverbindungen soll das Unternehmen produzieren, wenn es seine Lager vollständig räumen will?

a. Wie lautet das Gleichungssystem?

b. Bestimmen Sie die allgemeine Lösung des Gleichungssystems.

c. Geben Sie eine ganzzahlige Lösung an, bei der alle 3 Produkte produziert werden.

9.7 Gegeben ist das Gleichungssystem:

$$
\begin{array}{rrrrrcl}
2x_1 & + & x_2 & + & x_3 & = & 0 \\
-2a\,x_1 & + & a\,x_2 & + & 9x_3 & = & 8 \\
2x_1 & + & 2x_2 & + & 6x_3 & = & 4
\end{array}
$$

Wie muss die reelle Zahl a gewählt werden, damit dieses Gleichungssystem

a. eindeutig lösbar ist?

b. keine Lösung besitzt?

c. unendlich viele Lösungen aufweist?
Geben Sie in diesem Fall die allgemeine Lösung an.

9.8 Gegeben ist das Gleichungssystem:

$$
\begin{array}{rrrrrcl}
x_1 & + & 2x_2 & + & bx_3 & = & 11 \\
-11x_1 & + & 4x_2 & - & 2x_3 & = & 34 \\
2x_1 & - & x_2 & + & 2x_3 & = & -1
\end{array}
$$

Wie muss das Parameter b gewählt werden, damit das Gleichungssystem

a. keine Lösung hat?

b. genau eine Lösung hat?

9.9 Bei der Berechnung der Lösung eines Gleichungssystems ergebe sich folgende Tabelle:

x_1	x_2	x_3	x_4	RS
0	1	0	$t+1$	0
0	0	1	t^2-1	1
0	0	0	3	t
0	0	0	t^2-t-6	$t+2$

Für welche Werte des Parameters $t \in \mathbf{R}$ hat das Gleichungssystem

a. keine Lösung?

b. eine eindeutige Lösung?

c. unendlich viele Lösungen?
Geben Sie in diesem Fall die allgemeine Lösung an.

9.10 Gegeben ist das Gleichungssystem:

$$\begin{aligned}
x_1 + x_2 + 2x_3 &= b \\
x_1 \phantom{{}+ x_2} + x_3 &= 2 \\
x_1 + 2x_2 + ax_3 &= 0
\end{aligned}$$

Bestimmen Sie die reellen Parameter a und b so, dass das Gleichungssystem

a. genau eine Lösung

b. keine Lösung

c. unendlich viele Lösungen besitzt.
Geben Sie in diesem Fall die allgemeine Lösung an.

9.11 Gegeben ist das Gleichungssystem:

x_1	x_2	x_3	RS
-2	2	0	4
$a-6$	1	0	$b+4$
0	2	1	$3b+4$

Für welche Werte a, b $\in$ **R** hat dieses Gleichungssystem

a. eine eindeutige Lösung?

b. keine Lösung?

c. unendlich viele Lösungen?
Geben Sie in diesem Fall die allgemeine Lösung an.

9.12 Bestimmen Sie die allgemeine Lösung des linearen Restriktionensystems:

$$
\begin{array}{rcrcl}
2y & + & 7z & \leq & 18 \\
y & + & 3z & \geq & 5 \\
x & + & 2z & \geq & 4
\end{array}
$$

9.13 Bestimmen Sie die allgemeine Lösung des linearen Restriktionensystems:

$$
\begin{array}{rcrcrcrcl}
x_1 & + & x_2 & & & - & x_4 & \geq & 3 \\
-x_1 & + & 2x_2 & + & x_3 & + & x_4 & = & 20 \\
& & 3x_2 & & & + & 2x_4 & \leq & 36
\end{array}
$$

9.14 Bestimmen Sie die allgemeine Lösung des linearen Restriktionensystems:

$$
\begin{array}{rcrcrcl}
3x_1 & & & - & 3x_3 & \geq & -10 \\
4x_1 & + & x_2 & + & 2x_3 & \leq & 20 \\
x_1 & & & + & x_3 & = & 5 \\
-2x_1 & & & - & x_3 & \leq & -5
\end{array}
$$

9.15 Bestimmen Sie die allgemeine Lösung des linearen Restriktionensystems:

$$
\begin{array}{rcrcrcl}
2x_1 & & & + & 4x_3 & \geq & 30 \\
4x_1 & + & 2x_2 & + & 8x_3 & = & 84 \\
6x_1 & & & + & 13x_3 & \leq & 120 \\
-4x_1 & & & - & 8x_3 & \leq & -50
\end{array}
$$

Lösungen

9.1 a.

x_1	x_2	x_3	x_4	b
1	-1	-1	2	1
2	3	-4	5	6
3	2	-5	7	7
1	4	-3	3	5

x_1	x_2	x_3	x_4	b
1	-1	-1	2	1
0	5	-2	1	4
0	5	-2	1	4
0	5	-2	1	4

x_1	x_2	x_3	x_4	b
1	-11	3	0	-7
0	5	-2	1	4
0	0	0	0	0
0	0	0	0	0

Allgemeine Lösung:
$$\begin{pmatrix} x_1 \\ x_2 \\ x_3 \\ x_4 \end{pmatrix} = \begin{pmatrix} -7 \\ 0 \\ 0 \\ 4 \end{pmatrix} + \begin{pmatrix} 11 \\ 1 \\ 0 \\ -5 \end{pmatrix} \cdot t_2 + \begin{pmatrix} -3 \\ 0 \\ 1 \\ 2 \end{pmatrix} \cdot t_3 \qquad t_2, t_3 \in \mathbf{R}$$

Spezielle Lösung, z. B. für $t_2 = t_3 = 1$:
$$\begin{pmatrix} x_1^* \\ x_2^* \\ x_3^* \\ x_4^* \end{pmatrix} = \begin{pmatrix} 1 \\ 1 \\ 1 \\ 1 \end{pmatrix}$$

b.

x_1	x_2	x_3	x_4	b
1	2	4	-1	6
1	0	2	3	10
3	0	4	-5	-2

x_1	x_2	x_3	x_4	b
0	2	2	-4	-4
1	0	2	3	10
0	0	-2	-14	-32
0	2	0	-18	-36
1	0	0	-11	-22
0	0	1	7	16

$$\begin{pmatrix} x_1 \\ x_2 \\ x_3 \\ x_4 \end{pmatrix} = \begin{pmatrix} -22 \\ -18 \\ 16 \\ 0 \end{pmatrix} + \begin{pmatrix} 11 \\ 9 \\ -7 \\ 1 \end{pmatrix} \cdot t_4 \qquad t_4 \in \mathbf{R}$$

Für $t = 2$ folgt die spezielle Lösung: $\begin{pmatrix} x_1^* \\ x_2^* \\ x_3^* \\ x_4^* \end{pmatrix} = \begin{pmatrix} 0 \\ 0 \\ 2 \\ 2 \end{pmatrix}$

9.2 Bezeichnen wir die zur gesuchten Futtermischung zu verwendenden Einheiten an A, B, C mit x_A, x_B bzw. x_C, so müssen die nachfolgenden Gleichungen erfüllt werden:

Fett $\qquad x_A + 2x_B + 5x_C = 18$

Stärke $\quad 4x_A + 3x_B + 4x_C = 14$

Eiweiß $\quad 2x_A + x_B + 3x_C = 9$

x_A	x_B	x_C	RS
1	2	5	18
4	3	4	14
2	1	3	9
-3	0	-1	0
-2	0	-5	-13
2	1	3	9

x_A	x_B	x_C	RS
3	0	1	0
13	0	0	-13
-7	1	0	9
0	0	1	3
1	0	0	-1
0	1	0	2

Dieses Gleichungssystem hat die eindeutige Lösung
$(x_A, x_B, x_C) = (-1, 2, 3)$.

Diese ist aber nicht sinnvoll, da x_A negativ ist. Somit kann aus diesem Grundfutter die gewünschte Futtermischung <u>nicht</u> hergestellt werden!

9.3   Bezeichnen wir die Anzahl der Düngemittel I, II bzw. III mit x_I, x_{II} bzw. x_{III}, so muss das folgende Gleichungssystem erfüllt sein:

Kalium $2x_I + 2x_{II} + 1x_{III} = 18$

Phosphat $4x_I + 5x_{II} + 2x_{II} = 40$

Magnesium $2x_I + 0x_{II} + 0x_{III} = 4$

x_I	x_{II}	x_{III}	RS
2	2	1	18
4	5	2	40
2	0	0	4
0	2	1	14
0	5	2	32
1	0	0	2
0	2	1	14
0	1	0	4
1	0	0	2
0	0	1	6
0	1	0	4
1	0	0	2

Einzige Lösung: $(x_I, x_{II}, x_{III}) = (2, 4, 6)$

Zur Herstellung der neuen Düngemischung werden 2 EH des Düngemittels I, 4 EH des Düngemittels II und 6 EH des Düngemittels III benötigt.

9.4   **a.** Mit x_i, $i = I, II, III$ bezeichnen wir die Anzahl der Samenmischungen, die Freddy benötigt.

	x_I	x_{II}	x_{III}	RS
Margariten	0,2	0,1	0,3	1,4
Wiesenknöterich	0,3	0,2	0	0,8
Trollblume	0,4	0,1	0,1	1,2
	2	1	3	14
	3	2	0	8
	4	1	1	12
	-10	-2	0	-22
	3	2	0	8
	4	1	1	12
	5	1	0	11
	-7	0	0	-14
	-1	0	1	1
	0	1	0	1
	1	0	0	2
	0	0	1	3

$$(x_I, x_{II}, x_{III}) = (2, 1, 3)$$

Freddy benötigt 2 Packungen der Samenmischung I, 1 Packung von II und 3 Packungen von III, um den Auftrag erfüllen zu können.

b. Da die Koeffizientenmatrix den Rang 3 aufweist, hat das Gleichungssystem nach dem Alternativsatz (genau) eine Lösung für jede Wahl der rechten Seite, d. h. für jede beliebige Blumenmischung.

9.5   Mit x_A, x_B und x_C bezeichnen wir die Nennwerte der Aktien der Unternehmen A, B und C, die Eich 1996 besaß.

$$x_A + x_B + x_C = 10.000$$

$$0{,}04x_A + 0{,}05x_B + 0{,}06x_C = 530 \ [\text{US-\$}]$$

$$\Leftrightarrow 4x_A + 5x_B + 6x_C = 53.000 \ [\text{US-\$}]$$

$$0{,}06x_C = 2 \cdot 0{,}05x_B \quad \Leftrightarrow \quad -10x_B + 6x_C = 0$$

x_A	x_B	x_C	RS
1	1	1	10.000
4	5	6	53.000
0	-10	6	0
1	1	1	10.000
0	1	2	13.000
0	-5	3	0
1	0	-1	-3.000
0	1	2	13.000
0	0	13	$5 \cdot 13.000$
1	0	0	2.000
0	1	0	3.000
0	0	1	5.000

$$\begin{pmatrix} x_A \\ x_B \\ x_C \end{pmatrix} = \begin{pmatrix} 2.000 \\ 3.000 \\ 5.000 \end{pmatrix}$$

Eich besaß 1996 Aktien der Firma A, B bzw. C im Nettowert von 2.000 US-\$, 3.000 US-\$ und 5.000 US-\$.

9.6

	Produkt			
	x_1	x_2	x_3	
Stickstoff	1	2	2	30
Sauerstoff	1	1	5	20
	1	2	2	30
	0	-1	3	-10
	1	0	8	10
	0	1	-3	10

Allgemeine Lösung: $\begin{pmatrix} x_1 \\ x_2 \\ x_3 \end{pmatrix} = \begin{pmatrix} 10 \\ 10 \\ 0 \end{pmatrix} + \begin{pmatrix} -8 \\ 3 \\ 1 \end{pmatrix} \cdot t_3 \quad t_3 \in \mathbf{R};$

Ganzzahlige Lösung mit allen drei Produkten, z. B. für $t_3 = 1$:

$(x_1^*, x_2^*, x_3^*) = (2, 13, 1).$

9.7

x_1	x_2	x_3	RS
2	1	1	0
$-2a$	a	9	8
2	2	6	4
2	1	1	0
$-4a$	0	$9-a$	8
-2	0	4	4
0	1	5	4
0	0	$9-9a$	$8-8a$
1	0	-2	-2

a. Für $9-9a \neq 0 \Leftrightarrow a \neq 1$ existiert eine eindeutige Lösung.

b. Das Gleichungssystem besitzt immer eine Lösung, egal wie $a \in \mathbf{R}$ gewählt wird.

c. Ist $a = 1$, so wird die 2. Gleichung eine Nullgleichung und es existieren unendlich viele Lösungen:

$$\begin{pmatrix} x_1 \\ x_2 \\ x_3 \end{pmatrix} = \begin{pmatrix} -2 \\ 4 \\ 0 \end{pmatrix} + \begin{pmatrix} 2 \\ -5 \\ 1 \end{pmatrix} \cdot t_3 \quad t_3 \in \mathbf{R}$$

$$\begin{pmatrix} x_1 \\ x_2 \\ x_3 \\ x_4 \end{pmatrix} = \begin{pmatrix} -7 \\ 7 \\ 1 \\ 0 \end{pmatrix} + \begin{pmatrix} -4 \\ -5 \\ 2 \\ 1 \end{pmatrix} \cdot t_4 \quad t_4 \in \mathbf{R}$$

9.8

x_1	x_2	x_3	RS
1	2	b	11
-11	4	-2	34
2	-1	2	-1
5	0	$b+4$	9
-3	0	6	30
-2	1	-2	1

x_1	x_2	x_3	RS
0	0	$b+14$	59
1	0	-2	-10
0	1	-6	-19

a. Für $b+14=0$ $\Leftrightarrow$ $b=-14$ ist die Gleichung und damit das Gleichungssystem <u>nicht</u> lösbar.

b. Für $b+14\neq 0$ lässt sich ein Schlüssel an die Stelle $(1,3)$ setzen. Damit besitzt das Gleichungssystem eine eindeutige Lösung, da keine freie Variable auftritt.

9.9 $t^2-t-6=0$

$\Leftrightarrow (t-3)(t+2)=0 \quad \Leftrightarrow \quad t_1=3$ oder $t_2=-2$

a. Für $t=3$ hat das Gleichungssystem <u>keine</u> Lösung.

b. Für $t\neq 3$ und $t\neq -2$ hat das Gleichungssystem eine eindeutige Lösung.

c. Für $t=-2$ hat das Gleichungssystem unendlich viele Lösungen:

$$\begin{pmatrix} x_1 \\ x_2 \\ x_3 \\ x_4 \end{pmatrix} = \begin{pmatrix} -2 \\ 0 \\ 1 \\ 0 \end{pmatrix} + \begin{pmatrix} -3 \\ 1 \\ -3 \\ 1 \end{pmatrix} \cdot t_4 \quad t_4 \in \mathbf{R}.$$

9.10

x_1	x_2	x_3	RS
1	1	2	b
1	0	1	2
1	2	a	0
0	1	1	$b-2$
1	0	1	2
0	2	$a-1$	-2
0	1	1	$b-2$
1	0	1	2
0	0	$a-3$	$-2b+2$

a. Für $a - 3 \neq 0 \Leftrightarrow a \neq 3$ hat das Gleichungssystem **genau** eine Lösung.

b. Für $a - 3 = 0 \Leftrightarrow a = 3$ **und** $-2b + 2 \neq 0 \Leftrightarrow b \neq 1$ hat das Gleichungssystem **keine** Lösung.

c. Für $a = 3$ **und** $b = 1$ hat das Gleichungssystem **unendlich** viele Lösungen.
Es gilt $(x_1, x_2, x_3) = (2, -1, 0) + (-1, -1, 1) \cdot t_3 \quad t_3 \in \mathbf{R}$

9.11

x_1	x_2	x_3	RS
-2	2	0	4
$a - 6$	1	0	$b + 4$
0	2	1	$3b + 4$
-1	1	0	2
$a - 5$	0	0	$b + 2$
2	0	1	$3b$

a. Für $a - 5 \neq 0$, d. h. für $a \neq 5$, kann man einen weiteren Schlüssel an die Stelle a_{21} setzen. Dann sind alle Variablen Schlüsselvariablen und das Gleichungssystem hat genau eine Lösung.

b. Für $a = 5$ und $b + 2 \neq 0$, d. h. $b \neq -2$, wird die 2. Gleichung widersprüchlich:
$$0x_1 + 0x_2 + 0x_3 = b + 2 \neq 0.$$
Damit hat das Gleichungssystem keine Lösung.

c. Für $a = 5$ und $b = -2$ wird die 2. Gleichung zur Nullgleichung, $x_1 = t_1$ ist dann freie Variable und es gibt unendlich viele Lösungen. Die allgemeine Lösung ist dann
$$\begin{pmatrix} x_1 \\ x_2 \\ x_3 \end{pmatrix} = \begin{pmatrix} 0 \\ 2 \\ -6 \end{pmatrix} + \begin{pmatrix} 1 \\ 1 \\ -2 \end{pmatrix} \cdot t_1 \quad t_1 \in \mathbf{R}.$$

9.12

x	y	z	s_1	s_2	s_3	RS
0	2	7	1	0	0	18
0	1	3	0	-1	0	5
1	0	2	0	0	-1	4
0	0	1	1	2	0	8
0	1	3	0	-1	0	5
1	0	2	0	0	-1	4
0	0	1	1	2	0	8
0	1	0	-3	-7	0	-19
1	0	0	-2	-4	-1	-12

$$\begin{pmatrix} x \\ y \\ z \\ s_1 \\ s_2 \\ s_3 \end{pmatrix} = \begin{pmatrix} -12 \\ -19 \\ 8 \\ 0 \\ 0 \\ 0 \end{pmatrix} + \begin{pmatrix} 2 \\ 3 \\ -1 \\ 1 \\ 0 \\ 0 \end{pmatrix} \cdot s_1 + \begin{pmatrix} 4 \\ 7 \\ -2 \\ 0 \\ 1 \\ 0 \end{pmatrix} \cdot s_2 + \begin{pmatrix} 1 \\ 0 \\ 0 \\ 0 \\ 0 \\ 1 \end{pmatrix} \cdot s_3 \qquad s_1, s_2, s_3 \in \mathbf{R}_0$$

9.13

x_1	x_2	x_3	x_4	z_1	z_2	RS
1	1	0	-1	-1	0	3
-1	2	1	1	0	0	20
0	3	0	2	0	1	36
-1	-1	0	1	1	0	-3
0	3	1	0	-1	0	23
2	5	0	0	-2	1	42
0	$\frac{3}{2}$	0	1	0	$\frac{1}{2}$	18
0	3	1	0	-1	0	23
1	$\frac{5}{2}$	0	0	-1	$\frac{1}{2}$	21

$$\begin{pmatrix} x_1 \\ x_2 \\ x_3 \\ x_4 \end{pmatrix} = \begin{pmatrix} 21 \\ 0 \\ 23 \\ 18 \end{pmatrix} + \begin{pmatrix} -\frac{5}{2} \\ 1 \\ -3 \\ -\frac{3}{2} \end{pmatrix} \cdot t_2 + \begin{pmatrix} 1 \\ 0 \\ 1 \\ 0 \end{pmatrix} \cdot z_1 + \begin{pmatrix} -\frac{1}{2} \\ 0 \\ 0 \\ -\frac{1}{2} \end{pmatrix} \cdot z_2 \qquad t_2 \in \mathbf{R}, \ z_1, z_2 \in \mathbf{R}_0$$

9.14

x_1	x_2	x_3	s_1	s_2	s_4	RS
3	0	-3	-1	0	0	-10
4	1	2	0	1	0	20
1	0	1	0	0	0	5
-2	0	-1	0	0	1	-5
6	0	0	-1	0	0	5
2	1	0	0	1	0	10
1	0	1	0	0	0	5
-1	0	0	0	0	1	0
0	0	0	1	0	-6	-5
0	1	0	0	1	2	10
0	0	1	0	0	1	5
1	0	0	0	0	-1	0

$$\begin{pmatrix} x_1 \\ x_2 \\ x_3 \\ s_1 \\ s_2 \\ s_4 \end{pmatrix} = \begin{pmatrix} 0 \\ 10 \\ 5 \\ -5 \\ 0 \\ 0 \end{pmatrix} + \begin{pmatrix} 0 \\ -1 \\ 0 \\ 0 \\ 1 \\ 0 \end{pmatrix} \cdot s_2 + \begin{pmatrix} 1 \\ -2 \\ -1 \\ 6 \\ 0 \\ 1 \end{pmatrix} \cdot s_4$$

$$s_1 = -5 + 6s_4 \geq 0 \quad \Leftrightarrow \quad s_4 \geq \frac{5}{6}, \quad s_2 \in \mathbf{R}_0$$

9.15

x_1	x_2	x_3	s_1	s_2	s_3	RS
1	0	2	-1	0	0	15
2	1	4	0	0	0	42
6	0	13	0	1	0	120
-2	0	-4	0	0	1	-25
1	0	2	-1	0	0	15
0	1	0	2	0	0	12
0	0	1	6	1	0	30
0	0	0	-2	0	1	5

x_1	x_2	x_3	s_1	s_2	s_3	RS
1	0	0	-13	-2	0	-45
0	1	0	2	0	0	12
0	0	1	6	1	0	30
0	0	0	-2	0	1	5

$$\begin{pmatrix} x_1 \\ x_2 \\ x_3 \\ s_1 \\ s_2 \\ s_3 \end{pmatrix} = \begin{pmatrix} -45 \\ 12 \\ 30 \\ 0 \\ 0 \\ 5 \end{pmatrix} + \begin{pmatrix} 13 \\ -2 \\ -6 \\ 1 \\ 0 \\ 2 \end{pmatrix} \cdot s_1 + \begin{pmatrix} 2 \\ 0 \\ -1 \\ 0 \\ 1 \\ 0 \end{pmatrix} \cdot s_2 \qquad s_1, s_2 \in \mathbf{R}_0$$

10. Lineare Optimierung

Aufgaben

10.1 Bestimmen Sie auf zeichnerischem Weg das Maximum der Funktion

$$Z = 6x + 3y - 5$$

unter Beachtung der Restriktionen

$$
\begin{aligned}
x &+ 3y &\leq 30 \\
x &+ 2y &\geq 10 \\
4x &+ y &\leq 43 \\
2x &- y &\geq -1
\end{aligned}
$$

Die genauen Koordinaten des Lösungspunktes sind durch Berechnung der Schnittpunkte der entsprechenden Geraden zu bestimmen. Wie groß ist Z_{max}?

10.2 Bestimmen Sie auf zeichnerischem Weg das Maximum der Funktion

$$Z = \frac{4}{10}x_1 + x_2$$

unter Beachtung der Restriktionen

$$
\begin{aligned}
x_2 &\leq 13 \\
x_1 &\geq 5 \\
3x_1 - 3x_2 &\geq -15 \\
x_1 + 2x_2 &\geq 10 \\
-3x_1 + 10x_2 &\geq 30 \\
14x_1 + 7x_2 &\leq 182 \\
x_1 &\geq 0 \\
x_2 &\geq 0
\end{aligned}
$$

Die Koordinaten des Lösungspunktes sind durch Berechnung der Schnittpunkte der entsprechenden Geraden genau zu bestimmen. Wie groß ist Z_{max}?

10.3 Die Studentin P. Ummel möchte für ein bevorstehendes Vorstellungsgespräch abnehmen und beschießt, sich in den nächsten Wochen ausschließlich von Heringen und Eiscreme zu ernähren. Ihrem Diätkochbuch entnimmt sie folgende Nährstofftabelle:

	in Gramm			
	Eiweiß	**Fett**	**Kohlehydrate**	**Kcal**
Hering (pro Stück)	14	5	10	240
Eiscreme (pro Port.)	7	5	60	160

Ihr Arzt rät ihr mindestens 84 g Eiweiß, 40 g Fett und 180 g Kohlehydrate, jedoch maximal 60 g Fett pro Tag zu sich zu nehmen. Wie viele Heringe und wie viele Portionen Eiscreme soll sie täglich essen, wenn sie ihre Kalorienzufuhr minimieren will und wie hoch ist diese?

Lösen Sie das Problem graphisch. Kennzeichnen Sie dabei die Menge M der zulässigen Lösungen und bestimmen Sie rechnerisch die genauen Koordinaten des Lösungspunktes.

10.4 Um sich auf den Rosenmontagsball "Timbuktu" einzustimmen, beschließen die Freundinnen Katrin, Kerstin und Kuoni zuvor die Happy Hour in der Single-Bar "Lonely Heart" auszunutzen. Sie wollen sich dabei auf ihre Lieblingsmuntermacher "Pfläumli" (15 mg Alkohol pro Glas) und "Willi" (30 mg Alkohol pro Glas) beschränken und maximal die 102 € ausgeben, die Kerstin in ihrem Sparschwein findet. Dabei kostet ein Glas "Pfläumli" 6 € und ein Glas "Willi" 5 €.

Unbestritten ist, dass zuerst eine Runde "Pfläumli" und dann eine Runde "Willi" gekippt wird. Danach kann jede des KKK-Trios individuell bestellen. Aus Erfahrung kann davon ausgegangen werden, dass mehr "Pfläumli" als "Willi" getrunken werden. Um noch "vorzeigbar" beim Ball erscheinen zu können, soll der Gesamtalkoholkonsum maximal 360 mg betragen.

Wie viele "Pfläumli" und wie viele "Willi" soll das Trio trinken, um das maximale Stimmungshoch zu erzielen, wenn das gemeinsame Stimmungsbarometer durch die Funktion

$$b(p, w) = 3p + 3w$$

beschrieben wird, wobei p und w die Anzahl der Gläser "Pfläumli" bzw. "Willi" angeben?

Zeichnerische Lösung ist gewünscht! Bestimmen Sie die genauen Koordinaten des Optimalpunktes als Schnittpunkt der entsprechenden Restriktionsgeraden!

10.5 Der Unternehmer Rudi Reinluft bietet auf dem expandierenden Markt der Umwelttechnologie Abgaskatalysatoren und Solarzellen an. Die Produktionsstückkosten belaufen sich auf 500 € pro Katalysator und 10 € pro Solarzelle. Pro Monat möchte er maximal 100.000 € an Produktionskosten aufwenden.

Die Produktionsanlage für Solarzellen hat eine monatliche Kapazität von 80 Stunden; dabei können pro Stunde 100 Solarzellen gefertigt werden.

Zur Produktion der Katalysatoren bedient sich Reinluft aus Kostengründen des Fremdbezuges von Modulen, die dann in seinem Betrieb nur noch zusammengesetzt werden müssen. Je Katalysator wird eine halbe Stunde benötigt. Die hierzu im Monat zur Verfügung stehende Arbeitszeit beträgt 90 Stunden
Ein ehemaliger Studienfreund, der nun beim Marktforschungsinstitut N. Eugier arbeitet, gibt ihm den Rat, eine Mindestnachfrage von 100 Katalysatoren und 2.500 Solarzellen zu planen.

Wie viele Katalysatoren und Solarzellen soll Reinluft pro Monat produzieren, wenn Katalysatoren zu einen Stückpreis von 700 € und Solarzellen zu einen Stückpreis von 35 € verkauft werden können und Reinluft seinen Ertrag maximieren möchte? Wie hoch ist unter den obigen Bedingungen der maximal erzielbare Ertrag?

Die ertragmaximale Lösung soll mit Hilfe der graphischen Lösungsmethode ermittelt werden. Der Lösungspunkt ist dabei exakt zu ermitteln!

10.6 Um seinen Faschingskater am frühen Aschermittwochmorgen zu bekämpfen, beschließt Peter Narrhalla, in seinem Stammlokal "Quartier Latin" die bewährten Hausmittel "Bismarckhering" und "Rollmops" nebst Beilagen einzusetzen.

Dabei weiß er, dass er - aus medizinischen Gründen - darauf achten muss, dass er höchstens 2 Bismarckheringe mehr als Rollmöpse zu sich nimmt. Auf jeden Fall will er zur schnellen Linderung seiner Schmerzen von jedem "Mittel" mindestens 2 Stück essen.

Andererseits sind seine Kaufmöglichkeiten nach oben beschränkt, da er nur noch über 24 € verfügt und 1 Rollmops 3 € und 1 Bismarckhering 2 € kostet.

An der Theke des Lokals angekommen, erfährt Narrhalla, dass nur noch 5 Rollmöpse da sind.

Wie viele Rollmöpse und wie viele Bismarckheringe soll Narrhalla essen, wenn er sein Wohlbefinden maximieren will und jeder verspeiste Rollmops bzw. jeder gegessene Bismarckhering 1 Linderungseinheit beiträgt?

Zeichnerische Lösung ist erwünscht! Die optimale Lösung ist exakt als Schnittpunkt der entsprechenden Randgeraden zu berechnen!

10.7 Obelix wird von seinem westgotischen Freund Rommelix um Hilfe für einen Fond zur Unterstützung baumgeschädigter Hunde gebeten. Zusammen mit Idefix beschließt Obelix, seine Fähigkeiten einen Tag lang für die gute Sache einzusetzen:

Für das Jagen eines Wildschweins benötigt Obelix 1 Std., wogegen das Behauen eines Hinkelsteins 2 Std. Zeit in Anspruch nimmt. Maximal kann er 10 Std. Zeit für diese Arbeiten einplanen, denn an diesem Abend will er noch mit seinem Freund Asterix den Römer Rudolfus aufsuchen.

Da die Kraft von Obelix in letzter Zeit nachlässt, nimmt er für das Einfangen eines Wildschweins 3 Schluck und für jeden Hinkelsteinbehau 4 Schluck des Zaubertranks, den Miraculix aus Misteln und anderen Kräutern braut. Da vor Weihnachten alle Misteln nach Britannien exportiert wurden, kann Miraculix nur 24 Schlucke zur Verfügung stellen.

Wenn Obelix mehr als 6 Wildschweine jagt, stimmt der Barde Troubadix ein Freudenliedchen an. Dies gilt es unbedingt zu verhindern.

Obelix hat mit dem Dorfchef Majestix einen Vertrag geschlossen, dass er zum Schutz des gallischen Ökosystems mindestens 1 und höchstens 4 Hinkelsteine pro Tag herstellen darf.

Auf dem Markt werden für ein Wildschwein 5 Sesterzen und für einen Hinkelstein 8 Sesterzen gezahlt. Außerdem schenkt Methusalix Obelix für diesen guten Zweck noch sein Erspartes in Höhe von 40 Sesterzen.

Wie viele Wildschweine und Hinkelsteine soll Obelix jagen bzw. behauen, wenn er seinem Freund Rommelix möglichst viele Sesterzen zukommen lassen will? Wie hoch ist diese Summe?

Bestimmen Sie zeichnerisch den zulässigen Lösungsraum und die Optimallösung. Bilden Sie zur Berechnung der genaueren Werte den Schnittpunkt der entsprechenden Geraden.

10.8 Bestimmen Sie mittels der Simplex-Methode "steepest ascent" eine optimale
Lösung des LP-Problems

$$x_0 = 250 - 6x_1 + 20x_2 + x_3 \to \text{Min}$$

unter Beachtung der Restriktionen

$$
\begin{array}{rcrcrclr}
-2x_1 & + & 4x_2 & + & 2x_3 & = & 18 \\
-5x_1 & + & 12x_2 & + & 6x_3 & \leq & 60 \\
4x_1 & + & 9x_2 & + & 4x_3 & \leq & 120 \\
3x_1 & + & 3x_2 & & & \geq & 6 \\
x_1, & & x_2, & & x_3 & \geq & 0
\end{array}
$$

10.9 Für die nachfolgenden linearen Maximierungssysteme ist mittels Drei-
Phasen-Methode und "steepest ascent"-Verfahren jeweils nur der nächste
Rechenschritt (Angabe der Phase, Auswahl des Pivotelements, Umrechnung
des Tableaus nach dem ausgewählten Pivotelement) durchzuführen:

a. $x_0 = 3x_1 + 4x_2 + 5x_3 - 250 \to \text{Max}$

unter Beachtung der Restriktionen

$$
\begin{array}{rcrcrclr}
-x_1 & + & x_2 & + & x_3 & = & 1.000 \\
3x_1 & + & 6x_2 & & & \leq & 3.000 \\
& & x_2 & + & x_3 & \geq & 1.100 \\
x_1, & & x_2, & & x_3 & \geq & 0
\end{array}
$$

b.

x_0	x_1	x_2	x_3	x_4	x_5	RS
1	-8	1	0	0	0	4.750
	-1	1	1	0	0	1.000
	1	2	0	1	0	1.000
	-1	0	0	0	1	-100

c.

x_0	x_1	x_2	x_3	x_4	x_5	RS
1	0	1	0	0	-8	5.550
	0	1	1	0	-1	1.100
	0	2	0	1	1	900
	1	0	0	0	-1	100

10.10 Gegeben sind die folgenden Simplex-Tableaus. Geben Sie an, in welcher Phase sich das System befindet. Berechnen Sie dann gemäß des Drei-Phasen-Schemas die nachfolgenden Tableaus bis zur optimalen Lösung. In Phase 2 ist das "steepest ascent"-Verfahren zu benutzen. Falls Sie dem Tableau entnehmen können, dass keine optimale Lösung existiert, so begründen Sie, warum eine weitere Rechnung unterbleiben kann.

a.

Z	x_1	x_2	x_3	x_4	x_5	x_6	RS
1	0	-2	4	0	1	0	44
	0	-1	0	1	1	0	2
	1	1	3	0	-1	0	4
	0	2	-2	0	4	1	6

b.

Z	x_1	x_2	x_3	x_4	x_5	x_6	RS
1	1	0	0	-1	0	2	10
	-4	0	1	5	0	-1	1
	1	0	0	0	1	1	3
	-2	6	0	4	0	2	-4

c.

Z	x_1	x_2	x_3	x_4	x_5	x_6	RS
1	-4	0	-1	0	2	0	10
	6	0	-2	1	4	0	12
	0	1	3	0	2	0	-3
	4	0	-1	0	-2	1	1

d.

Z	x_1	x_2	x_3	x_4	x_5	x_6	RS
1	-3	0	4	0	1	1	12
	-1	0	-2	1	-3	1	-2
	3	1	1	0	-2	2	5
	-2	0	2	0	0	-2	4

e.

Z	x_1	x_2	x_3	x_4	x_5	x_6	RS
1	0	0	4	-1	0	-2	24
	1	0	0	1	0	-4	3
	0	0	3	3	1	0	4
	0	1	1	-1	0	-2	2

10.11 Gegeben sei ein - nicht näher bezeichnetes - lineares Optimierungssystem. Bei der Berechnung einer <u>maximalen</u> Lösung dieses Systems ergebe sich das folgende Tableau:

x_0	x_1	x_2	x_3	x_4	x_5	x_6	x_7	x_8	x_9	RS
1	0	-3	1	0	0	0	-5	-7	0	25
	0	-1	-2	0	1	2	0	0	0	2
	1	2	-5	0	0	1	2	4	0	8
	0	3	1	0	0	0	1	2	1	6
	0	0	7	1	0	-1	5	-3	0	0

a. Ist die ausgewiesene Basislösung bereits optimal? Begründen Sie anhand der Zielfunktion genauer, warum der Zielwert noch verbessert werden kann.

b. Geben Sie alle Pivotelemente (Schlüsselelemente) an, die möglich sind, wenn Sie nach einem Simplexalgorithmus (nicht nur "steepest ascent"!!) vorgehen.

c. Welches dieser Pivotelemente ergibt die größte Verbesserung des Zielwertes?

d. Geben Sie weitere Basislösungen an, die den gleichen Zielwert besitzen wie die ausgewiesene Lösung! Es reicht aus, die numerischen Werte für die Basisvariablen anzugeben!

10.12 Das nachstehende Tableau beschreibt ein lineares Minimierungssystem, das in ein Maximierungsproblem transformiert wurde.

x_0	x_1	x_2	x_3	x_4	x_5	x_6	x_7	x_8	RS
-1	-3	0	0	0	-1	0	0	-4	-27
	-1	3	1	0	$\frac{2}{3}$	0	0	-2	2
	1	-1	0	1	2	0	0	$\frac{3}{2}$	6
	4	-2	0	0	-2	0	1	-7	0
	8	4	0	0	2	1	0	-1	8

a. Ist die ausgewiesene Basislösung bereits maximal? Begründen Sie Ihre Antwort anhand der Zielfunktion.

b. Geben Sie alle Pivotelemente an, die möglich sind, wenn Sie nach einem Simplexalgorithmus (nicht nur "steepest ascent") vorgehen würden! Wie würde sich der Zielwert bei den verschiedenen Pivotelementen ändern? Welches dieser Pivotelemente ergäbe die größte Zielwertverbesserung?

c. Geben Sie weitere Basislösungen an, die den gleichen Zielwert besitzen wie die ausgewiesene Lösung. Diese Lösung sollte <u>nicht</u> dem Entartungsfall entsprechen!

10.13 Bei der Lösung eines linearen Maximierungssystems ergibt sich das nachstehende Tableau:

x_0	x_1	x_2	x_3	x_4	x_5	x_6	x_7	x_8	x_9	RS
1	-3	0	-7	0	0	3	-12	0	0	30
	2	0	2	1	0	2	1	0	3	3
	-3	1	-4	0	0	5	1	0	-1	0
	0	0	5	0	1	-6	2	0	2	4
	1	0	-2	0	0	3	-3	1	1	2

a. Ist die ausgewiesene Basislösung bereits maximal? Begründen Sie Ihre Antwort anhand der Zielfunktion.

b. Geben Sie alle Pivotelemente an, die möglich sind, wenn Sie nach einem Simplexalgorithmus (nicht nur "steepest ascent"!) vorgehen würden! Begründung mittels des Quotientenkriteriums! Wie würde sich der Zielwert bei den verschiedenen Pivotelementen ändern? Welches dieser Pivotelemente ergäbe die größte Zielwertverbesserung?

c. Geben Sie weitere Basislösungen an, die den gleichen Zielwert besitzen wie die ausgewiesene Lösung.
Geben Sie dabei lediglich die Werte für die Basisvariablen der neuen Lösung(en) an!

10.14 Das nachfolgende Tableau beschreibt ein lineares Minimierungsproblem, das in ein lineares Maximierungsproblem transformiert wurde:

x_0	x_1	x_2	x_3	x_4	x_5	x_6	x_7	x_8	RS
-1	0	-3	0	-15	0	0	0	-7	-4
	1	15	0	5	0	3	0	-3	30
	0	0	0	1	0	-5	1	0	0
	0	4	0	0	1	1	0	-5	10
	0	$\frac{5}{2}$	1	5	0	1	0	-1	5

a. Warum ist das gegebene System noch nicht maximal entschlüsselt? Begründen Sie Ihre Antwort mittels der Zielfunktion.

b. Welche freien Variablen kommen zur Verbesserung des Zielwerts in Betracht? (Nicht nur die "steepest ascent"-Methode betrachten!)
Welche Pivotelemente sind nach dem Quotientenkriterium zu den einzelnen neuen Basisvariablen zu wählen? Berechnen Sie auch die damit verbundene Verbesserung des Zielwertes.
Welche Erkenntnis ziehen Sie aus den gefundenen Ergebnissen für den weiteren Lösungsweg?

c. Aus dem Tableau bzw. aus den bisherigen Rechnungen ergibt sich, dass neben der vorliegenden Basislösung zwei weitere Basislösungen existieren, die zum selben Zielwert $-x_0 = -4$ führen. Welche sind das?

10.15 Lösen Sie das nachfolgende LP-Problem mittels des Simplexalgorithmus "steepest ascent".

Wenden Sie dabei zusätzlich die Lower-Bound-Technik an und überprüfen Sie, ob auf redundante Restriktionen verzichtet werden kann.

$$z = 24x + 12y - 88 \quad \rightarrow \quad \text{Max!}$$

unter Beachtung der Restriktionen

$$\begin{aligned}
4x + y &\geq 6 \\
2x - 2y &\leq 8 \\
x + y &\leq 20 \\
2x - 2y &\leq 4 \\
x + y &\geq 2 \\
x &\geq 6 \\
y &\geq 3
\end{aligned}$$

10.16 Lösen Sie das nachfolgende LP-Problem mittels des Simplex-Algorithmus. Überprüfen Sie aber zuvor, ob nach Anwendung der Lower-Bound-Technik auf redundante Restriktionen verzichtet werden kann.

$$Z = 2x + 3y + 10 \rightarrow Max$$

unter Beachtung der Restriktionen

$$
\begin{aligned}
2x &+ y &\geq 2 \\
-x &+ 4y &\geq 4 \\
3x &+ 2y &\leq 46 \\
x &+ 3y &\leq 34 \\
3x &+ 4y &\geq 28 \\
x & &\geq 6 \\
& y &\geq 5
\end{aligned}
$$

10.17 Nach der letzten Sonderpreisaktion möchte der Reifenhändler R. Satzrad sein Reifenlager, das insgesamt 1000 m^3 umfasst, neu auffüllen. Von seinem Produzenten kann er wie bisher das Modell "Schönwetter" oder aber auch die Marktneuheit "Rallye" erwerben. Ein "Schönwetter"-Reifen kostet 100 € und benötigt 0,2 m^3, ein "Rallye"-Reifen dagegen kostet 200 € und beansprucht 0,3 m^3 Lagerraum.

Um seine alten Stammkunden nicht zu verlieren, beschließt er, von den ihm zur Verfügung stehenden 600.000 € mindestens 1000 "Schönwetter"-Reifen zu kaufen. Außerdem erfährt er von seinem Produzenten, dass wegen der sehr großen Nachfrage des Modells "Rallye" maximal 3000 "Rallye"-Reifen geliefert werden können.

Für einen "Schönwetter"-Reifen rechnet der Reifenhändler mit einem Verkaufserlös von 140 €, für einen "Rallye"-Reifen mit 270 €.

a. Stellen Sie die Gewinnfunktion auf.

b. Bestimmen Sie zeichnerisch die gewinnmaximale Bestellmengenkombination. Verwenden Sie dabei den Maßstab 1000 $\hat{=}$ 2 cm und tragen Sie die Anzahl "Schönwetter"-Reifen auf der Abszissenachse ab. Berechnen Sie die genauen Koordinaten dieses Lösungspunktes als Schnittpunkt der entsprechenden Geraden.

c. Wie hoch ist der maximale Gewinn?

d. Stellen Sie das Simplex-Tableau auf, indem Sie zunächst die Lower-Bound-Methode anwenden. (Nur das Anfangstableau ist erwünscht, keine weitere Berechnung!)

Lösungen

10.1 $x + 3y \le 30$ $\Leftrightarrow$ $y \le 10 - \frac{1}{3}x$ I

   $x + 2y \ge 10$ $\Leftrightarrow$ $y \ge 5 - \frac{1}{2}x$ II

   $4x + y \le 43$ $\Leftrightarrow$ $y \le 43 - 4x$ III

   $2x - y \ge -1$ $\Leftrightarrow$ $y \le 1 + 2x$ IV

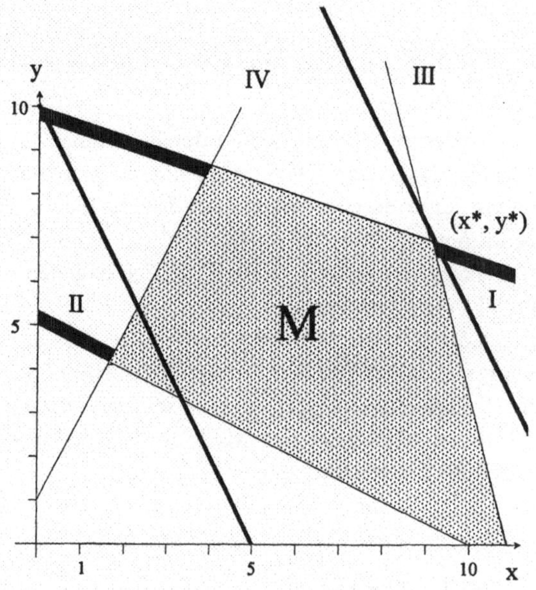

$$Z = 6x + 3y - 5 \quad \Leftrightarrow \quad y = \frac{Z+5}{3} - 2x$$

I in III: $10 - \frac{1}{3}x = 43 - 4x \quad \Rightarrow \quad \frac{11}{3}x = 33$

$$\Leftrightarrow x^* = 9 \quad \overset{I}{\Rightarrow} \quad y^* = 7 ;$$
$$Z_{max} = 6 \cdot 9 + 3 \cdot 7 - 5 = 54 + 21 - 5 = 70$$

10.2

$$x_2 \leq 13 \qquad\qquad \text{I}$$

$$x_1 \qquad\qquad \geq 5 \qquad\qquad \text{II}$$

$$3x_1 - 3x_2 \geq -15 \quad\Leftrightarrow\quad x_2 \leq 5 + x_1 \qquad \text{III}$$

$$x_1 + 2x_2 \geq 10 \quad\Leftrightarrow\quad x_2 \geq 5 - \tfrac{1}{2}x_1 \qquad \text{IV}$$

$$-3x_1 + 10x_2 \geq 30 \quad\Leftrightarrow\quad x_2 \geq 3 + \tfrac{3}{10}x_1 \qquad \text{V}$$

$$14x_1 + 7x_2 \leq 182 \quad\Leftrightarrow\quad x_2 \leq 26 - 2x_1 \qquad \text{VI}$$

$$x_1 \qquad\qquad \geq 0$$

$$x_2 \geq 0$$

$$z = \frac{4}{10}x_1 + x_2 \quad\Leftrightarrow\quad x_2 = z - \frac{4}{10}x_1$$

$$P^*: \qquad 5 + x_1 = 26 - 2x_1 \quad\Leftrightarrow\quad 3x_1 = 21 \quad\Leftrightarrow\quad x_1^* = 7, \text{ somit } x_2^* = 12$$

$$\text{Also } P^* = (7, 12) \quad \text{und} \quad z_{\text{Max}} = \frac{4}{10} \cdot 7 + 12 = 14{,}8$$

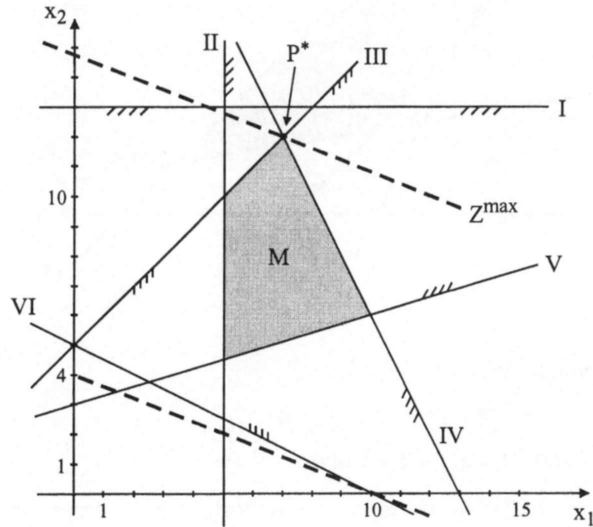

10.3 x = Anzahl der Heringe   y = Anzahl der Portionen Eis

Eiweiß [g]:	$14x + 7y \geq 84$	$\Leftrightarrow$	I.	$y \geq 12 - 2x$
Fett [g]:	$5x + 5y \geq 40$	$\Leftrightarrow$	II.	$y \geq 8 - x$
Fett [g]:	$5x + 5y \leq 60$	$\Leftrightarrow$	III.	$y \leq 12 - x$
Kohlehydr. [g]:	$10x + 60y \geq 180$	$\Leftrightarrow$	IV.	$y \geq 3 - \frac{1}{6}x$

Ziel: $Z = 240x + 160y \rightarrow \text{Min} \quad \Leftrightarrow \quad y = \dfrac{Z}{160} - \dfrac{3}{2}x$

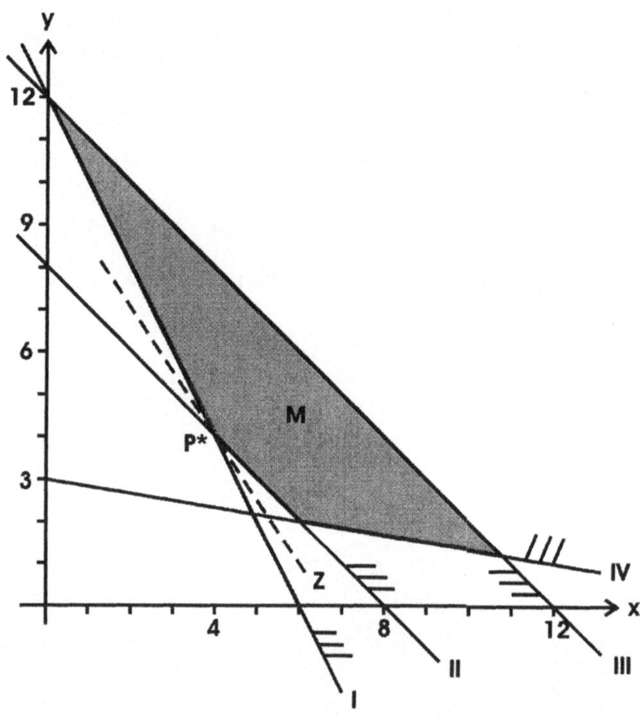

P* ist Schnittpunkt zwischen I und II

$12 - 2x = 8 - x \quad \Leftrightarrow \quad 4 = x^* \quad \Rightarrow \quad y^* = 4$

$Z^* = 240 \cdot 4 + 160 \cdot 4 = 400 \cdot 4 = 1.600$

P. Ummel soll täglich 4 Heringe und 4 Portionen Eiscreme essen, die minimale Kalorienzufuhr ist dann 1.600 kcal.

10.4 Mindestanzahl:

I $p \geq 3$

II $w \geq 3$

Geld: $6p + 5w \leq 102 \;[\text{€}] \quad \Leftrightarrow \quad w \leq \dfrac{102}{5} - \dfrac{6}{5}p$ III

Relation: $p \geq w + 1 \quad \Leftrightarrow \quad w \leq p - 1$ IV

Höchstalkohol: $15p + 30w \leq 360 \;[\text{mg}] \quad \Leftrightarrow \quad w \leq 12 - \dfrac{1}{2}p$ V

<u>Zielfunktion:</u> $\hat{b} = 3p + 3w \quad \Leftrightarrow \quad w = \dfrac{\hat{b}}{3} - p$

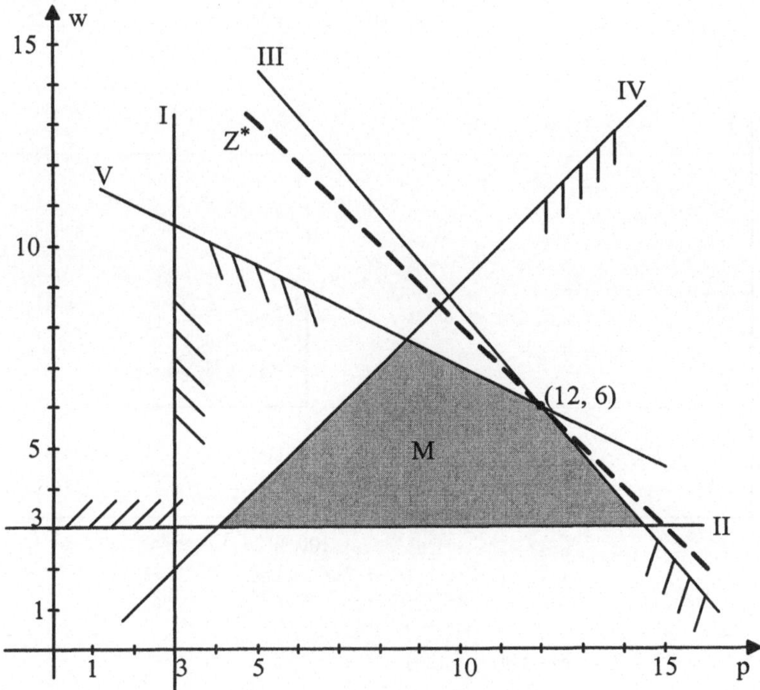

p^*: $\dfrac{102}{5} - \dfrac{6}{5}p = 12 - \dfrac{1}{2}p \overset{\cdot 10}{\Leftrightarrow} 204 - 120 = p(12 - 5) \Leftrightarrow p^* = 12 \Rightarrow w^* = 6$

Das maximale Stimmungshoch erreicht das Trio mit 12 Gläsern "Pfläumli"
und 6 Gläsern "Willi".

10.5 x Anzahl der Katalysatoren,   y Anzahl der Solarzellen.

Umsatz (Ertrag): $E = 700x + 35y \to$ Max.

$y = \dfrac{E}{35} - 20x$

Kosten (€):	$500x$	$+$	$10y$	$\leq$	100.000	$\Leftrightarrow$ I	y	$\leq$	$10.000 - 50x$
Zeit (h):			$\frac{1}{100}y$	$\leq$	80	$\Leftrightarrow$ II	y	$\leq$	8.000
Zeit (h):	$\frac{1}{2}x$			$\leq$	90	$\Leftrightarrow$ III	x	$\leq$	180
Mindest-	x			$\geq$	100	IV			
Nachfrage:			y	$\geq$	2.500	V			
			x, y	$\geq$	0				

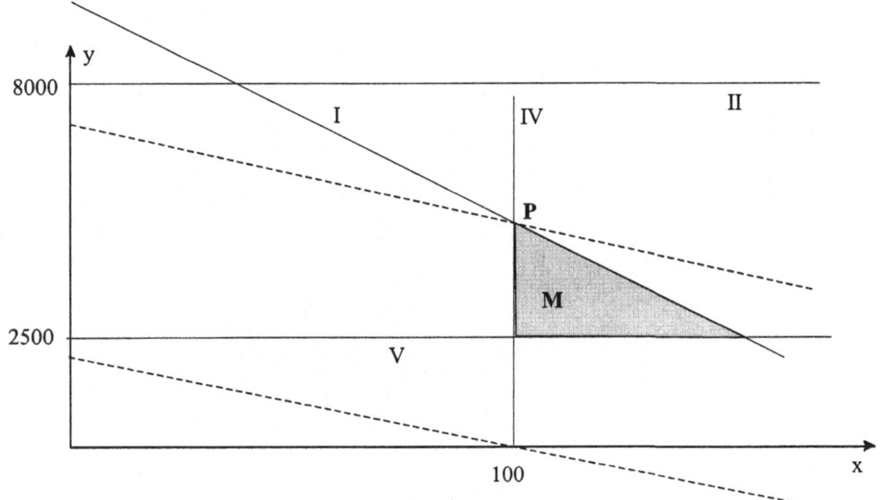

$y^* \quad = 10.000 - 50 \cdot 100 = 5.000$

$E_{Max} = 700 \cdot 100 + 35 \cdot 5.000 = 70.000 + 175.000$

$\quad\quad = 245.000 \ [€]$

Durch Produktion von 100 Katalysatoren und 5.000 Solarzellen erzielt Reinluft den maximalen Ertrag von 245.000 €.

10.6   x = Anzahl der zu essenden Bismarckheringe
      y = Anzahl der zu verspeisenden Rollmöpse

$$Z = x + y \to \text{Max} \quad \Leftrightarrow \quad y = Z - x$$

$$\begin{aligned}
x - 2 &\leq y & &\text{I} \\
x &\geq 2 & &\text{II} \\
y &\geq 2 & &\text{III} \\
2x + 3y \leq 24 \quad \Leftrightarrow \quad y &\leq 8 - \tfrac{2}{3}x & &\text{IV} \\
y &\leq 5 & &\text{V}
\end{aligned}$$

$$y = x - 2 = 8 - \tfrac{2}{3}x \quad \Rightarrow \quad \tfrac{5}{3}x = 10 \quad \Leftrightarrow \quad x^* = 6 \quad \Rightarrow \quad y^* = 4 \qquad P^* = (6, 4)$$

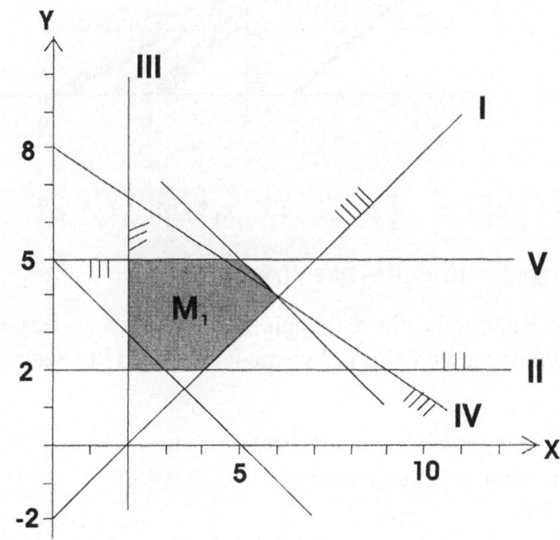

10.7   Bezeichnen wir mit x_1 die zu jagenden Wildschweine
             und mit x_2 die zu behauenden Hinkelsteine, so muss gelten:

Zeit: $x_1 + 2x_2 \leq 10 \quad \Leftrightarrow \quad x_2 \leq 5 - \tfrac{1}{2}x_1 \qquad$ I

Krafttrunk: $3x_1 + 4x_2 \leq 24 \quad \Leftrightarrow \quad x_2 \leq 6 - \tfrac{3}{4}x_1 \qquad$ II

Lied: $x_1 \leq 6$

Öko: $1 \leq x_2 \leq 4$

Zielfunktion: $G = 5x_1 + 8x_2 + 40 \quad \to \quad \text{Max} \quad \Leftrightarrow \quad x_2 = \dfrac{6-40}{8} - \dfrac{5}{8}x_1$

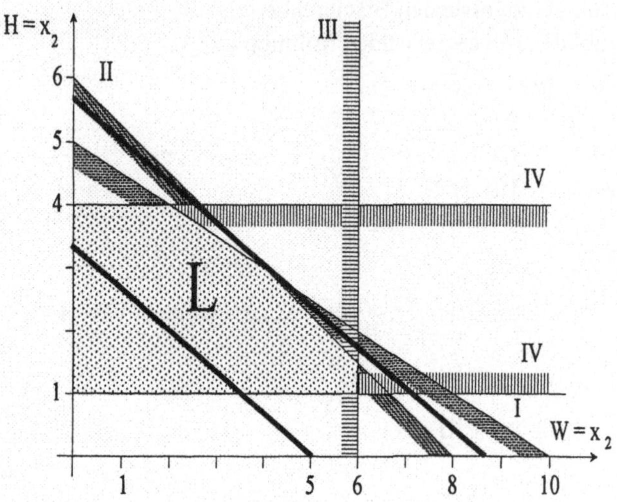

$$5 - \tfrac{1}{2}x_1 = 6 - \tfrac{3}{4}x_1 \quad \Leftrightarrow \quad \tfrac{1}{4}x_1 = 1 \quad \Leftrightarrow \quad x_1{}^* = 4, \quad x_2{}^* = 3$$

$$G^* = 5 \cdot 4 + 8 \cdot 3 + 40 = 20 + 24 + 40 = 84$$

Obelix kann Rommelix die maximale Summe über 84 Sesterzen zur Verfügung stellen, wenn er 4 Wildschweine jagt und 3 Hinkelsteine behaut.

10.8 $-x_0 = -250 + 6x_1 - 20x_2 - x_3 \rightarrow$ Max

Damit erhalten wir die Zielgleichung
$-x_0 - 6x_1 + 20x_2 + x_3 = -250$.

Umformen der 4. Restriktion ergibt: $-x_1 - x_2 \leq -2$.

x_0	x_1	x_2	x_3	x_4	x_5	x_6	RS
-1	-6	20	1	0	0	0	-250
$-$	-2	4	2	0	0	0	18
x_4	-5	12	6	1	0	0	60
x_5	4	9	4	0	1	0	120
x_6	-1	-1	0	0	0	1	-2

x_0	x_1	x_2	x_3	x_4	x_5	x_6	RS
-1	-5	18	0	0	0	0	-259
x_3	-1	2	1	0	0	0	9
x_4	1	0	0	1	0	0	6
x_5	8	1	0	0	1	0	84
x_6	-1	-1	0	0	0	1	-2
-1	0	23	0	0	0	-5	-249
x_3	0	3	1	0	0	-1	11
x_4	0	-1	0	1	0	1	4
x_5	0	-7	0	0	1	8	68
x_1	1	1	0	0	0	-1	2
-1	0	18	0	5	0	0	-229
x_3	0	2	1	1	0	0	15
x_6	0	-1	0	1	0	1	4
x_5	0	1	0	-8	1	0	36
x_1	1	0	0	1	0	0	6

Der minimale Zielwert $z_{Min} = 229$ wird mit der Lösung
$(x_1, x_2, x_3, x_4, x_5, x_6) = (6, 0, 15, 0, 36, 4)$ erzielt.

10.9

a.

x_0	x_1	x_2	x_3	x_4	x_5	RS	
1	-3	-4	-5	0	0	-250	
$-$	-1	1	1	0	0	1.000	
x_4	3	6	0	1	0	3.000	Phase 0
x_5	0	-1	-1	0	1	-1.100	
1	-8	1	0	0	0	4.750	
x_3	-1	1	1	0	0	1.000	
x_4	3	6	0	1	0	3.000	
x_5	-1	0	0	0	1	-100	

b.

x_0	x_1	x_2	x_3	x_4	x_5	RS
1	-8	1	0	0	0	4.750
x_3	-1	1	1	0	0	1.000
x_4	1	2	0	1	0	1.000
x_5	-1	0	0	0	1	-100
1	0	1	0	0	-8	5.550
x_3	0	1	1	0	0	1.100
x_4	0	2	0	1	1	900
x_1	1	0	0	0	-1	100

Phase 1

c.

x_0	x_1	x_2	x_3	x_4	x_5	RS
1	0	1	0	0	-8	5.550
x_3	0	1	1	0	0	1.100
x_4	0	2	0	1	1	900
x_1	1	0	0	0	-1	100
1	0	17	0	8	0	12.750
x_3	0	3	1	1	0	2.000
x_5	0	2	0	1	1	900
x_1	1	2	0	1	0	1.000

Phase 2

Das Tableau ist maximal entschlüsselt.

10.10 a. Phase 2

Z	x_1	x_2	x_3	x_4	x_5	x_6	RS
1	0	0	2	0	5	1	50
x_4	0	0	-1	1	3	$\frac{1}{2}$	5
x_1	1	0	4	0	-3	$-\frac{1}{2}$	1
x_2	0	1	-1	0	2	$\frac{1}{2}$	3

$(x_1, x_2, x_3, x_4, x_5, x_6) = (1, 3, 0, 5, 0, 0)$ mit $Z_{max} = 50$

b. Phase 0

Z	x_1	x_2	x_3	x_4	x_5	x_6	RS
1	0	3	0	1	0	3	8
x_3	0	-12	1	-3	0	$-$	9
x_5	0	3	0	2	1	2	1
x_1	1	-3	0	-2	0	-1	2

$$(x_1,x_2,x_3,x_4,x_5,x_6) = (2,0,9,0,1,0) \text{ mit } Z_{max} = 8$$

c. Phase 1

Dieses LP-System hat keine zulässige Lösung, da die RS negativ ist, aber alle Koeffizienten auf der linken Seite nicht-negativ sind.

d. Phase 0

Z	x_1	x_2	x_3	x_4	x_5	x_6	RS
1	1	0	0	0	1	5	4
x_4	-3	0	0	1	-3	-1	2
x_2	4	1	0	0	-2	3	3
x_3	-1	0	1	0	0	-1	2

$$(x_1,x_2,x_3,x_4,x_5,x_6) = (0,3,2,2,0,0) \text{ mit } Z_{max} = 4$$

e. Phase 2

Nach "steepest ascent" ist die Spalt zu x_6 Pivotspalte.

Die Lösung liegt im Unendlichen, da es in der Pivotspalte keine positiven Koeffizienten gibt.

10.11 a. Die ausgewiesene Basislösung ist noch nicht optimal, da negative Zielkoeffizienten im zulässig entschlüsselten System auftreten.

Die Zielfunktion $x_0 = 3t_2 - t_3 + 5t_7 + 7t_8 + 25$ lässt erkennen, dass durch Zuordnen eines positiven Wertes zu den freien Variablen t_2, t_7 und t_8 der Zielwert verbessert werden kann.

b. neue Basisvariable t_2

$a_{32} = 3$ ist Pivotelement mit $t_2 = \mathrm{Min}(\frac{8}{2}, \frac{6}{3}) = 2$

Die Zielwertverbesserung beträgt $3 \cdot 2 = 6$

neue Basisvariable t_7

$a_{47} = 5$ ist Pivotelement mit $t_7 = \mathrm{Min}(\frac{8}{2}, \frac{6}{1}, \frac{0}{5}) = 0$

Die Zielwertverbesserung beträgt $5 \cdot 0 = 0$

neue Basisvariable t_8

$a_{28} = 4$ ist Pivotelement mit $t_8 = (\frac{8}{4}, \frac{6}{2}) = 2$

Die Zielwertverbesserung beträgt $7 \cdot 2 = 14$

c. Die größte Verbesserung des Zielwertes wird mit dem Pivotelement $a_{28} = 4$ erzielt. ("steepest ascent"!)

d. Der Entartungsfall mit dem Pivotelement a_{47} ergibt die neue Basislösung $(x_1, x_2, x_3, x_4, x_5, x_6, x_7, x_8, x_9) = (8, 0, 0, 0, 2, 0, 0, 0, 6)$.

Eine weitere Basislösung mit dem Zielwert 25 ergibt die Pivotierung nach $a_{16} = 21$, sie führt zu

$$(x_1, x_2, x_3, x_4, x_5, x_6, x_7, x_8, x_9) = (7, 0, 0, 1, 0, 1, 0, 0, 6).$$

10.12 a. Die ausgewiesene Basislösung ist nicht maximal, da negative Zielkoeffizienten auftreten. Die Zielfunktion $-x_0 = 3t_1 + t_5 + 4t_8 - 27$

lässt erkennen, dass der Zielwert $-x_0$ verbessert werden kann, wenn die freien Variablen t_1, t_5 oder t_8 positive Werte annehmen.

b. neue Basisvariable x_1

$t_1 = \mathrm{Min}\left(\frac{6}{1}, \frac{0}{4}, \frac{8}{8}\right) = 0$ Entartungsfall

Pivotelement $a_{31} = 4$,   Zielwertverbesserung $3 \cdot 0 = 0$

neue Basisvariable x_5

$t_5 = \mathrm{Min}\left(\frac{2}{\frac{2}{3}} = 3, \frac{6}{2}, \frac{8}{2}\right) = 3$

Pivotelement $a_{25} = 2$ oder $a_{15} = \frac{2}{3}$,   Zielwertverbesserung $3 \cdot 1 = 3$

neue Basisvariable x_8

$$t_8 = \text{Min } \frac{6}{\frac{3}{2}} = 4$$

Pivotelement $a_{28} = \frac{3}{2}$, Zielwertverbesserung $4 \cdot 4 = 16$

$\Rightarrow$ Das Pivotelement a_{28} ergibt mit einem Zuwachs von 16 die größte Zielwertverbesserung.

c. Wird x_2 als neue Basisvariable gewählt mit $t_2 = \text{Min } \left(\frac{2}{3}, \frac{8}{2}\right) = \frac{2}{3}$, d. h. dem Pivotelement $a_{12} = 3$, so ändert sich der Zielwert nicht, da der Zielkoeffizient zu x_2 gleich Null ist. Die neue Basislösung ist dann

$$(x_1, x_2, x_3, x_4, x_5, x_6, x_7, x_8) = \left(0, \frac{2}{3}, 0, \frac{20}{3}, 0, \frac{16}{3}, \frac{4}{3}, 0\right).$$

10.13 a. Die ausgewiesene Basislösung ist noch nicht maximal, da im vorliegen den, zulässig entschlüsselten Tableau negative Zielkoeffizienten auf treten.

Die Zielfunktion $x_0 = 30 + 3x_1 + 7x_3 - 3x_6 + 12x_7$ lässt erkennen, dass der Zielwert verbessert werden kann, indem x_1, x_3 oder x_7 positiv gewählt werden.

b. Pivotspalte bei x_1

Pivotelement $a_{11} = 2$, da $\text{Min } (\frac{3}{2}, \frac{2}{1}) = 1{,}5$, Zielverbesserung $3 \cdot 1{,}5 = 4{,}5$

Pivotspalte bei x_3

Pivotelement $a_{33} = 5$, da $\text{Min } (\frac{3}{2}, \frac{4}{5}) = \frac{4}{5}$, Zielverbesserung $7 \cdot \frac{4}{5} = \frac{28}{5}$

Dies ist die größtmöglichste Zielverbesserung.

Pivotspalte bei x_7

Pivotelement $a_{27} = 15$, da $\text{Min } (\frac{3}{1}, \frac{0}{1}, \frac{4}{2}) = 0$,   Zielverbesserung $0 \cdot 12 = 0$

(Entartungsfall!)

c. Entartungsfall mit dem Pivotelement a_{27},

Basislösung $(x_1, x_2, x_3, x_4, x_5, x_6, x_7, x_8, x_9) = (0, 0, 0, 3, 4, 0, 0, 2, 0)$.

Weitere Basislösung in der **Pivotspalte zu** x_9

Pivotelement $a_{19} = 2$, da $\text{Min}(\frac{3}{3}, \frac{4}{2}, \frac{2}{1}) = 1$,

Basislösung $(x_1, x_2, x_3, x_4, x_5, x_6, x_7, x_8, x_9) = (0, 1, 0, 0, 2, 0, 0, 1, 1)$.

10.14 a. An den negativen Zielkoeffizienten erkennt man, dass das zulässig entschlüsselte Maximierungssystem noch nicht maximal entschlüsselt ist. Die Zielfunktion $-x_0 = -4 + 3x_2 + 15x_4 + 7x_8$ offenbart, dass der Zielwert verbessert werden kann, wenn die freien Variablen x_2, x_4 oder x_8 positiv gewählt werden.

b. freieVariable $x_2 = t_2$:

$$t_2 = \text{Min}(\frac{30}{15}, \frac{10}{4}, 5 : \frac{5}{2}) = 2$$

Als Pivotelement kommen dann $a_{12} = 15$ oder $a_{42} = \frac{5}{2}$ in Betracht. Die Zielverbesserung beträgt jeweils $3 \cdot 2 = 6$.

freie Variable $x_4 = t_4$:

$$t_4 = \text{Min}(\frac{30}{5}, \frac{0}{1}, \frac{5}{5}) = 0$$

Hier liegt der Entartungsfall vor mit einer Zielverbesserung von $15 \cdot 0 = 0$. Das Pivotelement ist $a_{24} = 1$.

freie Variable $x_8 = t_8$:

Da t_8 beliebig groß gewählt werden kann, existiert kein Maximum dieser LP-Aufgabe. Die weitere Berechnung kann daher unterbleiben.

c. Eine weitere Basislösung mit $-x_0 = -4$ liefert der schon oben erwähnte Entartungsfall: $(x_1, x_2, x_3, x_4, x_5, x_6, x_7, x_8) = (30, 0, 5, 0, 10, 0, 0, 0)$.

Noch eine weitere Basislösung mit $-x_0 = -4$ existiert, da der Zielkoeffizient zu x_6 gleich 0 ist.

Da $t_6 = \text{Min}(\frac{30}{3}, \frac{10}{1}, \frac{5}{1}) = 5$ ist $a_{46} = 1$ das zugehörige Pivotelement, das zu der neuen Lösung $(15, 0, 0, 0, 5, 5, 25, 0)$ führt.

10.15 Mit $x = u + 6$ und $y = v + 3$ ergibt sich das äquivalente LP-Modell

$z = 24(u + 6) + 12(v + 3) - 88 = 24u + 12v + 92 \rightarrow$ Max

$\Leftrightarrow z - 24u - 12v = 92$

unter Beachtung der Restriktionen

I	$4u +\ v \geq\ 6 - 24 - 3 = -21$ ist immer erfüllt für $u, v \geq 0$
II	$2u - 2v \leq\ 8 - 12 + 6 =\ \ 2$ ist erfüllt, wenn IV erfüllt
III	$u +\ v \leq 20 -\ 6 - 3 =\ 11$
IV	$2u - 2v \leq\ 4 - 12 + 6 = -2$
V	$u +\ v \geq\ 2 -\ 6 - 3 = -7$ ist immer erfüllt für $u, v \geq 0$
VI	$u \quad \geq\ 0$ NN-Bedingung
VII	$v \geq\ 0$ NN-Bedingung

z	u	v	z_1	z_2	RS
1	-24	-12	0	0	92
z_1	1	1	1	0	11
z_2	2	-2	0	1	-2
1	-36	0	0	-6	104
z_1	2	0	1	$\frac{1}{2}$	10
v	-1	1	0	$-\frac{1}{2}$	1
1	0	0	18	3	284
u	1	0	$\frac{1}{2}$	$\frac{1}{4}$	5
v	0	1	$\frac{1}{2}$	$-\frac{1}{4}$	6

$\Rightarrow x^* = 5 + 6 = 11, \quad y^* = 6 + 3 = 9, Z_{max} = 284$

10.16 Durch Einsetzen von $x = v + 6$ und $y = w + 5$ erhält man das äquivalente Maximierungssystem mit den neuen Variablen v und w.

$Z = 2v + 3w + 10 + 12 + 15 = 2v + 3w + 37$

unter Beachtung der Restriktionen

$2v +\ w \geq 2 - 12 - 5 = -15 \qquad$ ist für alle $v, w \geq 0$ erfüllt.

$-v + 4w \geq 4 + 6 - 20 = -10 \Leftrightarrow\ v - 4w \leq 10$

$3v + 2w \leq 46 - 18 - 10 = 18$

$v + 3w \leq 34 - 6 - 15 = 13$

$3v + 4w \geq 28 - 18 - 20 = -10 \qquad$ ist für alle $v, w \geq 0$ erfüllt.

z	v	w	z_1	z_2	z_3	RS
1	-2	-3	0	0	0	37
z_1	1	-4	1	0	0	10
z_2	3	2	0	1	0	18
z_3	1	3	0	0	1	13
1	-1	0	0	0	1	50
z_1	$\frac{7}{3}$	0	1	0	$\frac{4}{3}$	$\frac{82}{3}$
z_2	$\frac{7}{3}$	0	0	1	$-\frac{2}{3}$	$\frac{28}{3}$
w	$\frac{1}{3}$	1	0	0	$\frac{1}{3}$	$\frac{13}{3}$
1	0	0	0	$\frac{3}{7}$	$\frac{5}{7}$	54
z_1	0	0	1	-1	2	18
v	1	0	0	$\frac{3}{7}$	$-\frac{2}{7}$	4
w	0	1	0	$-\frac{1}{7}$	$\frac{9}{21}$	3

$$\Rightarrow x^* = 4 + 6 = 10 \,, \quad y^* = 3 + 5 = 8 \,, \quad Z_{max} = 54$$

10.17 a. Mit x_S bezeichnen wir die Anzahl der Reifen "Schönwetter" und mit x_R die Anzahl der Reifen "Rallye".

Der Gewinn von R. Satzrad ist dann

$$G(x_S, x_R) = 140x_S + 270x_R - (100x_S + 200x_R)$$
$$= 40x_S + 70x_R.$$

$$\overline{G} = 40x_S + 70x_R \quad \Leftrightarrow \quad x_R = \frac{\overline{G}}{70} - \frac{4}{7}x_S$$

b. Lagerraum [m³] $\quad 0{,}2x_S + 0{,}3x_R \le \quad 1.000 \quad \Leftrightarrow \quad x_R \le \frac{10.000}{3} - \frac{2}{3}x_S \quad$ I

Einkauf [€] $\quad\quad\quad 100x_S + 200x_R \le 600.000 \quad \Leftrightarrow \quad x_R \le 3.000 - \frac{1}{2}x_S \quad$ II

Anzahl "Schönwetter" $\quad\quad\quad\quad\quad\quad\quad\quad\quad\quad\quad x_S \ge 1.000 \quad\quad$ III

Anzahl "Rallye" $\quad\quad\quad\quad\quad\quad\quad\quad\quad\quad\quad\quad\quad x_R \le 3.000 \quad\quad$ IV

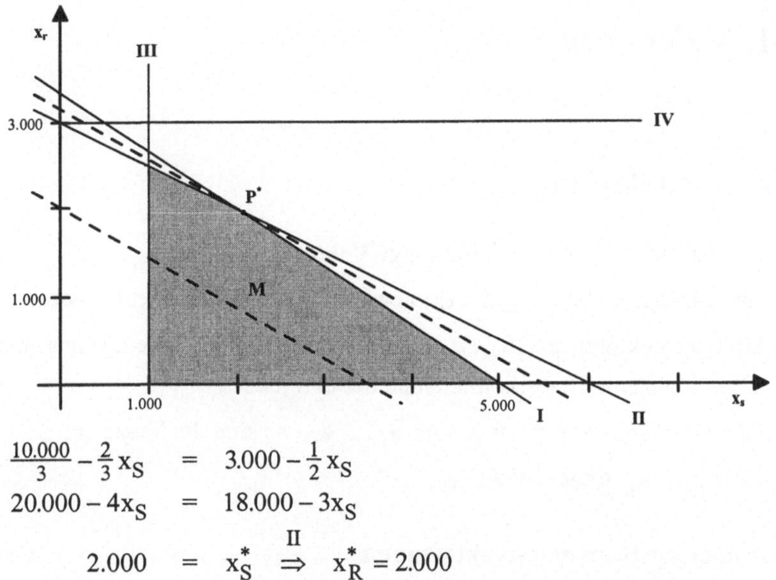

$$\frac{10.000}{3} - \frac{2}{3}x_S \;=\; 3.000 - \frac{1}{2}x_S$$

$$20.000 - 4x_S \;=\; 18.000 - 3x_S$$

$$2.000 \;=\; x_S^* \;\overset{\text{II}}{\Rightarrow}\; x_R^* = 2.000$$

c. Wenn R. Satzrad von jedem Reifentyp 2.000 Stück einkauft, kann er den maximal möglichen Gewinn $G^* = 110 \cdot 2.000 = 220.000$ [€] erzielen.

d. $v = x_S - 1.000 \;\Leftrightarrow\; x_S = v + 1.000$
$G = G(v, x_R) = 40v + 70x_R + 40.000$ u.B.d.Nb.

$$
\begin{aligned}
0{,}2v \;+\; 0{,}3x_R &\leq 1.000 - 200 &&= 800 \quad |\cdot 10 \;\; + y_1 \\
100v \;+\; 200x_R &\leq 600.000 - 100.000 &&= 500.000 \quad |\colon 100 \;\; + y_2 \\
v &\geq 0 \\
x_R &\leq 3.000 && + y_3
\end{aligned}
$$

G	v	x_R	y_1	y_2	y_3	RS
1	− 40	− 70	0	0	0	40.000
	2	3	1	0	0	8.000
	1	2	0	1	0	5.000
	0	1	0	0	1	3.000

11. Vektoren

Sätze und Regeln

Aussagen über linear (un-)abhängige Vektoren

A. Unter linear unabhängigen Vektoren kommt nie der Nullvektor vor.

B. Sind die Vektoren $\mathbf{a}_1$, $\mathbf{a}_2$,..., $\mathbf{a}_n$ linear abhängig, so ist wenigstens einer unter ihnen eine Linearkombination der übrigen.

C. Ist $\mathbf{c}$ eine Linearkombination von $\mathbf{a}_1$,..., $\mathbf{a}_n$, so sind die Vektoren

$\mathbf{c}$, $\mathbf{a}_1$,..., $\mathbf{a}_n$ linear abhängig.

Satz über die Basis eines Vektorraums

Sei $\{\mathbf{a}_1,..., \mathbf{a}_n\}$ eine Basis des Vektorraumes V und

$\mathbf{b} = \lambda_1 \mathbf{a}_1 + \lambda_2 \mathbf{a}_2 \mathbf{a} + \cdots + \lambda_n \mathbf{a}_n$ ein Vektor aus V.

Ist $\lambda_j \neq 0$, dann bilden die Vektoren

$\mathbf{a}_1,..., \mathbf{a}_{j-1}, \mathbf{b}, \mathbf{a}_{j+1},..., \mathbf{a}_n$ wieder eine Basis von V.

Austauschsatz von Steinitz

Sind $\mathbf{b}_1,..., \mathbf{b}_s$ linear unabhängige Vektoren eines Vektorraumes V und ist $\{\mathbf{a}_1,..., \mathbf{a}_n\}$ eine Basis von V ($s \leq n$), dann kann man s Vektoren der Basis $\{\mathbf{a}_1,..., \mathbf{a}_n\}$ gegen die Vektoren $\mathbf{b}_1,..., \mathbf{b}_s$ austauschen.

Aufgaben

11.1 Gegeben sind die Vektoren

$$a=\begin{pmatrix}-2\\3\end{pmatrix}, \qquad b=\begin{pmatrix}3\\1\end{pmatrix}, \qquad c=\begin{pmatrix}6\\-3\end{pmatrix}$$

Zeichen Sie die Vektoren $\mathbf{a}$, $\mathbf{b}$, $\mathbf{c}$ (als Ortsvektoren) in eine cartesische Koordinatenebene ein und bestimmen Sie dazu zeichnerisch die Ortsvektoren: $-2\mathbf{b}$, $\frac{1}{3}\mathbf{c}$, $\mathbf{b}+\mathbf{c}$, $2\mathbf{a}+\mathbf{b}$, $\mathbf{c}-\mathbf{a}$

11.2 Gegeben sind die Vektoren

$$a=\begin{pmatrix}2\\1\\3\end{pmatrix}, \quad b=\begin{pmatrix}-5\\0\\4\end{pmatrix}, \quad c=\begin{pmatrix}11\\8\end{pmatrix}, \quad d=\begin{pmatrix}0\\7\\-1\end{pmatrix}, \quad e=\begin{pmatrix}3\\2\\1\end{pmatrix}$$

Berechnen Sie die folgenden Ausdrücke

a. $\mathbf{a'}\cdot\mathbf{b}+\mathbf{d'}\cdot\mathbf{e}$ b. $(\mathbf{c'}-\mathbf{d'})+\mathbf{b'}\cdot\mathbf{c}$

c. $(2\mathbf{a}-3\mathbf{e})'\cdot\mathbf{d}$ d. $\mathbf{b}\cdot\mathbf{e'}$

e. $\mathbf{d}-\mathbf{a'}-\mathbf{c'}\cdot\mathbf{e}$ f. $(3\mathbf{b'}+\mathbf{e'})\cdot(\mathbf{a}-2\mathbf{d})$

11.3 Gegeben sind die Vektoren

$$\mathbf{a'}=(3, 5, 1, 2), \qquad \mathbf{b'}=(1, 0, 1, -2), \qquad \mathbf{c'}=(-5, -2, -1, -3)$$

a. Welche Ordnungsbeziehungen bestehen zwischen den Vektoren $\mathbf{a}$, $\mathbf{b}$, $\mathbf{c}$, $\mathbf{0}$, wobei $\mathbf{0}$ der Nullvektor des $\mathbf{R}^4$ ist?

b. Welche der Vektoren $\mathbf{a}$, $\mathbf{b}$, $\mathbf{c}$ sind orthogonal zueinander?

11.4 Wie sind die Größen x und y zu wählen, damit die Vektoren $\mathbf{a}$, $\mathbf{b}$, $\mathbf{c}$ linear abhängig sind?

$$a=\begin{pmatrix}1\\-1\\x\end{pmatrix}, \quad b=\begin{pmatrix}y\\0\\2\end{pmatrix}, \quad c=\begin{pmatrix}1\\-1\\1\end{pmatrix}$$

11.5 Gegeben sind die Vektoren

$$a_1=\begin{pmatrix}1\\2\\3\\4\end{pmatrix}, \quad a_2=\begin{pmatrix}4\\7\\7\\9\end{pmatrix}, \quad a_3=\begin{pmatrix}0\\0\\1\\0\end{pmatrix}, \quad a_4=\begin{pmatrix}-1\\-1\\2\\3\end{pmatrix}, \quad b=\begin{pmatrix}-2\\-3\\-3\\-1\end{pmatrix}$$

a. Stellen Sie - soweit möglich - den Vektor **b** als Linearkombination der Vektoren $\mathbf{a}_1, \mathbf{a}_2, \mathbf{a}_3, \mathbf{a}_4$ dar.

b. Lässt sich jeder Vektor des $\mathbf{R}^4$ als Linearkombination der Vektoren $\mathbf{a}_1, \mathbf{a}_2, \mathbf{a}_3, \mathbf{a}_4$ darstellen?

c. Welchen Rang hat die Matrix $\mathbf{M} = (\mathbf{a}_2, \mathbf{a}_3, \mathbf{a}_4, \mathbf{b})$?

d. Ist es möglich, den Vektor $\mathbf{a}_3$ als Linearkombination der Vektoren $\mathbf{a}_1, \mathbf{a}_2, \mathbf{a}_4$ darzustellen?

11.6 Die Fortbewegungsmöglichkeiten der neuen chinesischen Weltraumrakete "SoJa2" seien durch die folgenden Vektoren vollständig beschrieben:

$$\mathbf{a} = \begin{pmatrix} 7 \\ 2 \\ -3 \end{pmatrix}, \qquad \mathbf{b} = \begin{pmatrix} 2 \\ 5 \\ 1 \end{pmatrix}, \qquad \mathbf{c} = \begin{pmatrix} -1 \\ 13 \\ 6 \end{pmatrix}$$

Dabei bedeuten die Koeffizienten dieser Vektoren die Fortbewegung der Rakete im dreidimensionalen Raum:

$$\begin{pmatrix} \text{vorwärts/rückwärts} \\ \text{rechts / links [seitwärts]} \\ \text{aufwärts / abwärts} \end{pmatrix} = \begin{pmatrix} \text{1. Dimension} \\ \text{2. Dimension} \\ \text{3. Dimension} \end{pmatrix}$$

a. Kann die "SoJa2" die Sterne "Großer Maoam" und "Golden Bear" erreichen, wenn deren Koordinaten gleich

$$\mathbf{GM} = \begin{pmatrix} 170 \\ 270 \\ 20 \end{pmatrix} \quad \text{bzw.} \quad \mathbf{GB} = \begin{pmatrix} 340 \\ 2010 \\ 40 \end{pmatrix} \quad \text{sind.}$$

Wenn ja, geben Sie jeweils eine Möglichkeit an.

b. Ist eine dieser Fortbewegungsmöglichkeiten überflüssig? Wenn ja, drücken Sie eine dieser Fortbewegungsmöglichkeiten durch die beiden anderen aus!

c. Wäre die Rakete "SoJa2" beweglicher, wenn sie zusätzlich in Richtung des Vektors $\mathbf{d} = \begin{pmatrix} -9 \\ -6 \\ 2 \end{pmatrix}$ steuern könnte? Ließen sich dann beide Sterne erreichen?

11.7 Der Sowjetnachfolgestaat Kikarikisien möchte sich am Satellitengeschäft beteiligen und gründet dazu die Firma Adriadnow. Die entwickelte Trägerrakete SATnik.1 besitzt einen robusten Steueralgorithmus, der sich nach den festen Richtungsvektoren

$$\mathbf{a}_1 = \begin{pmatrix} 3 \\ 1 \\ 2 \end{pmatrix}, \quad \mathbf{a}_2 = \begin{pmatrix} 11 \\ -1 \\ 4 \end{pmatrix}, \quad \text{und} \quad \mathbf{a}_3 = \begin{pmatrix} 1 \\ -2 \\ -1 \end{pmatrix}$$

orientiert. Die Zielrichtung $\lambda_1\mathbf{a}_1 + \lambda_2\mathbf{a}_2 + \lambda_3\mathbf{a}_3$ kann durch Wahl der Intensitäten $\lambda_1, \lambda_2, \lambda_3 \in \mathbf{R}$ vom Startpunkt $P_0 = (0, 0, 0)$ einjustiert werden. Der deutsche TV-Konzern Kirsch, Wasser u. Co GNAC möchte zwei Satelliten an die Positionen

$$\mathbf{b'}_1 = (40, -3, 15) \text{ und } \mathbf{b}'_2 = (16, 9, 3) \quad \text{aussetzen lassen.}$$

Doch der Gesellschafter Wasser warnt davor, diesen Auftrag an die Firma Adriadnow zu vergeben, da seiner Ansicht nach nur eine der Satellitenpositionen erreicht werden kann. Er vertritt die Ansicht, dass einer der Richtungsvektoren geändert werden müsste und schlägt vor, $\mathbf{a}_2$ durch $\hat{\mathbf{a}}'_2 = (8, -1, 4)$ zu ersetzen, denn dann ließen sich alle Himmelspositionen erreichen.

Überprüfen Sie, ob Wasser in beiden Punkten Recht hat. Welche der Positionen $\mathbf{b}_1$ oder $\mathbf{b}_2$ kann mit den ursprünglichen Richtungsvektoren erreicht bzw. nicht erreicht werden?

Begründen Sie Ihre Ergebnisse und geben Sie an, wie $\mathbf{b}_1$ bzw. $\mathbf{b}_2$ mit den ursprünglichen Richtungsvektoren erreicht werden kann!

11.8 Gegeben sind die folgenden Vektoren

$$\mathbf{a}_1 = \begin{pmatrix} 1 \\ 2 \\ 3 \end{pmatrix}, \quad \mathbf{a}_2 = \begin{pmatrix} 0 \\ 2 \\ 1 \end{pmatrix}, \quad \mathbf{a}_3 = \begin{pmatrix} a \\ 0 \\ 2 \end{pmatrix}, \quad \mathbf{b} = \begin{pmatrix} 1 \\ 12 \\ 2 \end{pmatrix}, \quad \mathbf{c} = \begin{pmatrix} 0 \\ 0 \\ 2 \end{pmatrix}$$

mit $a \in \mathbf{R}$.

a. Für welche Werte von a sind die Vektoren $\mathbf{a}_1, \mathbf{a}_2, \mathbf{a}_3$ linear unabhängig?

b. Nehmen Sie an $a = 2$. Lässt sich $\mathbf{b}$ als Linearkombination von $\mathbf{a}_1, \mathbf{a}_2, \mathbf{a}_3$ darstellen und falls ja, geben Sie eine Lösung an.

c. Sei a = 2. Was lässt sich aussagen über die Lösung des inhomogenen Gleichungssystems $(\mathbf{a}_1, \mathbf{a}_2, \mathbf{a}_3)\,\mathbf{x} = \mathbf{c}$? Begründung mit dem Satz von FROBENIUS erwünscht!

11.9 Gegeben sind die Vektoren

$$\mathbf{a} = \begin{pmatrix} 2 \\ 1 \\ 1 \end{pmatrix}, \quad \mathbf{b} = \begin{pmatrix} r^2 + 5r \\ -3 \\ 2 \end{pmatrix}, \quad \mathbf{c} = \begin{pmatrix} 2 \\ 1 \\ 0 \end{pmatrix}, \quad \mathbf{d} = \begin{pmatrix} s + 11 \\ 3 \\ 1 \end{pmatrix}.$$

a. Wie dürfen die reellen Parameter r und s gewählt werden, damit **d** als Linearkombination der Vektoren **a**, **b** und **c** darstellbar ist? Bitte alle Möglichkeiten angeben!

b. Wie ist der Parameter r zu wählen, damit die Vektoren **a**, **b**, **c** linear abhängig sind?

c. Welchen Wert muss s annehmen, damit die aus den Vektoren **a**, **c** und **d** gebildete Matrix **M** regulär ist?

d. Wie sind die Parameter r und s zu spezifizieren, damit die aus den Vektoren **b**, **c** und **d** gebildete Matrix **N** eine Inverse besitzt?

Lösungen

11.1

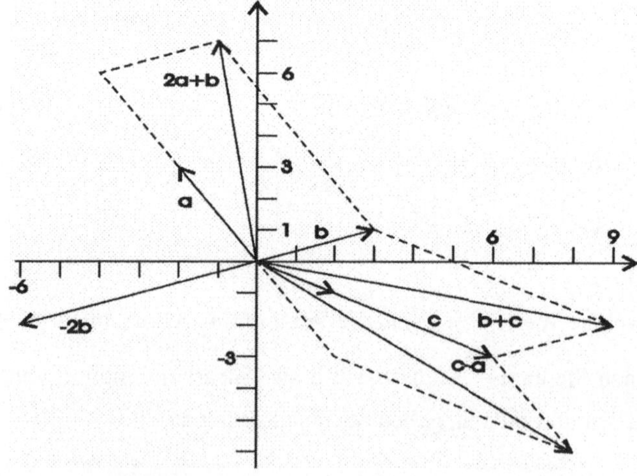

11.2 a. $\mathbf{a'} \cdot \mathbf{b} + \mathbf{d'} \cdot \mathbf{e} = (-10 + 12) + (14 - 1) = 15$

b. Ist nicht berechenbar, da $\mathbf{c'}$ und $\mathbf{d'}$ bzw. $\mathbf{b}$ und $\mathbf{c}$ Vektoren mit unterschiedlich vielen Komponenten sind.

c. $(2\mathbf{a} - 3\mathbf{e})' \cdot \mathbf{d} = (-5, -4, 3) \cdot \begin{pmatrix} 0 \\ 7 \\ 1 \end{pmatrix} = -28 - 3 = -31$

d. $\mathbf{b} \cdot \mathbf{e'} = \begin{pmatrix} -15 & -10 & -5 \\ 0 & 0 & 0 \\ 12 & 8 & 4 \end{pmatrix}$

e. Ist nicht berechenbar, da Spaltenvektoren nicht mit Zeilenvektoren addiert werden können. Außerdem ist das Skalarprodukt $\mathbf{c'} \cdot \mathbf{e}$ nicht definiert, da die Vektoren unterschiedlich viele Komponenten aufweisen.

f. $(3\mathbf{b'} + \mathbf{e'}) \cdot (\mathbf{a} - 2\mathbf{d}) = (-12, 2, 13) \cdot \begin{pmatrix} 2 \\ -13 \\ 5 \end{pmatrix} = -24 - 26 + 65 = 15$

11.3 a. $a > 0$, $a \ge b > c$, $c < 0$

b. $\mathbf{a} \perp \mathbf{b}$, da $(3, 5, 1, 2) \cdot \begin{pmatrix} 1 \\ 0 \\ 1 \\ -2 \end{pmatrix} = 3 + 1 - 4 = 0$

$\mathbf{b} \perp \mathbf{c}$, da $(1, 0, 1, -2) \cdot \begin{pmatrix} -5 \\ -2 \\ -1 \\ -3 \end{pmatrix} = -5 - 1 + 6 = 0$

11.4 Die Vektoren $\mathbf{a}$, $\mathbf{b}$, $\mathbf{c}$ sind linear abhängig, wenn das homogene Gleichungssystem

$$\mathbf{a}\lambda_1 + \mathbf{b}\lambda_2 + \mathbf{c}\lambda_3 = 0$$

nichttriviale Lösungen besitzt.

λ_1	λ_2	λ_3	RS
1	y	1	0
-1	0	-1	0
x	2	1	0
0	y	0	0
1	0	1	0
$x-1$	2	0	0
$-y\dfrac{x-1}{2}$	0	0	0
1	0	1	0
$\dfrac{x-1}{2}$	1	0	0

Es existieren nichttriviale Lösungen, wenn $\quad -y\dfrac{x-1}{2} = 0$

$\Leftrightarrow\quad y = 0 \ \text{oder}\ x = 1$

11.5 a. b lässt sich als Linearkombination der von $\mathbf{a}_1$, $\mathbf{a}_2$, $\mathbf{a}_3$, $\mathbf{a}_4$ darstellen, wenn die Gleichung $\lambda_1\mathbf{a}_1 + \lambda_2\mathbf{a}_2 + \lambda_3\mathbf{a}_3 + \lambda_4\mathbf{a}_4 = \mathbf{b}$ wenigstens eine Lösung hat.

b. Nur wenn die Vektoren $\mathbf{a}_1$, $\mathbf{a}_2$, $\mathbf{a}_3$, $\mathbf{a}_4$ linear unabhängig sind, lässt sich jeder Vektor des $\mathbf{R}^4$ als Linearkombination dieser Vektoren darstellen.

$\mathbf{a}_1$	$\mathbf{a}_2$	$\mathbf{a}_3$	$\mathbf{a}_4$	$\mathbf{b}$
1	4	0	-1	-2
2	7	0	-1	-3
3	7	1	2	-3
4	9	0	3	-1
-1	-4	0	1	2
1	3	0	0	-1
5	15	1	0	-7
7	21	0	0	-7
0	-1	0	1	1
1	3	0	0	-1
0	0	1	0	-2
0	0	0	0	0

$\Rightarrow$ **b** lässt sich als Linearkombination darstellen, z. B. in der Form
$\mathbf{b} = -\,\mathbf{a}_1 - 2\mathbf{a}_3 + \mathbf{a}_4$

$\Rightarrow$ die Vektoren $\mathbf{a}_1$, $\mathbf{a}_2$, $\mathbf{a}_3$, $\mathbf{a}_4$ sind linear abhängig und daher lässt sich nicht jeder Vektor des $\mathbf{R}^4$ als Linearkombination dieser Vektoren darstellen.

c. Da der Schlüssel in der 2. Gleichung an die Stelle $a_{23} = 3$ oder $b_2 = -1$ gesetzt werden kann, hat **M** den Rang 3.

d. Der Vektor $\mathbf{a}_3$ lässt sich nicht als Linearkombination der Vektoren $\mathbf{a}_1$, $\mathbf{a}_2$, $\mathbf{a}_4$ darstellen, da im entschlüsselten Tableau diese Vektoren in der 3. Komponente nur Nullen aufweisen.

11.6 a. "SoJa2" kann die beiden Sterne erreichen, wenn die Gleichungen
$$\mathbf{a}\cdot\mathbf{x}_1 + \mathbf{b}\cdot\mathbf{x}_2 + \mathbf{c}\cdot\mathbf{x}_3 = \mathbf{GM} \quad \text{und} \quad \mathbf{a}\cdot\mathbf{y}_1 + \mathbf{b}\cdot\mathbf{y}_2 + \mathbf{c}\cdot\mathbf{y}_3 = \mathbf{GB}$$
wenigstens eine Lösung haben.

b. Wenn die Vektoren **a**, **b**, **c**, linear abhängig sind, ist eine der Fortbewegungsmöglichkeiten überflüssig. Dies ist dann gegeben, wenn das Gleichungssystem $\mathbf{a}\cdot\lambda_1 + \mathbf{b}\cdot\lambda_2 + \mathbf{c}\cdot\lambda_3 = 0$ nichttriviale Lösungen besitzt.

c. "SoJa2" wäre beweglicher, wenn **d** linear unabhängig von **a**, **b**, **c** wäre. Dies ist dann gegeben, wenn das Gleichungssystem $\mathbf{a}\cdot\mu_1 + \mathbf{b}\cdot\mu_2 + \mathbf{c}\cdot\mu_3 + \mathbf{d}\cdot\mu_3 = 0$ nur die triviale Lösung besitzt.

a	b	c	d	GM	GB
7	2	-1	-9	170	340
2	5	13	-6	270	2010
-3	1	6	2	20	40
13	0	-13	-13	130	260
17	0	-17	-16	170	1810
-3	1	6	2	20	40
1	0	-1	-1	10	20
0	0	0	1	0	1470
0	1	3	-1	50	100
1	0	-1	0	10	1490
0	0	0	1	0	1470
0	1	3	0	50	1570

a. Nur der Stern "Großer Maoam" lässt sich erreichen, z. B. durch
$\mathbf{GM} = 10\mathbf{a} + 50\mathbf{b}$.
Der Stern "Golden Bear" lässt sich dagegen nicht ansteuern.

b. Nur zwei der Vektoren $\mathbf{a}, \mathbf{b}, \mathbf{c}$ sind linear unabhängig. So lässt sich $\mathbf{c}$ darstellen als $\mathbf{c} = -\mathbf{a} + 3\mathbf{b}$

c. Der Vektor $\mathbf{d}$ ist linear unabhängig von den Vektoren $\mathbf{a}, \mathbf{b}, \mathbf{c}$. Daher lässt sich auch der Stern $\mathbf{GB}$ erreichen, z. B. durch
$\mathbf{GB} = 1490\mathbf{a} + 1570\mathbf{b} + 1470\mathbf{d}$.

11.7 Die Positionen $\mathbf{b}_1$ bzw. $\mathbf{b}_2$ lassen sich mit den Richtungsvektoren $\mathbf{a}_1, \mathbf{a}_2, \mathbf{a}_3$ ansteuern, wenn das Gleichungssystem

$$\lambda_1 \mathbf{a}_1 + \lambda_2 \mathbf{a}_2 + \lambda_3 \mathbf{a}_3 = \mathbf{b}_i$$

wenigstens eine Lösung hat.

Mit den Richtungsvektoren $\mathbf{a}_1, \mathbf{a}_2, \mathbf{a}_3$ lässt sich jede Himmelsposition erreichen, wenn diese Vektoren linear unabhängig sind, d. h. das Gleichungssystem

$$x_1 \mathbf{a}_1 + x_2 \mathbf{a}_2 + x_3 \mathbf{a}_3 = \mathbf{0}$$

darf nur die triviale Lösung haben.

Der Gesellschafter Wasser behauptet, dass die Vektoren $\mathbf{a}_1, \hat{\mathbf{a}}_2, \mathbf{a}_3$ linear unabhängig sind, d. h. das homogene Gleichungssystem

$$y_1 \mathbf{a}_1 + y_2 \hat{\mathbf{a}}_2 + y_3 \mathbf{a}_3 = \mathbf{0}$$

darf nur die triviale Lösung haben.

$\mathbf{a}_1$	$\mathbf{a}_2$	$\mathbf{a}_3$	$\hat{\mathbf{a}}_2$	$\mathbf{b}_1$	$\mathbf{b}_2$
3	11	1	8	40	16
1	-1	-2	-1	-3	9
2	4	-1	4	15	3
0	14	7	11	49	-11
1	-1	-2	-1	-3	9
0	6	3	6	21	-15
0	0	0	-3	0	24
1	3	0	3	11	-1
0	2	1	2	7	-5

Die Rechnung bestätigt Wassers Behauptungen. Nur die Position $\mathbf{b}_1$ lässt sich mit den Richtungsvektoren $\mathbf{a}_1, \mathbf{a}_2, \mathbf{a}_3$ erreichen, und zwar als

$$\mathbf{b}_1 = 11\mathbf{a}_1 + 7\mathbf{a}_3.$$

Dagegen lässt sich die Position $\mathbf{b}_2$ nicht ansteuern, da das entsprechende Gleichungssystem keine Lösung hat (bzw. eindeutig entschlüsselt ist, keine freie Variable aufweist).

Wasser hat Recht mit seiner Behauptung, dass die Vektoren $\mathbf{a}_1, \hat{\mathbf{a}}_2, \mathbf{a}_3$ linear unabhängig sind, denn bei $a_{14} = -3$ lässt sich ein 3. Schlüssel setzen. Wird $\mathbf{a}_2$ durch $\hat{\mathbf{a}}_2$ ersetzt, so lassen sich alle Himmelspositionen erreichen.

11.8. a. Die Vektoren $\mathbf{a}_1, \mathbf{a}_2, \mathbf{a}_3$ sind linear unabhängig, wenn das homogene Gleichungssystem $x_1\mathbf{a}_1 + x_2\mathbf{a}_2 + x_3\mathbf{a}_3 = 0$ nur eine triviale Lösung hat.

b. Der Vektor $\mathbf{b}$ lässt sich als Linearkombination der Vektoren $\mathbf{a}_1, \mathbf{a}_2, \mathbf{a}_3$ darstellen, wenn das Gleichungssystem $y_1\mathbf{a}_1 + y_2\mathbf{a}_2 + y_3\mathbf{a}_3 = \mathbf{b}$ wenigstens eine Lösung besitzt.

$\mathbf{a}_1$	$\mathbf{a}_2$	$\mathbf{a}_3$	$\mathbf{b}$	$\mathbf{c}$
1	0	a	-1	0
2	2	0	12	0
3	1	2	2	2
1	0	a	-1	0
-4	0	-4	8	-4
3	1	2	2	2
0	0	$a-1$	1	-1
1	0	1	-2	1
0	1	-1	8	-1

$\Rightarrow$ für $a - 1 \neq 0$ lässt sich ein dritter Schlüssel setzen, so dass keine freie Variable existiert, d. h. für $a \neq 1$ sind die Vektoren $\mathbf{a}_1, \mathbf{a}_2, \mathbf{a}_3$ linear unabhängig.

Für $a = 2$ gilt speziell:

0	0	1	1	-1
1	0	0	-3	2
0	1	0	9	-2

$\Rightarrow \mathbf{b}$ lässt sich als LK darstellen und es gilt $\mathbf{b} = -3\mathbf{a}_1 + 9\mathbf{a}_2 + \mathbf{a}_3$

$\Rightarrow r(\mathbf{a}_1, \mathbf{a}_2, \mathbf{a}_3) = r(\mathbf{a}_1, \mathbf{a}_2, \mathbf{a}_3, \mathbf{c}) = 3$

Nach dem Satz von FROBENIUS hat daher das Gleichungssystem $(\mathbf{a}_1, \mathbf{a}_2, \mathbf{a}_3) \cdot \mathbf{x} = \mathbf{c}$ eine Lösung.

11.9

a	b	c	d
2	$r^2 + 5r$	2	$s + 11$
1	-3	1	3
1	2	0	1
0	$r^2 + 5r + 6$	0	$s + 5$
1	-3	1	3
1	2	0	1
0	$r^2 + 5r + 6$	0	$s + 5$
0	-5	1	2
1	2	0	1

a. Der Vektor $\mathbf{d}$ lässt sich als Linearkombination von $\mathbf{a}$, $\mathbf{b}$, $\mathbf{c}$ darstellen, wenn das Gleichungssystem $G_a : \lambda_1 \mathbf{a} + \lambda_2 \mathbf{b} + \lambda_3 \mathbf{c} = \mathbf{d}$ eine Lösung hat.

<u>Fall I:</u> Das Gleichungssystem G_a hat eine eindeutige Lösung, wenn
$$r^2 + 5r + 6 \neq 0 \text{ bei beliebigem } s \in \mathbf{R},$$
d. h. wenn $r \neq -2$ und $r \neq -3$ und $s \in \mathbf{R}$ beliebig.

<u>Fall II:</u> Das Gleichungssystem G_a hat unendlich viele Lösungen, falls
$$r^2 + 5r + 6 = 0 \text{ und } s + 5 = 0,$$
d. h. für ($r = -2$ oder $r = -3$) und $s = -5$.

b. Die Vektoren $\mathbf{a}$, $\mathbf{b}$, $\mathbf{c}$ sind linear abhängig, wenn das Gleichungssystem $x_1 \mathbf{a} + x_2 \mathbf{b} + x_3 \mathbf{c} = \mathbf{0}$ nicht-triviale Lösungen hat.

Folglich sind die Vektoren $\mathbf{a}$, $\mathbf{b}$, $\mathbf{c}$ linear abhängig, wenn $r = -2$ oder $r = -3$ ist.

c. Die Matrix **M** ist regulär, wenn die Vektoren **a, c, d** linear unabhängig sind, d. h. wenn das Gleichungssystem

$$y_1\mathbf{a} + y_2\mathbf{c} + y_3\mathbf{d} = \mathbf{0} \quad \text{nur die triviale Lösung besitzt.}$$

Dies ist nach dem Tableau für $s + 5 \neq 0$, d. h. für $s \neq -5$ gegeben.

d. Die Matrix **N** besitzt eine Inverse, wenn die Vektoren **b, c, d** linear unabhängig sind, d. h. wenn das Gleichungssystem

$$z_1\mathbf{b} + z_2\mathbf{c} + z_3\mathbf{d} = \mathbf{0} \quad \text{nur die triviale Lösung besitzt.}$$

$(r^2 + 5r + 6) - 2(s + 5)$	0	0	0
-9	1	0	0
2	0	1	0

Dies gilt für $(r^2 + 5r + 6) - 2(s + 5) \neq 0$,

d. h. für $s = \frac{1}{2}(r^2 + 5r) - 2$ mit $r \in \mathbf{R}$ beliebig.

12. Matrizen

Sätze und Regeln

Sätze über transponierte Matrizen

$$[A \cdot B] \, C = A \, [B \cdot C] = A \cdot B \cdot C \qquad \textit{Assoziativgesetz}$$

$$\left. \begin{array}{l} A \, [B + C] = AB + AC \\ [A + B] \, C = AC + BC \end{array} \right\} \qquad \textit{Distributivgesetze}$$

$$(A \cdot B)' = B' \cdot A'$$

$$E \cdot A = A = A \cdot E$$

Satz von FROBENIUS

Das Gleichungssystem $Ax = b$ hat dann und nur dann wenigstens eine Lösung, wenn $r(A) = r(A, b)$.

Alternativ-Theorem für lineare Gleichungssysteme mit quadratischen Koeffizientenmatrizen

A. Besitzt das homogene System $Ax = 0$ nur die triviale Lösung, so hat das inhomogene System $Ax = b$ genau eine Lösung für jede Wahl der rechten Seite b.

B. Hat das homogene System nichttriviale Lösungen, so ist das inhomogene System nicht für jede Wahl der rechten Seite lösbar.

Allgemeine Lösungen von linearen Gleichungssystemen

Ist x^* eine beliebige Lösung des inhomogenen Gleichungssystems $Ax = b$, und ist $\bar{x}$ die allgemeine Lösung des zugehörigen homogenen Gleichungssystems $Ax = 0$, dann ist

$x = x^* + \bar{x}$ die allgemeine Lösung des inhomogenen Systems.

Satz über inverse Matrizen

Sind **A** und **B** reguläre n×n-Matrizen, so gilt:

$(\mathbf{A}^{-1})^{-1} = \mathbf{A},$ d. h. $\mathbf{A}^{-1}$ ist ebenfalls regulär

$(\mathbf{A}')^{-1} = (\mathbf{A}^{-1})'$

$(\mathbf{A}\cdot\mathbf{B})^{-1} = \mathbf{B}^{-1}\cdot\mathbf{A}^{-1}$

$(k\cdot\mathbf{A})^{-1} = \dfrac{1}{k}\cdot\mathbf{A}^{-1}$ $\forall\ k \in \mathbf{R}\setminus\{0\}$

Hauptformel der Input-Output-Theorie

$\mathbf{y} = (\mathbf{E} - \mathbf{A})\cdot\mathbf{x}$ oder $\mathbf{x} = (\mathbf{E} - \mathbf{A})^{-1}\cdot\mathbf{y}$

Aufgaben

12.1 Gegeben sind die Vektoren und Matrizen

$$\mathbf{a}' = (0, -2, 1), \qquad \mathbf{b}' = (8, 2, 4), \qquad \mathbf{c}' = (3, 2, 0)$$

$$\mathbf{D} = \begin{pmatrix} 3 & 4 & 2 \\ 7 & 0 & 1 \end{pmatrix}, \qquad \mathbf{E} = \begin{pmatrix} -1 & -2 & 2 \\ 6 & 0 & 1 \end{pmatrix}$$

    a. Welche Ordnungsrelationen bestehen zwischen den Vektoren bzw. den Matrizen?

    b. Führen Sie die nachstehenden Rechenoperationen aus bzw. begründen Sie, warum eine Teilaufgabe nicht durchführbar ist.

        $\alpha.$ $\mathbf{E}\cdot\mathbf{D}\cdot\mathbf{c}$ $\beta.$ $\mathbf{b}'\cdot\mathbf{E}'$ $\gamma.$ $\mathbf{a}\cdot\mathbf{c}'$

        $\delta.$ $\mathbf{D}'\cdot\mathbf{E}$ $\varepsilon.$ $\mathbf{E}\,(\mathbf{b} - 3\mathbf{a})$

    c. Welche der Vektoren **a**, **b**, **c** sind orthogonal zueinander? Nur positive Antworten mit Begründung aufschreiben!

12.2 Gegeben sind die Matrizen und die Vektoren

$$\mathbf{A} = \begin{pmatrix} 0 & 4 & 6 \\ 0 & 2 & 1 \\ 1 & 2 & 0 \end{pmatrix}, \quad \mathbf{B} = \begin{pmatrix} a & 3 & 5 \\ 1 & 2 & 3 \\ 2 & 1 & b \end{pmatrix}, \quad \mathbf{C} = \begin{pmatrix} 16 & 14 & 18 \\ 4 & 5 & 7 \\ 10 & 7 & 11 \end{pmatrix},$$

$$\mathbf{x} = \begin{pmatrix} 2 \\ -1 \\ 3 \end{pmatrix}, \quad \mathbf{d} = \begin{pmatrix} a \\ 10 \\ 0 \end{pmatrix}.$$

a. Wie müssen die Parameter a und b gewählt werden, dass gilt $\mathbf{B} \le \mathbf{C}$, aber nicht $\mathbf{B} < \mathbf{C}$?

b. Bestimmen Sie die Parameter a und b so, dass die Gleichung $\mathbf{A} \cdot \mathbf{B} = \mathbf{C}$ eine Lösung hat.

c. Wie müssen die Parameter a und b gewählt werden, damit gilt $(\mathbf{A} + \mathbf{B}) \cdot \mathbf{x} = \mathbf{d}$?

d. Bestimmen Sie den Parameter a so, dass die Vektoren $\mathbf{x}$ und $\mathbf{d}$ zueinander orthogonal sind.

12.3 **a.** Welche reellen Zahlen müssen für x, y und z eingesetzt werden, damit die nachfolgende Gleichung erfüllt ist?

$$\begin{pmatrix} 1 & 3 & 4 \\ 3 & 2 & 1 \\ -2 & 0 & -5 \end{pmatrix} \cdot \begin{pmatrix} 2x & z \\ y & \frac{1}{2}x \\ 1 & 2 \end{pmatrix} = \begin{pmatrix} 3 & 8 \\ -9 & 9 \\ 3 & -16 \end{pmatrix}$$

b. Welche reellen Zahlen müssen für x und y eingesetzt werden, damit die Gleichung

$$\begin{pmatrix} 1 & 2 & 0 & 2 \\ 8 & 2 & 4 & 1 \\ y & 3 & 4 & 1 \end{pmatrix} \cdot \begin{pmatrix} 1 \\ 0 \\ 2 \\ 2 \end{pmatrix} = \begin{pmatrix} 1+2x \\ 18 \\ 6 \end{pmatrix} \quad \text{erfüllt ist?}$$

12.4 Gegeben sind die Matrizen und die Vektoren:

$$\mathbf{A} = \begin{pmatrix} 5 & 1 & 11 \\ a & b & -3 \\ 14 & -8 & 1 \end{pmatrix}, \mathbf{B} = \begin{pmatrix} a & 2 & -4 \\ 7 & -1 & c \\ -13 & 6 & 1 \end{pmatrix}, \mathbf{x} = \begin{pmatrix} 2 \\ -3 \\ 1 \end{pmatrix}, \mathbf{d} = \begin{pmatrix} 6 \\ 4 \\ c \end{pmatrix}$$

a. Bestimmen Sie die Parameter a, b und c so, dass die Gleichung

$(\mathbf{A}+\mathbf{B})\,\mathbf{x} = \mathbf{d}$ eine Lösung hat.

b. Lassen sich die Parameter a, b und c so bestimmen, dass $\mathbf{A} \ge \mathbf{B}$? Wenn ja, geben Sie <u>eine</u> geeignete Lösung an.

c. Bestimmen Sie den Parameter c so, dass die Vektoren $\mathbf{x}$ und $\mathbf{d}$ zueinander orthogonal sind.

12.5 In welchem Wertebereich darf $\lambda \in \mathbf{R}$ liegen, damit gilt $\mathbf{A} \le \mathbf{B}$, wobei

$$\mathbf{A} = \begin{pmatrix} 0 & 3 & 2 \\ 7 & \lambda^2 - 3\lambda + 3 & -5 \\ -3 & 0 & 2 \end{pmatrix} \text{ und } \mathbf{B} = \begin{pmatrix} \frac{\lambda}{2} & 4 & 4 \\ 7 & \lambda & 2 \\ 1 & 3 & \lambda \end{pmatrix}.$$

12.6 Berechnen Sie zunächst die inverse Matrix zu $\mathbf{A} = \begin{pmatrix} 1 & 2 & 4 \\ 3 & 4 & 10 \\ 2 & 0 & 1 \end{pmatrix}$.

Bestimmen Sie dann die unbekannte Matrix $\mathbf{X}$, die der Gleichung

$$\mathbf{A} \cdot \mathbf{X} = \mathbf{Y} \quad \text{mit} \quad \mathbf{Y} = \begin{pmatrix} 1 & 3 \\ 2 & 1 \\ 3 & 1 \end{pmatrix} \quad \text{genügt.}$$

12.7 Der Automechaniker F. Risier hat sich auf das Tunen von Sportwagen spezialisiert. In seinem Angebot befinden sich die beiden Modelle STURM und SPRINT, die sich aus folgenden Zwischenprodukten (Z) und Einzel-

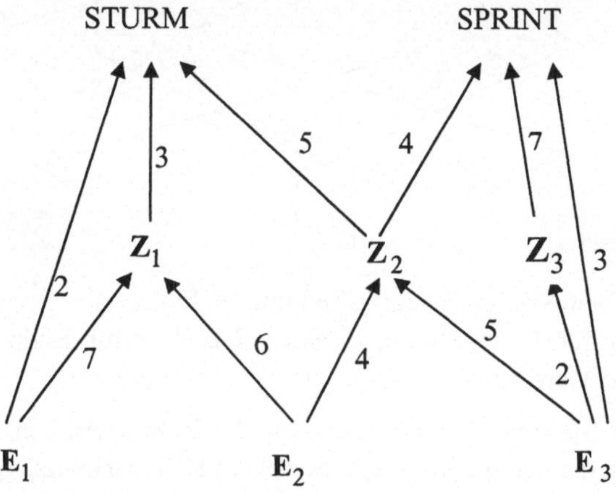

teilen (E) zusammensetzen:

a. Beschreiben sie durch geeignete Matrizen den direkten Bedarf an $\mathbf{E}_i$ und $\mathbf{Z}_j$ für die beiden Modelle und den Bedarf an $\mathbf{E}_i$ und $\mathbf{Z}_j$, $i = 1, 2, 3$; $j = 1, 2, 3$.

b. Erstellen Sie eine Matrix, die den direkten als auch den indirekten Bedarf an E_i bzgl. der beiden Modelle wiedergibt.

c. Der Rennsport-Mäzen R. Aser bestellt 5 Wagen vom Typ STURM und 7 Wagen vom Typ SPRINT.

   Kann F. Risier den Auftrag erfüllen, wenn er nur 150 Teile E_i und je 350 Teile E_2 und E_3 zur Verfügung hat?

d. Wie viele Zwischenprodukte werden für diesen Auftrag benötigt?

12.8 Ein Unternehmen fertigt aus den Rohmaterialien R_1, R_2, R_3 und den Zwischenprodukten Z_1, Z_2, Z_3, Z_4 die beiden Endprodukte E_1 und E_2. Die Produktionsstruktur des Betriebes lässt sich durch das nachstehende Diagramm beschreiben, wobei alle Angaben den Bedarf pro Mengeneinheit der Zwischen- bzw. Endprodukte darstellen.

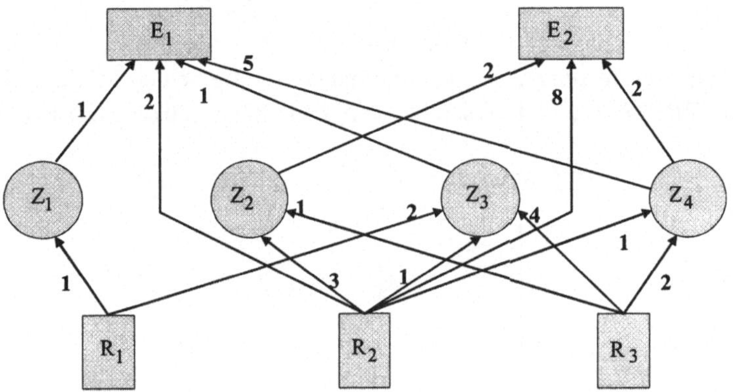

a. Beschreiben Sie die Bedarfssituation (R-Bedarf für Zwischenprodukte, Z-Bedarf für Endprodukte, direkter R-Bedarf für Endprodukte) durch geeignete Matrizen.

b. Erstellen Sie eine Bedarfsmatrix für die Rohmaterialien bzgl. der Endprodukte, die den direkten und indirekten R-Bedarf wiedergeben.

c. Wie viele Rohmaterialien werden für die Produktion von $\mathbf{x}' = (500, 2000)$ Endprodukten benötigt?

d. Wie viele Zwischenprodukte müssen zur Erfüllung dieses Produktionsplanes gefertigt werden?

12.9 In einem Betrieb werden aus den Einsatzfaktoren B (Bretter), H (Halterungen) und S (Schrauben) zunächst die Regale Typ R_1 und Typ R_2
hergestellt; im weiteren Produktionsverlauf werden die Regale zu den
Schrankwänden W_1 ("Robust") und W_2 ("Stabil") zusammengefügt. Bei
der Fertigung gelten folgende Produktionsbeziehungen: ein Regal des Typs
R_1 besteht aus einem Brett, zwei Halterungen und acht Schrauben; ein
Regal des Typs R_2 besteht aus zwei Brettern, sechs Halterungen und 14
Schrauben. Zur Produktion einer Schrankwand W_1 werden benötigt: drei
Regale des Typs R_1 und ein Regal R_2 sowie weiteren zwölf Schrauben
und vier Halterungen. Die Schrankwand W_2 besteht aus einem Regal R_1,
drei Regalen R_2 und weiteren zwölf Schrauben und zwei Halterungen.

a. Erstellen Sie einen Gozintographen, der den Produktionsprozess
beschreibt.

b. Beschreiben Sie den Materialfluss zwischen den einzelnen Stufen durch
Matrizen.

c. Berechnen Sie über Matrizenoperationen die Anzahl an Brettern,
Halterungen und Schrauben je Schrankwand (direkter, indirekter und
gesamter Verbrauch).

d. Wie viele Bretter, Halterungen und Schrauben werden zur Herstellung
von 300 Schrankwänden "Robust" und 500 Schrankwänden "Stabil"
benötigt?

12.10 Ein Betrieb montiert über zwei Fertigungsstufen aus den Einzelteilen
E_1, E_2 und E_3 zunächst die Baugruppen B_1 und B_2 und dann die Endprodukte P_1 und P_2. Die jeweils benötigten Stückzahlen entnehmen Sie
bitte den folgenden Stücklisten:

$B_1 : E_1(2),\ E_2(5),\ E_3(2)$

$B_2 : E_1(2),\ E_2(1),\ E_3(5)$

$P_1 : B_1(3),\ B_2(1),\ E_1(3)$

$P_2 : B_1(1),\ B_2(2),\ E_2(1),\ E_3(2)$

a. Stellen Sie Matrizen auf, die den Materialverbrauch beschreiben.

b. Berechnen Sie über Matrizenoperationen den Einsatz an Einzelteilen je
Endprodukt (direkter und indirekter Bedarf).

c. Bestimmen Sie die Gesamtmengen an benötigten Einzelteilen, um das folgende Programm zu fertigen (in Stück):

$$P_1(10), \quad P_2(20).$$

12.11 Gegeben sind die folgenden Matrizen

$$A = \begin{pmatrix} 2 & 0 \\ 2 & 4 \end{pmatrix} \quad B = \begin{pmatrix} 1 & 1 \\ 5 & 2 \end{pmatrix} \quad C = \begin{pmatrix} -3 & 5 \\ 6 & -2 \end{pmatrix}$$

Lösen Sie die Matrizengleichung

$$4A - C - 3 \cdot B' \cdot D = E$$

zunächst allgemein nach **D** auf und bestimmen Sie dann mit den oben angegebenen Matrizenelementen die Matrix **D**. Dabei ist **E** die 2×2 Einheitsmatrix.

12.12 Gegeben sind die folgenden Matrizen

$$A = \begin{pmatrix} 2 & 0 \\ 2 & 4 \end{pmatrix} \qquad B = \begin{pmatrix} 1 & 1 \\ 5 & 2 \end{pmatrix} \qquad C = \begin{pmatrix} -3 & 5 \\ 6 & -2 \end{pmatrix}$$

Lösen Sie die Matrizengleichung

$$5B - 2B \cdot D - (A - C) \cdot D = C \cdot D + A'$$

zunächst allgemein nach **D** auf und bestimmen Sie dann mit den oben angegebenen Matrizenelementen die Matrix **D**. Dabei ist **E** die 2×2 Einheitsmatrix.

12.13 Gegeben sind die nachfolgenden Matrizen und Vektoren

$$A = \begin{pmatrix} -4 & 5 \\ 2 & -1 \end{pmatrix}, \quad B = \begin{pmatrix} 3 & -2 \\ 1 & -2 \end{pmatrix}, \quad c = \begin{pmatrix} 1 \\ -3 \end{pmatrix}, \quad d = \begin{pmatrix} 4 \\ 1 \end{pmatrix}$$

Lösen Sie die Matrizengleichung

$$(A + B) \cdot x + A' c = x - d$$

zunächst allgemein nach **x** auf und bestimmen Sie dann durch Einsetzen der vorstehenden speziellen Matrizen und Vektoren den numerischen Wert von **x**.

12.14 Gegeben sind die Matrizen

$$A = \begin{pmatrix} 3 & 5 \\ 4 & -3 \end{pmatrix}, \quad B = \begin{pmatrix} 1 & 3 \\ 2 & 1 \end{pmatrix}, \quad C = \begin{pmatrix} 1 & -3 & -2 \\ 2 & 1 & 3 \end{pmatrix}$$

Lösen Sie, falls möglich, die Matrizengleichung

a. $\mathbf{A} \cdot \mathbf{X} + 3\mathbf{X} \cdot \mathbf{B} = 5\mathbf{C}$ nach $\mathbf{X}$ auf,

b. $\mathbf{A} \cdot \mathbf{Y} = 2\mathbf{B} \cdot \mathbf{Y} + 10\mathbf{C}$ nach $\mathbf{Y}$ auf.

Führen Sie zunächst die Auflösung allgemein durch. Setzen Sie die speziellen Matrizen **A**, **B** und **C** erst in die Endgleichung ein und berechnen Sie dann die unbekannte Matrix **X** bzw. **Y**.

12.15 Gegeben sei die Matrix $\mathbf{A} = \begin{pmatrix} 1 & 2 & 3 \\ 1 & c & 3 \\ 1 & 2 & c \end{pmatrix}$.

Für welche reellen Zahlen c gilt

a. $r(\mathbf{A}) = 1$,   **b.** $r(\mathbf{A}) = 2$,   **c.** $r(\mathbf{A}) = 3$?

12.16 Gegeben ist die 3×3-Matrix

$$\mathbf{A} = \begin{pmatrix} 1 & a & 6 \\ 2 & 4 & a \\ 1 & 2 & 6 \end{pmatrix}$$

a. Wie muss die reelle Zahl a gewählt werden, damit **A** den Rang 3 hat?

b. Lässt sich a auch so wählen, dass **A** den Rang 1 hat?

12.17 Das Unternehmen G. Winn besitzt 3 Produktionsbetriebe. Die Lieferungen dieser Betriebe untereinander und an den Sektor Verkauf sind aus dem nachstehenden Verflechtungsdiagramm ersichtlich.

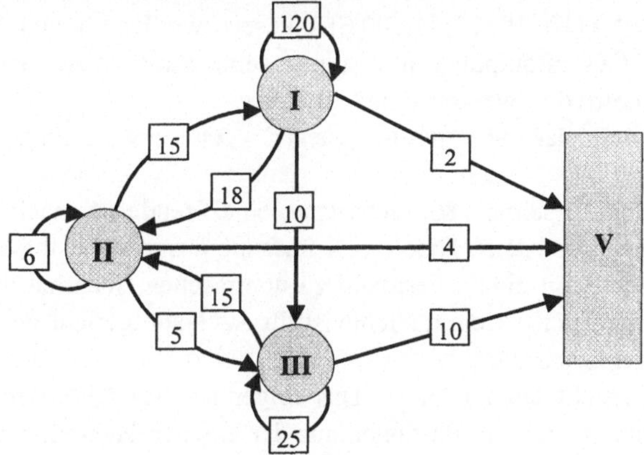

a. Beschreiben Sie die Verflechtungen zwischen den Betrieben I, II, III und dem Verkauf in Form einer Input-Output-Tabelle.

b. Geben Sie die Matrix $\mathbf{P}$ der relativen Input-Output-Koeffizienten an und interpretieren Sie die erste Spalte von $\mathbf{P}$.

c. Wie sieht der Gesamtproduktionsplan $\mathbf{x}$ aus, damit eine Verkaufsnachfrage von $\mathbf{y'} = (21, 12, 30)$ gedeckt werden kann?
Lösung mittels der LEONTIEF-Inversen erwünscht!

12.18 Ein Betrieb produziert in jeder seiner drei Abteilungen A, B und C genau ein Gut. Dabei versorgen sich die Abteilungen gegenseitig mit den benötigten Inputgütern. Der Rest des Bruttooutputs $\mathbf{x}$ wird dem Verkaufssektor V zur Verfügung gestellt. Die nachfolgende Input-Output-Tabelle gibt die Verflechtung der Abteilungen untereinander und den Bruttooutput für den Monat Juli 2002 an, gemessen in [1.000 €]:

	A	B	C	V	Bruttooutput
A	40	4	4		50
B	0	8	0		10
C	0	3	36		40

a. Berechnen Sie den (Geld-)Wert der Güter, welche im Monat Juli 2002 zum Verkauf bereitgestellt werden!

b. Stellen Sie die Matrix $\mathbf{A}$ der relativen Input-Output-Koeffizienten a_{ij} auf und interpretieren Sie diese.

c. Der Verkaufssektor V meldet, dass im Monat August 2002 Güter im Wert von $\mathbf{y'} = (10, 10, 10)$ [1.000 €] abgesetzt werden können. Wie groß muss der Gesamtoutput $\mathbf{x}$ im August sein, damit dieser Bedarf des Verkaufs befriedigt werden kann?
Lösung mittels der LEONTIEF-Inversen $(\mathbf{E} - \mathbf{A})^{-1}$ erwünscht.

12.19 Um Ihrem Opa zu seinem 80. Geburtstag eine Freude zu machen, haben sich seine drei Enkel Jens, Nicole und Susanne ausgedacht, ihn und seine Geburtstagsgäste mit einem Festmahl zu überraschen. Jens hat dafür eine ausgefallene Vorspeise kreiert, Nicole ist für das Hauptgericht, Susanne für das Dessert verantwortlich.
Aber Arbeit macht auch Hunger. Das folgende Verflechtungsdiagramm gibt an, welche Anzahl an Portionen aus der eigenen Herstellung und der

Produktion der beiden anderen von Jens, Nicole und Susanne selbst aufge-
gessen wurden, d. h. – ökonomisch ausgedrückt – wieder als Input in den
"Produktionsprozess" eingeflossen sind.

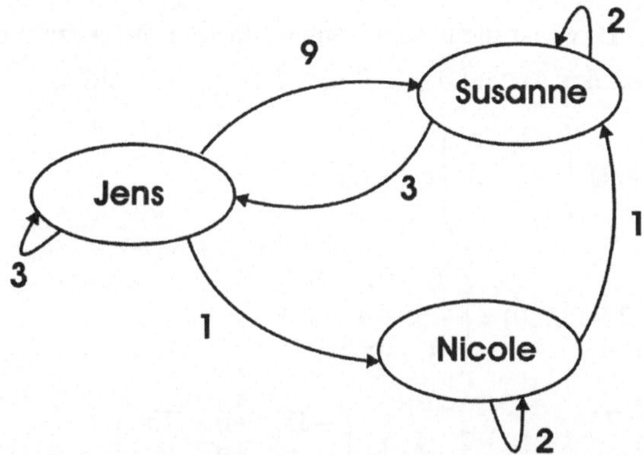

a. Stellen Sie die im obigen Verflechtungsdiagramm dargestellten
Input/Output-Beziehungen in einer Tabelle dar

b. Die drei Enkel können mit den eingekauften Lebensmitteln (brutto!) 15
Vorspeisen, 10 Hauptgerichte und 20 Desserts herstellen. Berechnen Sie
den Spaltenvektor **Y** der angibt, wie viele Portionen der jeweiligen
Gerichte für die Geburtstagsgäste übrig bleiben.

c. Stellen Sie die Matrix **P** der relativen Input-Output-Koeffizienten auf
und interpretieren Sie diese Matrix.

d. Für wie viele Vorspeisen, Hauptgerichte und Desserts hätten die drei
Enkel Lebensmittel einkaufen müssen, wenn 16 Teilnehmer der
Geburtstagsparty mit einem kompletten Menü beglückt werden sollten?

Lösungen

12.1 a. $a < b$, $\quad b \geq c$, $\quad D \geq E$

b. α) $E \cdot D \cdot c$ ist nicht berechenbar, da sich die Anzahl der Spalten von E von der Anzahl der Zeilen von D unterscheidet.

β) $(8,2,4) \cdot \begin{pmatrix} -1 & 6 \\ -2 & 0 \\ 2 & 1 \end{pmatrix} = (-4, 52)$

γ) $\begin{pmatrix} 0 \\ -2 \\ 1 \end{pmatrix} \cdot (3,2,0) = \begin{pmatrix} 0 & 0 & 0 \\ -6 & -4 & 0 \\ 3 & 2 & 0 \end{pmatrix}$

δ) $\begin{pmatrix} 3 & 7 \\ 4 & 0 \\ 2 & 1 \end{pmatrix} \cdot \begin{pmatrix} -1 & -2 & 2 \\ 6 & 0 & 1 \end{pmatrix} = \begin{pmatrix} -39 & -6 & 13 \\ -4 & -8 & 8 \\ 4 & -4 & 5 \end{pmatrix}$

ε) $\begin{pmatrix} -1 & -2 & 2 \\ 6 & 0 & 1 \end{pmatrix} \cdot \begin{pmatrix} 8 \\ 8 \\ 1 \end{pmatrix} = \begin{pmatrix} -22 \\ 49 \end{pmatrix}$

c. Die Vektoren $\mathbf{a}$ und $\mathbf{b}$ sind orthogonal zueinander, da

$$(0, -2, 1) \cdot \begin{pmatrix} 8 \\ 2 \\ 4 \end{pmatrix} = -4 + 4 = 0.$$

12.2 a. Für $a \leq 16$ und $b \leq 11$, wobei wenigstens in einer dieser Restriktionen das Gleichheitszeichen gilt, ist $B \leq C$ richtig; es gilt dann nicht die strenge Beziehung $B < C$.

b. $A \cdot B = \begin{pmatrix} 16 & 14 & 12+6b \\ 4 & 5 & 6+b \\ a+2 & 7 & 11 \end{pmatrix} \overset{?}{=} C = \begin{pmatrix} 16 & 14 & 18 \\ 4 & 5 & 7 \\ 10 & 7 & 11 \end{pmatrix}$

$\Leftrightarrow \begin{cases} 12+6b = 18 & \Leftrightarrow & b = 1 \\ 6+b = 7 & \Leftrightarrow & b = 1 \\ a+2 = 10 & \Leftrightarrow & a = 8 \end{cases}$

c. $(A+B)x = \begin{pmatrix} a & 7 & 11 \\ 1 & 4 & 4 \\ 3 & 3 & b \end{pmatrix} \cdot \begin{pmatrix} 2 \\ -1 \\ 3 \end{pmatrix} = \begin{pmatrix} 2a+26 \\ 10 \\ 3+3b \end{pmatrix} \overset{?}{=} \begin{pmatrix} a \\ 10 \\ 0 \end{pmatrix}$

$\Leftrightarrow \quad \begin{cases} 2a+26 = a & \Leftrightarrow & a = -26 \\ 3+3b = 0 & \Leftrightarrow & b = -1 \end{cases}$

d. $x' \cdot d = 2a - 10 = 0 \quad \Leftrightarrow \quad a = 5$

12.3 a.
I $\quad 2x + 3y + 4 = 3 \quad\quad \Leftrightarrow \quad -4 + 3y + 4 = 3 \quad\quad \Leftrightarrow \quad y^* = 1$
II $\quad 6x + 2y + 1 = -9 \quad \Leftrightarrow \quad -12 + 2 + 1 = -9$
III $-4x \quad\quad - 5 = +3 \quad\quad \Leftrightarrow \quad -4x = 8 \quad\quad\quad \Leftrightarrow \quad x^* = -2$

IV $\quad z + \dfrac{3}{2}x + 8 = 8 \quad \Leftrightarrow \quad 3 - 3 + 8 = 8$

V $\quad 3z + x + 2 = 9 \quad \Leftrightarrow \quad 9 - 2 + 2 = 9$
VI $\quad -2z \quad\quad - 10 = -16 \Leftrightarrow \quad -2z = -6 \quad \Leftrightarrow \quad z^* = 3$

Einzige Lösung $(x^*, y^*, z^*) = (-2, 1, 3)$

b. $1 + 4 = 1 + 2x \quad \Leftrightarrow \quad 4 = 2x \quad \Leftrightarrow \quad 2 = x$
$8 + 8 + 2 = 18$
$y + 8 + 2 = 6 \quad \Leftrightarrow \quad y = -4$
Für $(x, y) = (2, -4)$ ist das Gleichungssystem erfüllt.

12.4 a. $(A+B)x = \begin{pmatrix} 5+a & 3 & 7 \\ 7+a & b-1 & c-3 \\ 1 & -2 & 2 \end{pmatrix} \cdot \begin{pmatrix} 2 \\ -3 \\ 1 \end{pmatrix} = \begin{pmatrix} 6 \\ 4 \\ c \end{pmatrix} = d$

$\Leftrightarrow \quad 10 + 2a - 9 + 7 = 6 \quad\quad\quad \Leftrightarrow \quad 2a = -2 \Leftrightarrow a = -1$
$\Leftrightarrow \quad 14 + 2a - 3b + 3 + c - 3 = 4 \Leftrightarrow \quad 2a - 3b + c = -10$
$\Leftrightarrow \quad 2 + 6 + 2 = c \quad\quad\quad\quad\quad \Leftrightarrow \quad c = 10$
$\Rightarrow \quad -2 - 3b + 10 = -10 \quad\quad \Leftrightarrow \quad b = 6$

b. Da schon auf den Positionen $(1, 2)$ mit $1 \not\geq 2$ und $(3, 2)$ mit $-8 \not\geq 6$ ein Widerspruch zu $\mathbf{A} \geq \mathbf{B}$ vorliegt, lässt sich die gewünschte Ordnungsbeziehung nicht erstellen, gleichgültig, wie a gewählt wird.

c. Damit $\mathbf{x}$ und $\mathbf{d}$ orthogonal sind, muss gelten

$$(2,-3,1)\cdot\begin{pmatrix}6\\4\\c\end{pmatrix}=12-12+c=0 \quad\Leftrightarrow\quad c=0$$

12.5 Für die Elemente von $\mathbf{A}$ und $\mathbf{B}$, die λ nicht enthalten, ist die Ordnungsrelation $\leq$ erfüllt! Es muss also noch gelten

I $\quad 0\leq\frac{\lambda}{2}\quad$ Ist für $\lambda\geq 0$ erfüllt!

II $\quad \lambda^2-3\lambda+3\leq\lambda \quad\Leftrightarrow\quad \lambda^2-4\lambda+4\leq-3+4$

$\Rightarrow (\lambda-2)^2\leq 1 \Rightarrow |\lambda-2|\leq 1 \Rightarrow -1\leq\lambda-2\leq 1 \Rightarrow \text{II}*1\leq\lambda\leq 3$

III $2\leq\lambda$

Aus II* und III folgt, dass $\mathbf{A}\leq\mathbf{B}$ für alle $2\leq\lambda\leq 3$.

12.6

1	2	4	1	0	0
3	4	10	0	1	0
2	0	1	0	0	1
1	2	4	1	0	0
0	-2	-2	-3	1	0
0	-4	-7	-2	0	1
1	0	2	-2	1	0
0	1	1	$\frac{3}{2}$	$-\frac{1}{2}$	0
0	0	-3	4	-2	1
1	0	0	$\frac{2}{3}$	$-\frac{1}{3}$	$\frac{2}{3}$
0	1	0	$\frac{17}{6}$	$-\frac{7}{6}$	$\frac{1}{3}$
0	0	1	$-\frac{4}{3}$	$\frac{2}{3}$	$-\frac{1}{3}$

$$\mathbf{A}^{-1}=\begin{pmatrix}\frac{2}{3} & -\frac{1}{3} & \frac{2}{3}\\[4pt]\frac{17}{6} & -\frac{7}{6} & \frac{1}{3}\\[4pt]-\frac{4}{3} & \frac{2}{3} & -\frac{1}{3}\end{pmatrix}=\frac{1}{6}\begin{pmatrix}4 & -2 & 4\\17 & -7 & 2\\-8 & 4 & -2\end{pmatrix}$$

$$X = A^{-1} \cdot Y = \frac{1}{6} \cdot \begin{pmatrix} 4 & -2 & 4 \\ 17 & -7 & 2 \\ -8 & 4 & -2 \end{pmatrix} \cdot \begin{pmatrix} 1 & 3 \\ 2 & 1 \\ 3 & 1 \end{pmatrix} = \frac{1}{6} \cdot \begin{pmatrix} 12 & 14 \\ 9 & 46 \\ -6 & -22 \end{pmatrix}$$

12.7 a.

	Z_1	Z_2	Z_3
E_1	7	0	0
E_2	6	4	0
E_3	0	5	2

$= E_Z$

	Sturm	Sprint
E_1	2	0
E_2	0	0
E_3	0	3

$= E_S$

	Sturm	Sprint
Z_1	3	0
Z_2	5	4
Z_3	0	7

$= Z_S$

b. Gesamtbedarf

$$A = \underset{\text{indir.Bedarf}}{E_Z \cdot Z_S} + E_S = \begin{pmatrix} 21 & 0 \\ 38 & 16 \\ 25 & 34 \end{pmatrix} + \begin{pmatrix} 2 & 0 \\ 0 & 0 \\ 0 & 3 \end{pmatrix} = \begin{pmatrix} 23 & 0 \\ 38 & 16 \\ 25 & 37 \end{pmatrix}$$

c. Der Bedarf bei der Bestellung von R. Aser ist $\begin{pmatrix} 23 & 0 \\ 38 & 16 \\ 25 & 37 \end{pmatrix} \cdot \begin{pmatrix} 5 \\ 7 \end{pmatrix} = \begin{pmatrix} 115 \\ 302 \\ 384 \end{pmatrix}$.

F. Risier kann den Auftrag <u>nicht</u> erfüllen, da er nicht genügend Teile E_3 zur Verfügung hat.

d. Für die Produktion von 5 Sturm und 7 Sprint werden benötigt:

$$Z_S \cdot \begin{pmatrix} 5 \\ 7 \end{pmatrix} = \begin{pmatrix} 3 & 0 \\ 5 & 4 \\ 0 & 7 \end{pmatrix} \cdot \begin{pmatrix} 5 \\ 7 \end{pmatrix} = \begin{pmatrix} 15 \\ 53 \\ 49 \end{pmatrix}$$

12.8 a. $R_Z = \begin{pmatrix} 1 & 0 & 2 & 0 \\ 0 & 3 & 1 & 1 \\ 0 & 1 & 4 & 2 \end{pmatrix}$, $\quad R_E = \begin{pmatrix} 0 & 0 \\ 2 & 8 \\ 0 & 0 \end{pmatrix}$, $\quad Z_E = \begin{pmatrix} 1 & 0 \\ 0 & 2 \\ 1 & 0 \\ 5 & 2 \end{pmatrix}$

b. $B = R_Z \cdot Z_E + R_E = \begin{pmatrix} 3 & 0 \\ 6 & 8 \\ 14 & 6 \end{pmatrix} + \begin{pmatrix} 0 & 0 \\ 2 & 8 \\ 0 & 0 \end{pmatrix} = \begin{pmatrix} 3 & 0 \\ 8 & 16 \\ 14 & 6 \end{pmatrix}$

c. Bedarf an Rohmaterialien: $\quad B \cdot x = \begin{pmatrix} 3 & 0 \\ 8 & 16 \\ 14 & 6 \end{pmatrix} \cdot \begin{pmatrix} 500 \\ 2000 \end{pmatrix} = \begin{pmatrix} 1.500 \\ 36.000 \\ 19.000 \end{pmatrix}$

d. An Zwischenprodukten werden dann

$$Z_E \cdot x = \begin{pmatrix} 1 & 0 \\ 0 & 2 \\ 1 & 0 \\ 5 & 2 \end{pmatrix} \cdot \begin{pmatrix} 500 \\ 2000 \end{pmatrix} = \begin{pmatrix} 500 \\ 4.000 \\ 500 \\ 6.500 \end{pmatrix} \begin{matrix} Z_1 \\ Z_2 \\ Z_3 \\ Z_4 \end{matrix} \quad \text{benötigt.}$$

12.9 a.

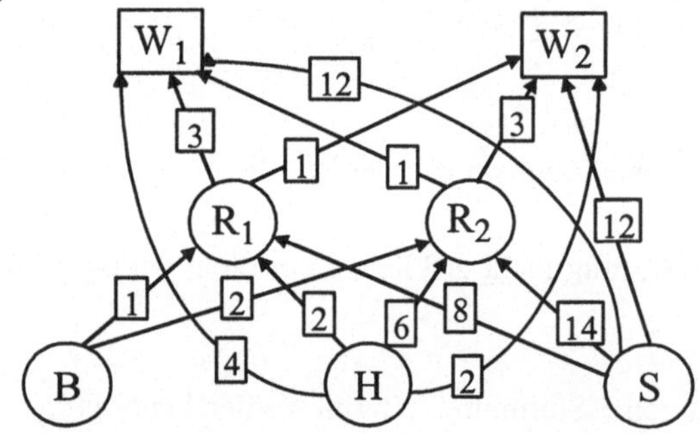

b.

$$E_R = \begin{matrix} \\ B \\ H \\ S \end{matrix} \overset{R_1 \; R_2}{\begin{pmatrix} 1 & 2 \\ 2 & 6 \\ 8 & 14 \end{pmatrix}}, \quad E_W = \begin{matrix} \\ B \\ H \\ S \end{matrix} \overset{W_1 \; W_2}{\begin{pmatrix} 0 & 0 \\ 4 & 2 \\ 12 & 12 \end{pmatrix}}, \quad R_W = \begin{matrix} \\ R_1 \\ R_2 \end{matrix} \overset{W_1 \; W_2}{\begin{pmatrix} 3 & 1 \\ 1 & 3 \end{pmatrix}}$$

c. $\mathbf{E}_{W\text{gesamt}} \;=\; \mathbf{E}_W \;+\; \mathbf{E}_R \cdot \mathbf{R}_W$

    gesamter   direkter   indirekter Verbrauch

$$= \begin{pmatrix} 0 & 0 \\ 4 & 2 \\ 12 & 12 \end{pmatrix} + \begin{pmatrix} 5 & 7 \\ 12 & 20 \\ 38 & 50 \end{pmatrix} = \begin{pmatrix} 5 & 7 \\ 16 & 22 \\ 50 & 62 \end{pmatrix}$$

d. Zur Herstellung von 300 W_1 und 500 W_2 werden benötigt

$$\begin{pmatrix} 5 & 7 \\ 16 & 22 \\ 50 & 62 \end{pmatrix} \cdot \begin{pmatrix} 300 \\ 500 \end{pmatrix} = \begin{pmatrix} 1.500 + 3.500 \\ 4.800 + 11.000 \\ 15.000 + 31.000 \end{pmatrix} = \begin{pmatrix} 5.000 \\ 15.800 \\ 46.000 \end{pmatrix} \begin{matrix} B \\ H \\ S \end{matrix}$$

12.10 a. $\mathbf{E}_B = \begin{pmatrix} 2 & 2 \\ 5 & 1 \\ 2 & 5 \end{pmatrix}, \qquad \mathbf{E}_P = \begin{pmatrix} 3 & 0 \\ 0 & 1 \\ 0 & 2 \end{pmatrix} \qquad \mathbf{B}_P = \begin{pmatrix} 3 & 1 \\ 1 & 2 \end{pmatrix}$

b. Gesamtbedarfsmatrix $\mathbf{E}_G = \mathbf{E}_B \cdot \mathbf{B}_P + \mathbf{E}_P$

                              indirekt   direkt

$$\mathbf{E}_G = \begin{pmatrix} 2 & 2 \\ 5 & 1 \\ 2 & 5 \end{pmatrix} \cdot \begin{pmatrix} 3 & 1 \\ 1 & 2 \end{pmatrix} + \begin{pmatrix} 3 & 0 \\ 0 & 1 \\ 0 & 2 \end{pmatrix} = \begin{pmatrix} 8 & 6 \\ 16 & 7 \\ 11 & 12 \end{pmatrix} + \begin{pmatrix} 3 & 0 \\ 0 & 1 \\ 0 & 2 \end{pmatrix} = \begin{pmatrix} 11 & 6 \\ 16 & 8 \\ 11 & 14 \end{pmatrix}$$

c. Für die Fertigung von 10 EH P_1 und 20 EH P_2 sind

$$\begin{pmatrix} 11 & 6 \\ 16 & 8 \\ 11 & 14 \end{pmatrix} \cdot \begin{pmatrix} 10 \\ 20 \end{pmatrix} = \begin{pmatrix} 230 \\ 320 \\ 390 \end{pmatrix}$$

230 EH E_1, 320 EH E_2 und 390 EH E_3 erforderlich.

12.11 $4\mathbf{A} - \mathbf{C} - 3\mathbf{B'D} = \mathbf{E}$

$\Leftrightarrow \; -3\mathbf{B'D} = \mathbf{E} - 4\mathbf{A} + \mathbf{C} \;\left|\; \frac{-1}{3}(\mathbf{B'})^{-1}\right.$

$\Leftrightarrow \; \mathbf{D} = \frac{-1}{3}(\mathbf{B'})^{-1}(\mathbf{E} - 4\mathbf{A} + \mathbf{C})$

$$\mathbf{B'} = \begin{pmatrix} 1 & 5 \\ 1 & 2 \end{pmatrix}, \; (\mathbf{E} - 4\mathbf{A} + \mathbf{C}) = \begin{pmatrix} 1-8-3 & 5 \\ -8+6 & 1-16-2 \end{pmatrix} = \begin{pmatrix} -10 & 5 \\ -2 & -17 \end{pmatrix}$$

1 1	5 2	1 0	0 1
1 0	5 -3	1 -1	0 1
1 0	0 1	$-\dfrac{2}{3}$ $\dfrac{1}{3}$	$\dfrac{5}{3}$ $-\dfrac{1}{3}$

$$= (\mathbf{B}') = \frac{1}{3}\begin{pmatrix} -2 & 5 \\ 1 & -1 \end{pmatrix}$$

$$\mathbf{D} = -\frac{1}{9}\begin{pmatrix} -2 & 5 \\ 1 & -1 \end{pmatrix} \cdot \begin{pmatrix} -10 & 5 \\ -2 & -17 \end{pmatrix} = -\frac{1}{9}\begin{pmatrix} 20-10 & -10-85 \\ -10+2 & 5+17 \end{pmatrix} = -\frac{1}{9}\begin{pmatrix} 10 & -95 \\ -8 & 22 \end{pmatrix}$$

12.12 $5\mathbf{B} - 2\mathbf{BD} - (\mathbf{A} - \mathbf{C})\,\mathbf{D} = \mathbf{CD} + \mathbf{A}'$

$\qquad - 2\mathbf{BD} - \mathbf{AD} + \mathbf{CD} - \mathbf{CD} = \mathbf{A}' - 5\mathbf{B}$

$\qquad - (2\mathbf{B} + \mathbf{A})\,\mathbf{D} = \mathbf{A}' - 5\mathbf{B}$

$\qquad \mathbf{D} = (2\mathbf{B} + \mathbf{A})^{-1}\,(5\mathbf{B} - \mathbf{A}')$

$\qquad (5\mathbf{B} - \mathbf{A}') = \begin{pmatrix} 3 & 3 \\ 25 & 6 \end{pmatrix}, \qquad (2\mathbf{B} + \mathbf{A}) = \begin{pmatrix} 4 & 2 \\ 12 & 8 \end{pmatrix}$

4 12	2 8	1 0	0 1
1 0	$\dfrac{1}{2}$ 2	$\dfrac{1}{4}$ -3	0 1
1 0	0 1	1 $-\dfrac{3}{2}$	$-\dfrac{1}{4}$ $\dfrac{1}{2}$

$$(2\mathbf{B} + \mathbf{A})^{-1} = \begin{pmatrix} 1 & -\dfrac{1}{4} \\ -\dfrac{3}{2} & \dfrac{1}{2} \end{pmatrix}$$

$$\mathbf{D} = \begin{pmatrix} 1 & -\dfrac{1}{4} \\ -\dfrac{3}{2} & \dfrac{1}{2} \end{pmatrix} \cdot \begin{pmatrix} 3 & 3 \\ 25 & 6 \end{pmatrix} = \frac{1}{4}\begin{pmatrix} -13 & 6 \\ 32 & -6 \end{pmatrix}$$

12.13 $(\mathbf{A} + \mathbf{B})\,\mathbf{x} + \mathbf{A}'\,\mathbf{c} = \mathbf{x} - \mathbf{d}$

$\qquad (\mathbf{A} + \mathbf{B})\,\mathbf{x} - \mathbf{x} = - \mathbf{A}'\,\mathbf{c} - \mathbf{d}$

$\qquad (\mathbf{A} + \mathbf{B} - \mathbf{E})\,\mathbf{x} = - (\mathbf{A}'\,\mathbf{c} + \mathbf{d})$

$\qquad \mathbf{x} = - (\mathbf{A} + \mathbf{B} - \mathbf{E})^{-1} \cdot (\mathbf{A}'\,\mathbf{c} + \mathbf{d})$

$$(A + B - E) = \begin{pmatrix} -1 & 3 \\ 3 & -3 \end{pmatrix} - \begin{pmatrix} 1 & 0 \\ 0 & 1 \end{pmatrix} = \begin{pmatrix} -2 & 3 \\ 3 & -4 \end{pmatrix}$$

-2	3	1	0
3	-4	0	1
0	1	3	2
1	-1	1	1
0	1	3	2
1	0	4	3

$$(A + B - E)^{-1} = \begin{pmatrix} 4 & 3 \\ 3 & 2 \end{pmatrix}$$

$$(A' \, c + d) = \begin{pmatrix} -4 & 2 \\ 5 & -1 \end{pmatrix} \cdot \begin{pmatrix} 1 \\ -3 \end{pmatrix} + \begin{pmatrix} 4 \\ 1 \end{pmatrix} = \begin{pmatrix} -10 \\ 8 \end{pmatrix} + \begin{pmatrix} 4 \\ 1 \end{pmatrix} = \begin{pmatrix} -6 \\ 9 \end{pmatrix}$$

$$x = -\begin{pmatrix} 4 & 3 \\ 3 & 2 \end{pmatrix} \cdot \begin{pmatrix} -6 \\ 9 \end{pmatrix} = -\begin{pmatrix} -24 + 27 \\ -18 + 18 \end{pmatrix} = \begin{pmatrix} -3 \\ 0 \end{pmatrix}$$

12.14 a. $\underset{2\times2}{A} \cdot \underset{m\times n}{X} + \underset{m\times n}{3X} \cdot \underset{2\times2}{B} = \underset{2\times3}{5C}$

Damit die linke Seite auch eine 2×3-Matrix ergibt, muss nach dem ersten Summand $m = 2$ und $n = 3$ sein. Dann ist aber der 2. Summand nicht mehr berechenbar.

Alternative 1: Da die Matrizenmultiplikation nicht kommutativ ist, kann die Gleichung nicht nach **X** aufgelöst werden.

Alternative 2: Grundsätzlich kann das Produkt $3X \cdot B$ nie eine 2×3-Matrix ergeben, da die Spaltenanzahl von **B** gleich 2 ist.

b. $A \cdot Y - 2B \cdot Y = 0C$

$$(A - 2B) \cdot Y = 10C$$

$$Y = 10(A - 2B)^{-1} \cdot C$$

$$A - 2B = \begin{pmatrix} 1 & -1 \\ 0 & -5 \end{pmatrix}$$

1	-1	1	0
0	-5	0	1
1	0	1	$-\frac{1}{5}$
0	1	0	$-\frac{1}{5}$

$$Y = \begin{pmatrix} 1 & -\frac{1}{5} \\ 0 & -\frac{1}{5} \end{pmatrix} \cdot 10 \cdot \begin{pmatrix} 1 & -3 & -2 \\ 2 & 1 & 3 \end{pmatrix}$$

$$= \begin{pmatrix} 10 & -2 \\ 0 & -2 \end{pmatrix} \begin{pmatrix} 1 & -3 & -2 \\ 2 & 1 & 3 \end{pmatrix} = \begin{pmatrix} 6 & -32 & -26 \\ -4 & -2 & -6 \end{pmatrix}$$

12.15

1	2	3	0
1	c	3	0
1	2	c	0
1	2	3	0
0	c − 2	0	0
0	0	c − 3	0

a. Da nicht gleichzeitig $(c - 2)$ und $(c - 3)$ gleich Null sein können, ist $r(\mathbf{A}) = 1$ nicht möglich.

b. Für $c \in \{2, 3\}$ ergibt sich eine Nullzeile und $r(\mathbf{A}) = 2$.

c. Für $c \in \mathbf{R} \setminus \{2, 3\}$ lassen sich weitere Schlüssel in $(2, 2)$ und $(3, 3)$ setzen, so dass $r(\mathbf{A}) = 3$.

12.16

1	a	6	0
2	4	a	0
1	2	6	0
0	a − 2	0	0
0	0	a − 12	0
1	2	6	0

a. Damit der Rang von $\mathbf{A}$ gleich 3 ist, muss $a \neq 2$ und $a \neq 12$ gelten.

b. a lässt sich nicht so wählen, dass der Rang von $\mathbf{A}$ gleich 1 ist, denn dann müsste gleichzeitig gelten $a = 2$ und $a = 12$.

12.17 a.

	I	II	III	Verkauf	Bruttooutput
I	120	18	10	2	150
II	15	6	5	4	30
III	0	15	25	10	50

b.
$$\mathbf{P} = \begin{pmatrix} \frac{120}{150} & \frac{18}{30} & \frac{10}{50} \\ \frac{15}{150} & \frac{6}{30} & \frac{5}{50} \\ 0 & \frac{15}{30} & \frac{1}{2} \end{pmatrix} = \frac{1}{10}\begin{pmatrix} 8 & 6 & 2 \\ 1 & 2 & 1 \\ 0 & 5 & 5 \end{pmatrix}$$

Die 1. Spalte von $\mathbf{P}$ gibt den Input an, der benötigt wird, um 1 Brutto-output-EH im Sektor I zu fertigen. Als Input werden hierzu benötigt $\frac{8}{10}$ EH des Produktes des Sektors I und $\frac{1}{10}$ EH des Produkts von Sektor II.

c.
$$(\mathbf{E} - \mathbf{P}) = \frac{1}{10}\cdot\begin{pmatrix} 2 & -6 & -2 \\ -1 & 8 & -1 \\ 0 & -5 & 5 \end{pmatrix}$$

2	−6	−2	10	0	0
−1	8	−1	0	10	0
0	−5	5	0	0	10
1	−3	−1	5	0	0
0	5	−2	5	10	0
0	−1	1	0	0	2
1	−4	0	5	0	2
0	3	0	5	10	4
0	−1	1	0	0	
1	0	0	$\frac{35}{3}$	$\frac{40}{3}$	$\frac{22}{3}$
0	1	0	$\frac{5}{3}$	$\frac{10}{3}$	$\frac{4}{3}$
0	0	1	$\frac{5}{3}$	$\frac{10}{3}$	$\frac{10}{3}$

$= (\mathbf{E} - \mathbf{P})^{-1}$

Um die Verkaufsnachfrage $\mathbf{y}' = (21, 12, 30)$ zu erreichen muss der folgende Produktionsplan realisiert werden.

$$\mathbf{x} = \frac{1}{3}\cdot\begin{pmatrix} 35 & 40 & 22 \\ 5 & 10 & 4 \\ 5 & 10 & 10 \end{pmatrix}\cdot\begin{pmatrix} 21 \\ 12 \\ 30 \end{pmatrix} = \begin{pmatrix} 35 & 40 & 22 \\ 5 & 10 & 4 \\ 5 & 10 & 10 \end{pmatrix}\cdot\begin{pmatrix} 7 \\ 4 \\ 10 \end{pmatrix} = \begin{pmatrix} 625 \\ 115 \\ 175 \end{pmatrix}$$

12.18 a. $V = \begin{pmatrix} 50 \\ 10 \\ 40 \end{pmatrix} - \begin{pmatrix} 48 \\ 8 \\ 39 \end{pmatrix} = \begin{pmatrix} 2 \\ 2 \\ 1 \end{pmatrix} [1.000\,€]$

b. $A = \begin{pmatrix} \dfrac{40}{50} & \dfrac{4}{10} & \dfrac{4}{10} \\[2mm] \dfrac{0}{50} & \dfrac{8}{10} & \dfrac{0}{40} \\[2mm] \dfrac{0}{50} & \dfrac{3}{10} & \dfrac{36}{40} \end{pmatrix} = \dfrac{1}{10}\begin{pmatrix} 8 & 4 & 1 \\ 0 & 8 & 0 \\ 0 & 3 & 9 \end{pmatrix}$

Die Spaltenvektoren von **A** geben den Input an, der notwendig ist, um in der entsprechenden Abteilung genau eine Outputeinheit zu produzieren.

c. $(E - A) = \dfrac{1}{10}\begin{pmatrix} 2 & -4 & -1 \\ 0 & 2 & 0 \\ 0 & -3 & 1 \end{pmatrix}$

2	− 4	− 1	10	0	0
0	2	0	0	10	0
0	− 3	1	0	0	10
2	− 7	0	10	0	10
0	2	0	0	10	0
0	− 3	1	0	0	10
2	0	0	10	35	10
0	1	0	0	5	0
0	0	1	0	15	10
1	0	0	5	$\dfrac{35}{2}$	5
0	1	0	0	5	0
0	0	1	0	15	10

$\begin{pmatrix} 5 & \dfrac{35}{2} & 5 \\[2mm] 0 & 5 & 0 \\[2mm] 0 & 15 & 10 \end{pmatrix} = (E - A)^{-1}$

Um den Verkauf (10, 10, 10) tätigen zu können, muss der Produktionsplan gleich

$$\mathbf{x} = \begin{pmatrix} 5 & \frac{35}{2} & 5 \\ 0 & 5 & 0 \\ 0 & 15 & 10 \end{pmatrix} \cdot \begin{pmatrix} 10 \\ 10 \\ 10 \end{pmatrix} = \begin{pmatrix} 50 + 175 + 50 \\ 50 \\ 150 + 100 \end{pmatrix} = \begin{pmatrix} 275 \\ 50 \\ 250 \end{pmatrix} [1.000€] \text{ sein.}$$

12.19 a.

von \ an	Jens	Nicole	Susanne
Vorspeise Jens	3	1	3
Hauptgericht Nicole	0	2	0
Dessert Susanne	9	1	2

b. $\mathbf{y} = \begin{pmatrix} 15 \\ 10 \\ 20 \end{pmatrix} - \begin{pmatrix} 7 \\ 2 \\ 12 \end{pmatrix} = \begin{pmatrix} 8 \\ 8 \\ 8 \end{pmatrix}$

c. $\mathbf{P} = \begin{pmatrix} \frac{1}{5} & \frac{1}{10} & \frac{3}{20} \\ 0 & \frac{2}{10} & 0 \\ \frac{3}{5} & \frac{1}{10} & \frac{2}{20} \end{pmatrix}$

Die Spaltenvektoren von P geben die Inputs an, die benötigt werden um 1 Brutto-Einheit des entsprechenden Outputgutes zu produzieren.

d. Da in der Input-Output-Analyse alle Produktionsprozesse proportional verlaufen, wird bei Verdopplung des Vektors $\mathbf{y}' = (8, 8, 8)$ auch der doppelte Brutto-Output benötigt, d. h. die drei Enkel hätten für 30 Vorspeisen, 20 Hauptgerichte und 40 Desserts die Lebensmittel beschaffen müssen.

13. Determinanten

Sätze und Regeln

Multiplikation einer Determinante mit einem Skalar

Wird in einer Determinante eine Zeile bzw. eine Spalte mit einer Zahl λ multipliziert, so multipliziert sich die Determinante mit λ.

Determinanten mit einem Nullvektor

Besteht eine Zeile bzw. Spalte aus lauter Nullen, so hat die Determinante den Wert Null.

Transpositionssatz

Eine quadratische Matrix $\mathbf{A}$ und ihre transponierte Matrix $\mathbf{A}'$ haben die gleiche Determinante

$$|\mathbf{A}'| = |\mathbf{A}|$$

Austausch von Zeilen oder Spalten

Vertauscht man in einer Determinante zwei Zeilen bzw. zwei Spalten, so ändert sich lediglich das Vorzeichen der Determinante.

Determinanten mit zwei gleichen Zeilen (Spalten)

Eine Determinante, in welcher zwei Zeilen bzw. zwei Spalten übereinstimmen, ist Null.

Addition von Determinanten

Zwei Determinanten, welche sich nur in einer Zeile bzw. nur in einer Spalte unterscheiden, kann man addieren, indem man diese beiden Zeilen bzw. Spalten gliedweise addiert.

Fundamentalsatz der Determinantentheorie

Die Determinante einer $n \times n$-Matrix $\mathbf{A}$ ist dann und nur dann gleich Null, wenn die Zeilen- bzw. Spaltenvektoren von $\mathbf{A}$ linear abhängig sind.

Umformen von Determinanten

Addiert man zu einer Spalte bzw. zu einer Zeile ein Vielfaches einer anderen Spalte bzw. Zeile, so ändert die Determinante ihren Wert nicht.

Determinante einer Dreiecksmatrix

Die Determinante einer Dreiecksmatrix ist gleich dem Produkt der Elemente in der Hauptdiagonalen.

LAPLACEscher Entwicklungssatz

Multipliziert man jedes Element a_{ij} einer beliebigen Zeile bzw. Spalte einer Determinante n-ter Ordnung $|A| = |(a_{ij})|$ mit seiner zugehörigen Adjunkten A_{ij}, so ergibt die Summe dieser n Produkte den Wert der Determinante. Man spricht dann von der *Entwicklung der Determinante nach der i-ten Zeile*

$$|A| = \sum_{j=1}^{n} a_{ij} \cdot A_{ij} = \sum_{j=1}^{n} a_{ij} \cdot (-1)^{i+j} \cdot |A_{ij}|$$

bzw. von der *Entwicklung der Determinante nach der j-ten Spalte*

$$|A| = \sum_{i=1}^{n} a_{ij} \cdot A_{ij} = \sum_{i=1}^{n} a_{ij} \cdot (-1)^{i+j} \cdot |A_{ij}|.$$

CRAMERsche Regel

Ein lineares Gleichungssystem $A \cdot x = b$ mit regulärer n×n-Matrix $A = (a_1, ..., a_n)$ hat die eindeutige Lösung $(x_1, ..., x_n)$ mit

$$x_i = \frac{1}{|A|} \cdot |a_1, ..., a_{i+1}, ..., a_n|$$

Berechnung von Eigenwerten und Eigenvektoren

Berechnung eines Eigenwertes: $|A - \lambda E| = 0$
Berechnen des zugehörigen Eigenvektors: $(A - \lambda E) \cdot x = 0$

Lineare Unabhängigkeit von Eigenvektoren

Die zu paarweise verschiedenen Eigenwerten $\lambda_1, \lambda_2, ..., \lambda_r$ gehörenden Eigenvektoren $x_1, x_2, ..., x_r$ sind linear unabhängig.

Multiplikationssätze

Für zwei quadratische Matrizen **A** und **B** gleicher Ordnung gilt:

$|\mathbf{A}\cdot\mathbf{B}|=|\mathbf{B}\cdot\mathbf{A}|$

$|\mathbf{A}\cdot\mathbf{B}|=|\mathbf{B}|\cdot|\mathbf{A}|$

Determinante der inversen Matrix

Für eine reguläre Matrix **A** gilt: $|\mathbf{A}^{-1}|=\dfrac{1}{|\mathbf{A}|}$

Aufgaben

13.1 a. Berechnen Sie die Determinanten

$$|\mathbf{A}|=\begin{vmatrix} 7 & 2 \\ -3 & 1 \end{vmatrix}, \qquad |\mathbf{B}|=\begin{vmatrix} 1 & 5 & 0 \\ 3 & 1 & -3 \\ 2 & 0 & 1 \end{vmatrix}, \qquad |\mathbf{C}|=\begin{vmatrix} 3 & 0 & 0 \\ -1 & 2 & 0 \\ 7 & 1 & 5 \end{vmatrix}$$

b. Berechnen Sie ohne Benutzung der Regel von SARRUS die Determinanten

$$|\mathbf{D}|=\begin{vmatrix} 2 & -3 & 4 \\ 4 & -6 & 0 \\ -6 & 9 & 7 \end{vmatrix}, \quad |\mathbf{F}|=\begin{vmatrix} 1 & 5+2 & 0 \\ 3 & 1+6 & -3 \\ 2 & 0+4 & 1 \end{vmatrix}, \quad |\mathbf{G}|=\begin{vmatrix} 3 & 6 & 9 \\ 1 & 2 & 3 \\ -1 & 4 & 4 \end{vmatrix}$$

13.2 Überprüfen Sie mittels der Determinantentheorie, für welche Werte von a die Zeilenvektoren der Matrix

$$\mathbf{A}=\begin{pmatrix} a & -1 & 1 \\ 0 & 2 & a \\ a & 7 & a \end{pmatrix} \text{ linear abhängig sind!}$$

13.3 Gegeben sind die Determinanten

$$|\mathbf{M}|=\begin{vmatrix} 2 & 0 & 3 \\ 6 & -2 & 0 \\ 1 & 2 & -1 \end{vmatrix}, \quad |\mathbf{B}|=\begin{vmatrix} -5 & 10 & 5 & -15 \\ 3 & -6 & -3 & 9 \\ 6 & -2 & 1 & 5 \\ -2 & 4 & 2 & -6 \end{vmatrix}, \quad |\mathbf{C}|=\begin{vmatrix} 4 & 1 & 0 & 1 \\ 7 & -3 & 0 & 3 \\ -2 & 2 & 0 & 1 \\ -6 & 5 & 3 & 1 \end{vmatrix}$$

a. Bringen sie die Determinante |**M**| auf Dreiecksform und berechnen Sie dann den Wert.

b. Berechnen Sie die Determinanten |**B**| und |**C**|. Rechenweg beliebig!

c. Benutzen Sie die unter a. und b. gefundenen Ergebnisse zur Beantwortung (und Begründung) der folgenden Fragen:

    i. Besitzt das Gleichungssystem $\mathbf{M \cdot x = b}$ eine Lösung für jede Wahl der rechten Seite $\mathbf{b} \in \mathbf{R}^3$?

    ii. Was lässt sich über den Rang der Matrix $\mathbf{B}$ aussagen?

    iii. Besitzt die Matrix $\mathbf{C}$ eine Inverse?

13.4. Gegeben sind die Determinanten

$$|\mathbf{M}| = \begin{vmatrix} 10 & -1 & -4 & 6 \\ 5 & 0 & 0 & 1 \\ 4 & 0 & 3 & -4 \\ 6 & 1 & 0 & 2 \end{vmatrix} \quad \text{und} \quad |\mathbf{N}| = \begin{vmatrix} 4 & -2 & 3 & 1 \\ 3 & 0 & 0 & -1 \\ 0 & 1 & -1 & -1 \\ 1 & 0 & 7 & 2 \end{vmatrix}$$

a. Berechnen Sie die Determinante $|\mathbf{M}|$ durch Umformung in eine Dreiecksdeterminante.

b. Berechnen Sie die Determinante $|\mathbf{N}|$ mittels des LAPLACEschen Entwicklungssatzes.

c. Benutzen Sie die in den Teilaufgaben a und b ermittelten Ergebnisse zur Beantwortung der folgenden Fragen:

    i. Lässt sich jeder Vektor $\mathbf{b} \in \mathbf{R}^4$ als Linearkombination der Spaltenvektoren der Matrix $\mathbf{M}$ darstellen.

    ii. Lässt sich das Gleichungssystem $\mathbf{N\,x = c}$ mit $\mathbf{c'} = (1, 0, 1, 0)$ mit Hilfe der CRAMERschen Regel lösen. Wenn ja, berechnen Sie die Lösung.

13.5 Gegeben sind die Determinanten

$$|\mathbf{A}| = \begin{vmatrix} 1 & 5 & -2 & 0 & 2 \\ 3 & 0 & 4 & -2 & 7 \\ 0 & 0 & 2 & 0 & 0 \\ 2 & 3 & -1 & 0 & 4 \\ 3 & 2 & -1 & 0 & 6 \end{vmatrix} \quad \text{und} \quad |\mathbf{B}| = \begin{vmatrix} 1 & 0 & -2 & 1 \\ -1 & 3 & 2 & -1 \\ 3 & 0 & 4 & 2 \\ 2 & 0 & -1 & 2 \end{vmatrix}.$$

a. Berechnen Sie $|\mathbf{A}|$ mittels des LAPLACEschen Entwicklungssatzes. Ab der Determinante 3. Ordnung darf beliebig gerechnet werden!

b. Berechnen Sie die Determinante $|\mathbf{B}|$ durch Umformen auf Dreiecksform.

c. Mit **C** werde die Matrix bezeichnet, die man erhält, wenn man die 1. Spalte von **B** mit 5 multipliziert und dann dazu die 3. Spalte addiert. Berechnen Sie $|\mathbf{C}|$. Geben Sie dabei die benutzten Sätze an!

d. Besitzt das Gleichungssystem $\mathbf{B}\cdot\mathbf{x} = \mathbf{b}$ mit $\mathbf{b}'=(1,2,3,4)$ eine Lösung, die sich mit der CRAMERschen Regel bestimmen lässt? Eine Berechnung der Lösung ist <u>nicht</u> verlangt!

13.6 Gegeben sind die Determinanten:

$$|\mathbf{A}| = \begin{vmatrix} 0 & 1 & 0 & 3 & 0 \\ 3 & 1 & 2 & -3 & 0 \\ 0 & 0 & 0 & 2 & 0 \\ -5 & 4 & -4 & 5 & -1 \\ 8 & -6 & 6 & -8 & 2 \end{vmatrix}, \quad |\mathbf{B}| = \begin{vmatrix} 2 & 1 & 9 \\ -6 & 4 & -1 \\ -2 & 0 & -11 \end{vmatrix}, \quad |\mathbf{C}| = \begin{vmatrix} 4 & 2 & 3 & -1 \\ 4 & 4 & 6 & -6 \\ 3 & 1 & 2 & 0 \\ 3 & 4 & 2 & -3 \end{vmatrix}$$

a. Berechnen Sie $|\mathbf{A}|$ mittels des LAPLACEschen Entwicklungssatzes. Ab der Determinante 3. Ordnung darf beliebig gerechnet werden!

b. Berechnen Sie $|\mathbf{B}|$ durch Umformung auf Dreiecksform.

c. Berechnen Sie $|\mathbf{C}|$. Rechenweg beliebig!

d. Benutzen Sie die Lösungen von b. und c. zur Beantwortung der Fragen:

    i. Besitzt das Gleichungssystem $\mathbf{Bx} = \mathbf{b}$ eine Lösung für jede Wahl der rechten Seite $\mathbf{b} \in \mathbf{R}^3$? Begründung mit passendem Theorem!

    ii. Was lässt sich über den Rang der Matrix **C** aussagen?

e. Was lässt sich über die Definitheit der Matrix **A** aussagen?

13.7 Gegeben sind die Matrizen

$$\mathbf{A} = \begin{pmatrix} 0 & -7 & 0 & -1 & 5 \\ 0 & 0 & -2 & 0 & 4 \\ 0 & 3 & -3 & 0 & 3 \\ 2 & -2 & 0 & -3 & 0 \\ 0 & 1 & -1 & 0 & 2 \end{pmatrix}, \quad \mathbf{B} = \begin{pmatrix} 1 & 2 & 1 & 0 \\ 2 & 3 & 0 & 2 \\ -3 & -2 & 5 & -1 \\ 0 & 1 & 2 & -3 \end{pmatrix}, \quad \mathbf{C} = \begin{pmatrix} 2 & -1 & a \\ -3 & 2 & 2 \\ -1 & 1 & -3 \end{pmatrix}$$

a. Berechnen Sie det **A** mittels des LAPLACEschen Entwicklungssatzes. Ab der Determinante 3. Ordnung darf beliebig gerechnet werden!

b. Berechnen Sie det **B** durch Umformung auf Dreiecksform.

c. Wie muss der reelle Parameter a gewählt werden, damit das Gleichungssystem $\mathbf{Cx} = \mathbf{b}$ mit $\mathbf{b'} = (3, -5, -2)$ mit der CRAMERschen Regel gelöst werden kann. Berechnen Sie dann x_3 mittels der CRAMERschen Regel.

d. Schließen Sie aus dem Ergebnis der Teilaufgabe a. auf die Existenz von $\mathbf{A}^{-1}$.

e. Was sagt det $\mathbf{B}$ aus über den Rang der Matrix $\mathbf{B}$?

13.8 Gesucht ist eine positive 3stellige Zahl Z mit den folgenden Eigenschaften:

- Die Quersumme von Z ist gleich 18 ist.

- Die Summe aus Hunderter- und Einerstelle ergibt die Zehnerstelle.

- Vertauscht man die Hunderter- mit der Einerstelle, so verringert sich der Wert von Z um 99.

Lässt sich diese Aufgabe mit Hilfe der CRAMERschen Regel lösen? Wenn ja, so ist dieser Lösungsweg zu benutzen.

13.9 Bestimmen Sie die Determinante

$$\begin{vmatrix} 3 & 1 & 8 & -2 & 3 \\ 1 & -3 & 27 & 0 & 1 \\ 0 & 0 & -11 & 0 & 0 \\ 2 & 7 & -5 & -5 & 3 \\ 4 & 0 & 3 & 0 & 0 \end{vmatrix}$$

mit dem LAPLACEschen Entwicklungssatz. Die **3-reihigen** Determinanten dürfen direkt berechnet werden.
Berechnen Sie dann die weiteren Hauptabschnittsdeterminanten.

13.10 Bestimmen Sie die Eigenvektoren der Matrix

a. $\mathbf{A} = \begin{pmatrix} 3 & 5 \\ 1 & 7 \end{pmatrix}$
     b. $\mathbf{B} = \begin{pmatrix} -2 & 2 & -3 \\ 2 & 1 & -6 \\ -1 & -2 & 0 \end{pmatrix}$

Lösungen

13.1 a. $|\mathbf{A}| = 7 + 6 = 13,$ $\qquad\qquad$ $|\mathbf{B}| = 1 - 30 - 15 = -44$

$$|\mathbf{C}| = |\mathbf{C}'| = \begin{vmatrix} 3 & -1 & 7 \\ 0 & 2 & 1 \\ 0 & 0 & 5 \end{vmatrix} = 3 \cdot 2 \cdot 5 = 30$$

b. $|\mathbf{D}| = 2 \cdot (-3) \cdot \begin{vmatrix} 1 & 1 & 4 \\ 2 & 2 & 0 \\ -3 & -3 & 7 \end{vmatrix} = 0$, da 1. und 2. Spalte gleich sind.

$$|\mathbf{F}| = \begin{vmatrix} 1 & 5 & 0 \\ 3 & 1 & -3 \\ 2 & 0 & 1 \end{vmatrix} + \begin{vmatrix} 1 & 2 & 0 \\ 3 & 6 & -3 \\ 2 & 4 & 1 \end{vmatrix} = |\mathbf{B}| + 2 \begin{vmatrix} 1 & 1 & 0 \\ 3 & 3 & -3 \\ 2 & 2 & 1 \end{vmatrix}$$

$$= -44 + 2 \cdot 0 = -44$$

$$|\mathbf{G}| = \begin{vmatrix} 3 & 6 & 9 \\ 1 & 2 & 3 \\ -1 & 4 & 4 \end{vmatrix} = 3 \cdot \begin{vmatrix} 1 & 2 & 3 \\ 1 & 2 & 3 \\ -1 & 4 & 4 \end{vmatrix} = 0$$

13.2 Die Zeilenvektoren von A sind linear abhängig, wenn $|\mathbf{A}| = 0$.

$$\begin{vmatrix} a & -1 & 1 \\ 0 & 2 & a \\ a & 7 & a \end{vmatrix} = 2a^2 - a^2 - 2a - 7a^2 = -6a^2 - 2a = -2a(3a + 1) = 0$$

$$\Leftrightarrow \quad a = 0 \quad \text{oder} \quad a = -\tfrac{1}{3}$$

13.3 a. $|\mathbf{M}| = -\begin{vmatrix} 1 & 2 & -1 \\ 0 & -14 & 6 \\ 0 & -4 & 5 \end{vmatrix} = 2 \cdot \begin{vmatrix} 1 & 1 & -1 \\ 0 & -2 & 5 \\ 0 & -7 & 6 \end{vmatrix} = 2 \cdot \begin{vmatrix} 1 & 1 & -1 \\ 0 & -2 & 5 \\ 0 & 0 & -\tfrac{23}{2} \end{vmatrix}$

$$= 2 \cdot 1(-2)(-\tfrac{23}{2}) = 46$$

b. $|\mathbf{B}| = 5 \cdot 3 \cdot 2 \cdot \begin{vmatrix} -1 & 2 & 1 & -3 \\ 1 & -2 & -1 & 3 \\ 6 & -2 & 1 & 5 \\ -1 & 2 & 1 & -3 \end{vmatrix} = 0$, da 1. und 4. Zeile gleich.

$$|\mathbf{C}| \overset{\text{E.n.3.Sp.}}{=} 3(-1)^{4+3} \begin{vmatrix} 4 & 1 & 1 \\ 7 & -3 & 3 \\ -2 & 2 & 1 \end{vmatrix} = -3 \cdot (-12 - 6 + 14 - 6 - 24 - 7)$$

$$= 3 \cdot 41 = 123$$

c. i. Da $|\mathbf{M}| \neq 0$ ist $\mathbf{M}$ regulär und nach dem Alternativsatz besitzt dann das Gleichungssystem genau eine Lösung für jede Wahl der rechten Seite.

ii. Da $|\mathbf{B}| = 0$ ist $r(\mathbf{B}) < 4$.

iii. Da $|\mathbf{C}| \neq 0$ ist $\mathbf{C}$ regulär und besitzt daher eine Inverse.

13.4 a. $|\mathbf{B}| = \begin{vmatrix} 10 & -1 & -4 & 6 \\ 5 & 0 & 0 & 1 \\ 4 & 0 & 3 & -4 \\ 6 & 1 & 0 & 2 \end{vmatrix} = -\begin{vmatrix} -1 & 10 & -4 & 6 \\ 0 & 5 & 0 & 1 \\ 0 & 4 & 3 & -4 \\ 0 & 16 & -4 & 8 \end{vmatrix}$

$$= \begin{vmatrix} -1 & 6 & -4 & 10 \\ 0 & 1 & 0 & 5 \\ 0 & 0 & 3 & 24 \\ 0 & 0 & -4 & -24 \end{vmatrix} - \begin{vmatrix} -1 & 6 & 10 & -4 \\ 0 & 1 & 5 & 0 \\ 0 & 0 & 24 & 3 \\ 0 & 0 & 0 & -1 \end{vmatrix}$$

$$= -(-1)\, 24\, (-1) = -24$$

b. $|\mathbf{C}| \overset{\text{E.n.2.Z.}}{=} +3(-1)^{2+1} \begin{vmatrix} -2 & 3 & 1 \\ 1 & -1 & -1 \\ 0 & 7 & 2 \end{vmatrix} - 1(-1)^{2+4} \begin{vmatrix} 4 & -2 & 3 \\ 0 & -1 & -1 \\ 1 & 0 & 7 \end{vmatrix}$

$$= -3\,(4 + 7 - 14 - 6) + 1\,(28 + 2 - 3) = -3\,(-9) - 27 = 0$$

c. i. Da $|\mathbf{B}| \neq 0$ sind die Spaltenvektoren von $\mathbf{B}$ linear unabhängig und bilden eine Basis des $\mathbf{R}^4$. Daher lässt sich jeder Vektor $b \in \mathbf{R}^4$ als Linearkombination der Spaltenvektoren von $\mathbf{B}$ darstellen.

ii. Da $|\mathbf{C}| = 0$ lässt sich das Gleichungssystem $\mathbf{C} \cdot \mathbf{x} = \mathbf{c}$ <u>nicht</u> mit der CRAMERschen Regel lösen.

13.5 a. $|\mathbf{A}| \overset{\text{E.n.4.Sp.}}{=} (-2)(-1)^{2+4}\begin{vmatrix} 1 & 5 & -2 & 2 \\ 0 & 0 & 2 & 0 \\ 2 & 3 & -1 & 4 \\ 3 & 2 & -1 & 6 \end{vmatrix}$

$\overset{\text{E.n.2.Z.}}{=} -2\cdot 2(-1)^{2+3}\begin{vmatrix} 1 & 5 & 2 \\ 2 & 3 & 4 \\ 3 & 2 & 6 \end{vmatrix} = 4\cdot[18+60+8-18-8-60]=0$

<u>Alternativ:</u> $|\mathbf{A}| = 0$, da die 3. Spalte das 2-fache der 1. Spalte ist.

b. $|\mathbf{B}| = \begin{vmatrix} 1 & 0 & -2 & 1 \\ 0 & 3 & 0 & 0 \\ 0 & 0 & 10 & -1 \\ 0 & 0 & 3 & 0 \end{vmatrix} = -\begin{vmatrix} 1 & 0 & 1 & -2 \\ 0 & 3 & 0 & 0 \\ 0 & 0 & -1 & 10 \\ 0 & 0 & 0 & 3 \end{vmatrix} = 9$

c. Die Addition der dritten Spalte ändert den Wert der Determinanten nicht, aber die Multiplikation führt dazu, dass sich der Wert der Determinanten verfünffacht: $|\mathbf{C}| = 5|\mathbf{B}| = 45$.

d. Da $|\mathbf{B}| \neq 0$, lässt sich das Gleichungssystem mit der CRAMERschen Regel (eindeutig) lösen.

13.6 a. $|\mathbf{A}| \overset{\text{E.n.3.Z.}}{=} 2(-1)^{3+4}\begin{vmatrix} 0 & 1 & 0 & 0 \\ 3 & 1 & 2 & 0 \\ -5 & 4 & -4 & -1 \\ 8 & -6 & 6 & 2 \end{vmatrix}$

$\overset{\text{E.n.1.Z.}}{=} -2(-1)^{1+2}\begin{vmatrix} 3 & 2 & 0 \\ -5 & -4 & -1 \\ 8 & 6 & 2 \end{vmatrix}$

$= 2\cdot[-24-16+18+20] = 2\cdot(-2) = -4$

b. $|\mathbf{B}| = \begin{vmatrix} 2 & 1 & 9 \\ 0 & 7 & 26 \\ 0 & 1 & -2 \end{vmatrix} = -\begin{vmatrix} 2 & 1 & 9 \\ 0 & 1 & -2 \\ 0 & 0 & 40 \end{vmatrix} = -80$

c. Da die 1. Spalte von $\mathbf{C}$ gleich der Summe der Spalten 2, 3 und 4 ist, hat die Determinante $|\mathbf{C}|$ den Wert 0.

d. i. Da $|\mathbf{B}| \neq 0$ hat das homogene Gleichungssystem $\mathbf{B}\cdot\mathbf{x} = 0$ nur die triviale Lösung. Nach dem Alternativsatz ist dann das Gleichungssystem $\mathbf{B}\cdot\mathbf{x} = \mathbf{b}$ (eindeutig) lösbar für jede Wahl der rechten Seite $\mathbf{b} \in \mathbf{R}^3$.

ii. Da $|\mathbf{C}| = 0$ gilt: $r(\mathbf{C}) < 4$

e. Ersetzt man $\mathbf{A}$ durch eine symmetrische Matrix, so gilt für den 2×2-Hauptminor

$$\begin{vmatrix} 0 & 2 \\ 2 & 1 \end{vmatrix} = 0 - 2^2 < 0 \quad \Rightarrow \quad \mathbf{A} \text{ ist indefinit.}$$

13.7 a. $|\mathbf{A}| \overset{\text{Entw.n.1.Sp.}}{=} 2(-1)^{4+1} \begin{vmatrix} -7 & 0 & -1 & 5 \\ 0 & -2 & 0 & 4 \\ 3 & -3 & 0 & 3 \\ 1 & -1 & 0 & 2 \end{vmatrix}$

$$= -2(-1)(-1)^{1+3} \begin{vmatrix} 0 & -2 & 4 \\ 3 & -3 & 3 \\ 1 & -1 & 2 \end{vmatrix} = 2\cdot[-6 - 12 + 12 + 12] = 12$$

b. $|\mathbf{B}| = \begin{vmatrix} 1 & 2 & 1 & 0 \\ 0 & -1 & -2 & 2 \\ 0 & 4 & 8 & -1 \\ 0 & 1 & 2 & -3 \end{vmatrix} = \begin{vmatrix} 1 & 2 & 1 & 0 \\ 0 & -1 & -2 & 2 \\ 0 & 0 & 0 & 7 \\ 0 & 0 & 0 & -1 \end{vmatrix} = 0$

c. $|\mathbf{C}| = \begin{vmatrix} 2 & -1 & a \\ -3 & 2 & 2 \\ -1 & 1 & -3 \end{vmatrix} = -12 + 2 - 3a + 2a - 4 + 9 = -5 - a \neq 0,$

d. h. für $a \neq -5$ ist $|\mathbf{C}| \neq 0$ und $\mathbf{C}$ eine reguläre Matrix. Damit ist die Voraussetzung für die Anwendung der CRAMERschen Regel gegeben.

$$\text{Da } \begin{vmatrix} 2 & -1 & 3 \\ -3 & 2 & -5 \\ -1 & 1 & -2 \end{vmatrix} = -8 - 5 - 9 + 6 + 10 + 6 = 0 \text{ ist } x_3 = \frac{0}{-5-a} = 0.$$

d. Da $|\mathbf{A}| \neq 0$ ist $\mathbf{A}$ regulär und besitzt eine Inverse.

e. Da $|\mathbf{B}| = 0$ ist $r(\mathbf{B}) < 4$.

13.8 $Z = 100a + 10b + c$

$\Rightarrow\ a + b + c\qquad = 18$

$\Rightarrow\ a +\quad c\quad = b\ \Leftrightarrow\ a - b + c = 0$

$\Rightarrow\ 100a + 10b = 100c + 10b + a + 99\ \Leftrightarrow\ 99a - 99c = 99\ \Leftrightarrow\ a - c = 1$

Zu lösen ist das Gleichungssystem

$$\begin{pmatrix} 1 & 1 & 1 \\ 1 & -1 & 1 \\ 1 & 0 & -1 \end{pmatrix} \cdot \begin{pmatrix} a \\ b \\ c \end{pmatrix} = \begin{pmatrix} 18 \\ 0 \\ 1 \end{pmatrix}$$

Da $\quad\begin{vmatrix} 1 & 1 & 1 \\ 1 & -1 & 1 \\ 1 & 0 & -1 \end{vmatrix} = 1 + 1 + 1 + 1 = 4 \neq 0,$

ist das Problem mit der CRAMERschen Regel lösbar.

Da $\quad\begin{vmatrix} 18 & 1 & 1 \\ 0 & -1 & 1 \\ 1 & 0 & -1 \end{vmatrix} = 18 + 1 + 1 = 20,\quad$ ist $\quad a = \dfrac{20}{4} = 5\,.$

Da $\quad\begin{vmatrix} 1 & 18 & 1 \\ 1 & 0 & 1 \\ 1 & 1 & -1 \end{vmatrix} = 18 + 1 - 1 + 18 = 36,\quad$ ist $\quad b = \dfrac{36}{4} = 9\,.$

Da $\quad\begin{vmatrix} 1 & 1 & 18 \\ 1 & -1 & 0 \\ 1 & 0 & 1 \end{vmatrix} = -1 + 18 - 1 = 16,\quad$ ist $\quad c = \dfrac{16}{4} = 4\,.$

Die gesuchte Zahl ist $Z = 594$.

13.9 $\begin{vmatrix} 3 & 1 & 8 & -2 & 3 \\ 1 & -3 & 27 & 0 & 1 \\ 0 & 0 & -11 & 0 & 0 \\ 2 & 7 & -5 & -5 & 3 \\ 4 & 0 & 3 & 0 & 0 \end{vmatrix} \underset{\substack{\text{Entwickl.}\\ \text{nach der 3.Zeile}}}{=} (-11)(-1)^{3+3} \begin{vmatrix} 3 & 1 & -2 & 3 \\ 1 & -3 & 0 & 1 \\ 2 & 7 & -5 & 3 \\ 4 & 0 & 0 & 0 \end{vmatrix}$

$\underset{\substack{\text{Entwickl.}\\ \text{nach der 4.Zeile}}}{=} -11 \cdot 4 \cdot (-1)^{4+1} \begin{vmatrix} 1 & -2 & 3 \\ -3 & 0 & 1 \\ 7 & -5 & 3 \end{vmatrix}$

$$\underset{\substack{\text{Entwickl.}\\\text{nach der 2.Spalte}}}{=} \quad 44\left[-2(-1)^{1+2}\begin{vmatrix} -3 & 1 \\ 7 & 3 \end{vmatrix} - 5(-1)^{3+2}\begin{vmatrix} 1 & 3 \\ -3 & 1 \end{vmatrix}\right]$$

$$= 44\cdot[2(-9-7)+5(1+9)] = 44\cdot[-32+50] = 792$$

$$H_2 = \begin{vmatrix} 3 & 1 \\ 1 & -3 \end{vmatrix} = -9-1 = -10$$

$$H_3 = \begin{vmatrix} 3 & 1 & 8 \\ 1 & -3 & 27 \\ 0 & 0 & -11 \end{vmatrix} = -11(-1)^{3+3}\begin{vmatrix} 3 & 1 \\ 1 & -3 \end{vmatrix} = -11\cdot(-10) = 110$$

$$H_4 = \begin{vmatrix} 3 & 1 & 8 & -2 \\ 1 & -3 & 27 & 0 \\ 0 & 0 & -11 & 0 \\ 2 & 7 & -5 & -5 \end{vmatrix} = -11\cdot(-1)^{3+3}\begin{vmatrix} 3 & 1 & -2 \\ 1 & -3 & 0 \\ 2 & 7 & -5 \end{vmatrix}$$

$$= -11\cdot[45-14-(12-5)] = -11\cdot 24 = -264$$

13.10 a. $\quad |\,A-\lambda E\,| = \begin{vmatrix} 3-\lambda & 5 \\ 1 & 7-\lambda \end{vmatrix} = 21-10\lambda+\lambda^2-5 = 0$

$$\lambda^2-10\lambda = -16$$
$$(\lambda-5)^2 = 25-16 = 9$$
$$\lambda_1 = 5+3 = 8 \qquad\qquad \lambda_2 = 2$$

$$\begin{pmatrix} -5 & 5 \\ 1 & -1 \end{pmatrix}\cdot\begin{pmatrix} x_1 \\ x_2 \end{pmatrix} = \begin{pmatrix} 0 \\ 0 \end{pmatrix} \qquad\qquad \begin{pmatrix} 1 & 5 \\ 1 & 5 \end{pmatrix}\cdot\begin{pmatrix} x_1 \\ x_2 \end{pmatrix} = \begin{pmatrix} 0 \\ 0 \end{pmatrix}$$

$$x_1 = \begin{pmatrix} 1 \\ 1 \end{pmatrix}\cdot a_1 \quad a_1\in\mathbf{R} \qquad\qquad x_2 = \begin{pmatrix} -5 \\ 1 \end{pmatrix}\cdot a_2 \quad a_2\in\mathbf{R}$$

b. $\quad |\,B-\lambda E\,| = \begin{vmatrix} -2-\lambda & 2 & -3 \\ 2 & 1-\lambda & -6 \\ -1 & -2 & 0-\lambda \end{vmatrix}$

$$= \lambda(2+\lambda)(1-\lambda)+12+12-3(1-\lambda)+12(2+\lambda)+4\lambda$$

$$= -\lambda^3-\lambda^2+21\lambda+45 = 0$$

Nullstelle $\lambda_1 = -3$: $27 - 9 - 63 + 45 = 0$

$(-\lambda^3 - \lambda^2 + 21\lambda + 45) : (\lambda + 3) = -\lambda^2 + 2\lambda + 15$

$$\underline{-\lambda^3 - 3\lambda^2} \qquad\qquad\qquad\qquad \lambda^2 - 2\lambda = 15$$

$$2\lambda^2 \qquad\qquad\qquad\qquad (\lambda - 1)^2 = 16$$

$$\underline{2\lambda^2 + 6\lambda} \qquad\qquad\qquad \lambda = 1 \pm 4$$

$$15\lambda$$
$$\underline{15\lambda + 45}$$

$\lambda_2 = 5 \qquad \lambda_3 = -3$

$\underline{\lambda_1 = \lambda_3 = -3}$

$$\begin{pmatrix} 1 & 2 & -3 \\ 2 & 4 & -6 \\ -1 & 2 & 3 \end{pmatrix} \cdot \begin{pmatrix} x_1 \\ x_2 \\ x_3 \end{pmatrix} = \begin{pmatrix} 0 \\ 0 \\ 0 \end{pmatrix}$$

$$\mathbf{x}_1 = \begin{pmatrix} -2 \\ 1 \\ 0 \end{pmatrix} \cdot b_1 \quad b_1 \in \mathbf{R} \qquad\qquad \mathbf{x}_2 = \begin{pmatrix} 3 \\ 0 \\ 1 \end{pmatrix} \cdot b_2 \quad b_2 \in \mathbf{R}$$

$\underline{\lambda_2 = 5}$

x_1	x_2	x_3	RS
-7	2	-3	0
2	-4	-6	0
-1	-2	-5	0
0	16	32	0
0	-8	-16	0
1	2	5	0
0	0	0	0
0	1	2	0
1	0	1	0

$$\mathbf{x}_3 = \begin{pmatrix} -1 \\ -2 \\ 1 \end{pmatrix} \cdot b_3 \quad b_3 \in \mathbf{R}$$

14. Quadratische Formen

Sätze und Regeln

Notwendige Bedingung für Definitheit

Eine quadratische Form $Q(\mathbf{x}) = \mathbf{x}' \cdot \mathbf{A} \cdot \mathbf{x}$ **kann** nur dann
positiv definit (positiv semidefinit, negativ definit, negativ semidefinit) sein,
wenn alle Elemente auf der Hauptdiagonalen der Matrix $\mathbf{A}$
positiv (nichtnegativ, negativ, nichtpositiv) sind.

Äquivalenzaussagen zwischen Eigenwerten und Definitheit

Sei $\mathbf{A}$ eine symmetrische n×n-Matrix mit den reellen Eigenwerten $\lambda_1,\ldots,\lambda_n$
und $Q(\mathbf{x}) = \mathbf{x}' \cdot \mathbf{A} \cdot \mathbf{x}$ eine quadratische Form.

Es gilt dann:
$Q(\mathbf{x})$ ist dann und nur dann
positiv definit (positiv semidefinit, negativ definit, negativ semidefinit),
wenn alle Eigenwerte von $\mathbf{A}$
positiv (nichtnegativ, negativ, nichtpositiv) sind.

Äquivalenzaussagen zwischen Definitheit und Hauptminoren

Eine quadratische Form $Q(\mathbf{x}) = \mathbf{x}' \cdot \mathbf{A} \cdot \mathbf{x}$ mit **symmetrischer** Matrix ist dann und
nur dann

1. *positiv definit*, wenn alle Hauptminoren der Determinanten $|\mathbf{A}|$ positiv sind,

$$\text{d. h.} \quad a_{11} > 0, \begin{vmatrix} a_{11} & a_{12} \\ a_{21} & a_{22} \end{vmatrix} > 0, \begin{vmatrix} a_{11} & a_{12} & a_{13} \\ a_{21} & a_{22} & a_{23} \\ a_{31} & a_{32} & a_{33} \end{vmatrix} > 0, \ldots, \begin{vmatrix} a_{11} & \cdots & a_{1n} \\ \vdots & & \vdots \\ a_{n1} & \cdots & a_{nn} \end{vmatrix} > 0;$$

2. *negativ definit*, wenn alle Hauptminoren von $|\mathbf{A}|$ im Vorzeichen so alternieren,
   dass das Vorzeichen einer Hauptabschnittsdeterminante k-ter Ordnung sich wie
   $(-1)^k$ verhält, d. h.

$$a_{11} < 0, \begin{vmatrix} a_{11} & a_{12} \\ a_{21} & a_{22} \end{vmatrix} > 0, \begin{vmatrix} a_{11} & a_{12} & a_{13} \\ a_{21} & a_{22} & a_{23} \\ a_{31} & a_{32} & a_{33} \end{vmatrix} < 0, \ldots, (-1)^n \begin{vmatrix} a_{11} & \cdots & a_{1n} \\ \vdots & & \vdots \\ a_{n1} & \cdots & a_{nn} \end{vmatrix} > 0;$$

3. *positiv semidefinit*, wenn alle Hauptminoren von $|\mathbf{A}|$ und alle Hauptminoren der Determinanten, die sich aus $|\mathbf{A}|$ durch Umordnen der Variablen des Vektors $\mathbf{x}$ ergeben, nichtnegativ sind;

4. *negativ semidefinit*, wenn alle Hauptminoren von $|\mathbf{A}|$ und alle Hauptminoren der Determinanten, die sich aus $|\mathbf{A}|$ durch Umordnen der Variablen des Vektors $\mathbf{x}$ ergeben, so im Vorzeichen alternieren, dass die Hauptabschnittsdeterminanten von gerader Ordnung stets nichtnegativ und von ungerader Ordnung stets nichtpositiv sind.

Weisen die Hauptminoren von $|\mathbf{A}|$ keine dieser vier Vorzeichenfolgen auf, dann ist $Q(\mathbf{x}) = \mathbf{x}' \cdot \mathbf{A} \cdot \mathbf{x}$ *indefinit*.

Hinreichende Bedingungen für Definitheit unter Nebenbedingung

Gegeben sei eine quadratische Form $Q(\mathbf{x}) = \mathbf{x}' \cdot \mathbf{A} \cdot \mathbf{x}$ mit einer symmetrischen m×m-Matrix $\mathbf{A}$ und ein homogenes lineares Gleichungssystem $\mathbf{B} \cdot \mathbf{x} = \mathbf{0}$, dessen r×m-Koeffizientenmatrix $\mathbf{B}$ den Rang r hat.

Die quadratische Form $Q(\mathbf{x}) = \mathbf{x}' \cdot \mathbf{A} \cdot \mathbf{x}$ mit der Nebenbedingung $\mathbf{B} \cdot \mathbf{x} = \mathbf{0}$ ist dann

1. *positiv definit*, wenn alle "Nordwest-Minoren" der $(r + m)$-reihigen

   Determinante

   $$| \tilde{\mathbf{A}} | = \begin{vmatrix} \mathbf{0} & \mathbf{B} \\ \mathbf{B}' & \mathbf{A} \end{vmatrix} \quad \text{mit einer Ordnung größer als 2r das Vorzeichen } (-1)^r \text{ haben.}$$

   (Diese "Nordwest-Minoren" entstehen durch Streichen der letzten i Zeilen und Spalten der Determinante $| \tilde{\mathbf{A}} |$, $i = 0, 1, ..., m - r - 1$.)

2. *negativ definit*, wenn der "Nordwest-Minor" der Ordnung $(r + m - i)$ der Determinante $| \tilde{\mathbf{A}} |$ das Vorzeichen $(-1)^{m-i}$ hat für alle $i = 0, 1, ..., m - r - 1$. (Auch hier werden nur Minoren der Ordnung größer als 2r überprüft. Das Vorzeichen der Minoren muss alternieren und die Determinante $| \tilde{\mathbf{A}} |$ selbst muss das Vorzeichen $(-1)^m$ haben.)

Aufgaben

14.1 Überprüfen Sie durch Berechnen der Eigenwerte die nachfolgenden quadratischen Formen auf Definitheit.
Bestimmen Sie zu dem <u>größeren</u> Eigenwert den zugehörigen Eigenvektor.

a. $Q(x,y) = 8x^2 - 4xy + 6y^2$

b. $Q(x,y) = 2x^2 - 2\sqrt{2}xy + 3y^2$

14.2 a. Bestimmen Sie die Eigenwerte der Matrix $\quad A = \begin{pmatrix} 5 & 6 \\ 1 & 4 \end{pmatrix}$.

Berechnen Sie die Eigenvektoren zum betragsmäßig größten Eigenwert.
Welcher Schluss lässt sich aus den Eigenwerten ziehen bzgl. der Definitheit der quadratischen Form $\quad Q(x) = x'\cdot A\cdot x$?

b. Berechnen Sie die Eigenwerte der Matrix $A = \begin{pmatrix} 4 & -\sqrt{3} \\ -\sqrt{3} & 2 \end{pmatrix}$.

Schließen Sie aus den Eigenwerten auf die Definitheit von A.
Bestimmen Sie für den betragsmäßig größten Eigenwert den zugehörigen Eigenvektor.

14.3. Sei $B = \begin{pmatrix} 4 & 5 & -1 \\ 1 & 2 & 1 \\ 0 & 1 & 3 \end{pmatrix}$, $x' = (x_1, x_2, x_3)$

Stellen Sie die quadratische Form $Q(x) = x'\cdot B\cdot x$ in skalarer Schreibweise dar und überprüfen Sie $Q(x)$ auf Definitheit.

14.4 Überprüfen Sie die nachfolgenden quadratischen Formen auf Definitheit:

a. $Q(x,y,z) = 2x^2 + 4z^2 - 6xz$

b. $Q(x,y,z) = 2xz + 4yz + 3z^2$

c. $Q(x,y,z) = 10xz - 2y^2 + 6yz - 4z^2$

d. $Q(x_1,x_2,x_3) = -2x_1^2 + 2x_1x_3 - 2x_2^2 + 6x_2x_3 - 5x_3^2$

14.5 Überprüfen Sie die nachfolgende quadratischen Form auf Definitheit:

$$Q(x,y,z) = (x,y,z) \cdot \begin{pmatrix} 2 & -1 & 0 \\ -5 & 3 & 1 \\ 0 & 3 & 5 \end{pmatrix} \cdot \begin{pmatrix} x \\ y \\ z \end{pmatrix}$$

Stellen Sie Q(x, y, z) auch in skalarer Schreibweise dar.

14.6 Gegeben ist die quadratische Form

$$Q(x,y,z) = (x,y,z) \cdot \begin{pmatrix} -2 & -1 & 3 \\ -1 & -3 & 1 \\ 1 & 5 & -2 \end{pmatrix} \cdot \begin{pmatrix} x \\ y \\ z \end{pmatrix}$$

Schreiben Sie Q(x, y, z) in skalarer Schreibweise und überprüfen Sie Q auf Definitheit.

14.7 Überprüfen Sie die nachfolgenden quadratischen Formen auf Definitheit:

a. $Q_1(x, y, z) = (x,y,z) \cdot \begin{pmatrix} 2 & 5 & 2 \\ 1 & 3 & 1 \\ 2 & 3 & 2 \end{pmatrix} \cdot \begin{pmatrix} x \\ y \\ z \end{pmatrix}$

b. $Q_2(x_1, x_2, x_3) = (x_1, x_2, x_3) \cdot \begin{pmatrix} -3 & 0 & 4 \\ 0 & 0 & 0 \\ 4 & 0 & -5 \end{pmatrix} \cdot \begin{pmatrix} x_1 \\ x_2 \\ x_3 \end{pmatrix}$

14.8 a. Ist die quadratische Form

$$Q_1(x, y) = -8x^2 - 8xy - \frac{3}{4}y^2$$

definit unter Beachtung der Nebenbedingung

$$4x + y = 0?$$

b. Ist die quadratische Form

$$Q_2(x, y, z) = 8x^2 + 4xy - 2y^2 + 2z^2$$

definit unter Beachtung der Nebenbedingung

$$x + y - 2z = 0?$$

14.9 Überprüfen Sie die quadratische Form

$$Q(x, y, z) = 216xy + 216xz + 54y^2 + 216yz + 72z^2$$

auf Definitheit unter Beachtung der Nebenbedingung

$$x + y + z = 0.$$

14.10 Überprüfen Sie die quadratische Form

$$Q(x, y, z) = 2xy + 8y^2 - 4yz + 2z^2$$

auf Definitheit unter Beachtung der Nebenbedingungen

$$y - z = 0 \quad \text{und} \quad x + y - 2z = 0.$$

Lösungen

14.1 a. $Q(x, y) = (x, y) \cdot \begin{pmatrix} 8 & -2 \\ -2 & 6 \end{pmatrix} \cdot \begin{pmatrix} x \\ y \end{pmatrix}$

$$\begin{vmatrix} 8-\lambda & -2 \\ -2 & 6-\lambda \end{vmatrix} = (8-\lambda)(6-\lambda) - 4 = \lambda^2 - 14\lambda + 44 = 0$$

$$(\lambda - 7)^2 = 49 - 44 = 5 \quad \Rightarrow \quad \lambda_1 = 7 + \sqrt{5} > 0 \quad \text{oder} \quad \lambda_2 = 7 - \sqrt{5} > 0$$

Satz 6.2
$$\Rightarrow \quad Q(x, y) \text{ ist positiv definit.}$$

$$\begin{pmatrix} 1-\sqrt{5} & -2 \\ -2 & -1-\sqrt{5} \end{pmatrix} \cdot \begin{pmatrix} x_1 \\ x_2 \end{pmatrix} = \begin{pmatrix} 0 \\ 0 \end{pmatrix}$$

$$\begin{pmatrix} 0 & 0 \\ 1 & \frac{1}{2}+\frac{1}{2}\sqrt{5} \end{pmatrix} \cdot \begin{pmatrix} x_1 \\ x_2 \end{pmatrix} = \begin{pmatrix} 0 \\ 0 \end{pmatrix}$$

$$\mathbf{x}_1 = \begin{pmatrix} -\frac{1}{2}-\frac{1}{2}\sqrt{5} \\ 1 \end{pmatrix} \cdot c_1 \quad c_1 \in \mathbf{R}$$

b. $|\mathbf{A} - \lambda\mathbf{E}| = \begin{vmatrix} 2-\lambda & -\sqrt{2} \\ -\sqrt{2} & 3-\lambda \end{vmatrix} = 6 - 5\lambda + \lambda^2 - 2 = 0$

$$\Leftrightarrow \quad \lambda^2 - 5\lambda = -4 \quad \Rightarrow \quad (\lambda - \tfrac{5}{2})^2 = \frac{25}{4} - \frac{16}{4} = \frac{9}{4}$$

$$\Rightarrow \quad \lambda_1 = \frac{5}{2} + \frac{3}{2} = 4 \quad \text{oder} \quad \lambda_2 = \frac{5}{2} - \frac{3}{2} = 1$$

Da beide Eigenwerte positiv sind, ist die symmetrische Matrix $\mathbf{A}$ positiv definit.

$$\begin{pmatrix} -2 & -\sqrt{2} \\ -\sqrt{2} & -1 \end{pmatrix} \cdot \mathbf{x} = \mathbf{0} \quad \Leftrightarrow \quad \mathbf{x} = \begin{pmatrix} 1 \\ -\sqrt{2} \end{pmatrix} \cdot t_1 \quad t_1 \in \mathbf{R}$$

14.2 a. $\begin{vmatrix} 5-\lambda & 6 \\ 1 & 4-\lambda \end{vmatrix} = 20 - 9\lambda + \lambda^2 - 6 = \lambda^2 - 9\lambda + 14 = 0$

$\Rightarrow \quad \lambda_1 = 7, \quad \lambda_2 = 2$

x_1	x_2	RS
-2	6	0
1	-3	0

$$\mathbf{x}_1 = \begin{pmatrix} 3 \\ 1 \end{pmatrix} \cdot c_1 \quad c_1 \in \mathbf{R}$$

Da **A** nicht symmetrisch ist, lassen die Vorzeichen der Eigenwerte keinen Schluss auf die Definitheit von $Q(\mathbf{x})$ zu.

b. $\begin{vmatrix} 4-\lambda & -\sqrt{3} \\ -\sqrt{3} & 2-\lambda \end{vmatrix} = 8 - 6\lambda + \lambda^2 - 3 = \lambda^2 - 6\lambda + 5 = 0$

$\lambda^2 - 6\lambda + 3^2 = -5 + 9$

$(\lambda - 3)^2 = 4 \quad \Leftrightarrow \quad \lambda_{1,2} = 3 \pm 2$

$\lambda_1 = 5, \qquad \lambda_2 = 1$

$\Rightarrow$ Die Matrix **A** ist positiv definit.

$$\begin{pmatrix} -1 & -\sqrt{3} \\ -\sqrt{3} & -3 \end{pmatrix} \cdot \begin{pmatrix} x_1 \\ x_2 \end{pmatrix} = \begin{pmatrix} 0 \\ 0 \end{pmatrix}$$

$$\begin{pmatrix} 1 & \sqrt{3} \\ 0 & 0 \end{pmatrix} \cdot \begin{pmatrix} x_1 \\ x_2 \end{pmatrix} = \begin{pmatrix} 0 \\ 0 \end{pmatrix}, \quad \mathbf{x} = \begin{pmatrix} -\sqrt{3} \\ 1 \end{pmatrix} \cdot t_2 \quad t_2 \in \mathbf{R}$$

14.3 $Q(\mathbf{x}) = 4x_1^2 + 2x_2^2 + 3x_3^2 + 6x_1x_2 - x_1x_3 + 2x_2x_3$

$$Q(\mathbf{x}) = (x_1, x_2, x_3) \cdot \begin{pmatrix} 4 & 3 & -\frac{1}{2} \\ 3 & 2 & 1 \\ -\frac{1}{2} & 1 & 3 \end{pmatrix} \cdot \begin{pmatrix} x_1 \\ x_2 \\ x_3 \end{pmatrix}$$

Da $4 > 0$, $\begin{vmatrix} 4 & 3 \\ 3 & 2 \end{vmatrix} = 8 - 9 < 0$ ist $Q(\mathbf{x})$ indefinit.

14.4 a. $Q(x,y,z) = (x,y,z) \cdot \begin{pmatrix} 2 & 0 & -3 \\ 0 & 0 & 0 \\ -3 & 0 & 4 \end{pmatrix} \cdot \begin{pmatrix} x \\ y \\ z \end{pmatrix}$

Da die Elemente auf der Hauptdiagonalen alle größer gleich 0 sind, kann Q höchstens positiv semidefinit sein.

Dies wird auch von $2 > 0$, $\begin{vmatrix} 2 & 0 \\ 0 & 0 \end{vmatrix} = 0$, $\begin{vmatrix} 2 & 0 & -3 \\ 0 & 0 & 0 \\ -3 & 0 & 4 \end{vmatrix} = 0$ unterstützt.

Vertauscht man aber die Reihenfolge von y und z, so gilt

$$Q(x,z,y) = (x,z,y) \cdot \begin{pmatrix} 2 & -3 & 0 \\ -3 & 4 & 0 \\ 0 & 0 & 0 \end{pmatrix} \cdot \begin{pmatrix} x \\ y \\ z \end{pmatrix}$$

Da $\begin{vmatrix} 2 & -3 \\ -3 & 4 \end{vmatrix} = 8 - (-3)^2 = -1 < 0$ ist $Q(x,y,z)$ und damit auch

$Q(x,y,z)$ indefinit.

b. $Q(x,y,z) = (x,y,z) \cdot \begin{pmatrix} 0 & 0 & 1 \\ 0 & 0 & 2 \\ 1 & 2 & 3 \end{pmatrix} \cdot \begin{pmatrix} x \\ y \\ z \end{pmatrix}$

Da $\begin{vmatrix} 0 & 0 & 1 \\ 0 & 0 & 2 \\ 1 & 2 & 3 \end{vmatrix} = 0$ und auch die beiden ersten Hauptminoren gleich 0 sind,

ist Q höchstens positiv semidefinit. Vertauscht man x mit z, so ergibt sich

$$Q(z,y,x) = (z,y,x) \cdot \begin{pmatrix} 3 & 2 & 1 \\ 2 & 0 & 0 \\ 1 & 0 & 0 \end{pmatrix} \cdot \begin{pmatrix} z \\ y \\ x \end{pmatrix}$$

Da $\begin{vmatrix} 3 & 2 \\ 2 & 0 \end{vmatrix} = -4 < 0$ ist auch $Q(x,y,z)$ indefinit.

c. $Q(x,y,z) = (x,y,z) \cdot \begin{pmatrix} 0 & 0 & 5 \\ 0 & -2 & 3 \\ 5 & 3 & -4 \end{pmatrix} \cdot \begin{pmatrix} x \\ y \\ z \end{pmatrix}$

Da $0 \geq 0$, $\begin{vmatrix} 0 & 0 \\ 0 & -2 \end{vmatrix} = 0$, $\begin{vmatrix} 0 & 0 & 5 \\ 0 & -2 & 3 \\ 5 & 3 & -4 \end{vmatrix} = 50 > 0$ ist, könnte $Q(x, y, z)$

positiv semidefinit sein. Dies widerspricht aber den negativen Vorzeichen auf der Hauptdiagonalen.

Tauscht man die Reihenfolge der Variablen

$$Q(z, y, x) = (z, y, x) \cdot \begin{pmatrix} -4 & 3 & 5 \\ 3 & -2 & 0 \\ 5 & 0 & 0 \end{pmatrix} \cdot \begin{pmatrix} z \\ y \\ x \end{pmatrix}$$

so zeigt das Vorzeichen von $\begin{vmatrix} -4 & 3 \\ 3 & -2 \end{vmatrix} = 8 - 9 < 0$, dass $Q(z, y, x)$

indefinit ist.

d. $Q(x_1, x_2, x_3) = (x_1, x_2, x_3) \cdot \begin{pmatrix} -2 & 0 & 1 \\ 0 & -2 & 3 \\ 1 & 3 & -5 \end{pmatrix} \cdot \begin{pmatrix} x_1 \\ x_2 \\ x_3 \end{pmatrix}$

Da $-2 < 0$, $\begin{vmatrix} -2 & 0 \\ 0 & -2 \end{vmatrix} = 4 > 0$, $\begin{vmatrix} -2 & 0 & 1 \\ 0 & -2 & 3 \\ 1 & 3 & -5 \end{vmatrix} = -20 + 2 + 18 = 0$

könnte $Q(x_1, x_2, x_3)$ negativ semidefinit sein.

Ein Austausch der Variablen x_1 und x_2 ändert an den Ergebnissen nichts. Tauscht man die Reihenfolge der Variablen x_1 und x_3 aus, so ist

die Matrix $\begin{matrix} x_3 \\ x_2 \\ x_1 \end{matrix} \begin{pmatrix} -5 & 3 & 1 \\ 3 & -2 & 0 \\ 1 & 0 & -2 \end{pmatrix}$ zu überprüfen.

Da $\begin{vmatrix} -5 & 3 \\ 3 & -2 \end{vmatrix} = 10 - 9 > 0$ und $-5 < 0$ wird das Resultat negativ semidefinit unterstützt. Auch ein Austausch von x_3 und x_2 ändert das Ergebnis nicht.

Betrachtet man die Reihenfolge x_1, x_3, x_2, so ist die Matrix

$$\begin{array}{c} x_1 \\ x_3 \\ x_2 \end{array}\begin{pmatrix} -2 & 1 & 0 \\ 1 & -5 & 3 \\ 0 & 3 & -2 \end{pmatrix} \text{ zu untersuchen.}$$

Da $\begin{vmatrix} -2 & 1 \\ 1 & -5 \end{vmatrix} = 10 - 1 > 0$ und $-2 < 0$ kann $Q(x_1, x_2, x_3)$ weiterhin negativ semidefinit sein. Ein Austausch von x_1 und x_3 ändert das Ergebnis nicht. $\Rightarrow$ $Q(x_1, x_2, x_3)$ ist negativ semidefinit.

14.5 $Q(x, y, z) = 2x^2 + 3y^2 + 5z^2 - 6xy + 4yz$

$$= (x, y, z) \cdot \begin{pmatrix} 2 & -3 & 0 \\ -3 & 3 & 2 \\ 0 & 2 & 5 \end{pmatrix} \cdot \begin{pmatrix} x \\ y \\ z \end{pmatrix}$$

Da $\begin{vmatrix} 2 & -3 \\ -3 & 3 \end{vmatrix} = 6 - 9 < 0$ ist $Q(x, y, z)$ indefinit.

14.6 $Q(x, y, z) = -2x^2 - 3y^2 - 2z^2 - 2xy + 4xz + 6yz$

$$Q(x, y, z) = (x, y, z) \cdot \begin{pmatrix} -2 & -1 & 2 \\ -1 & -3 & 3 \\ 2 & 3 & -2 \end{pmatrix} \cdot \begin{pmatrix} x \\ y \\ z \end{pmatrix}$$

Da $-2 < 0$, $\begin{vmatrix} -2 & -1 \\ -1 & -3 \end{vmatrix} = 6 - 1 > 0$

$$\begin{vmatrix} -2 & -1 & 2 \\ -1 & -3 & 3 \\ 2 & 3 & -2 \end{vmatrix} = -12 - 6 - 6 - (-12 - 18 - 2) = -24 + 32 > 0$$

ist $Q(x, y, z)$ indefinit.

14.7 a. $Q_1(x, y, z) = (x, y, z) \cdot \begin{pmatrix} 2 & 3 & 2 \\ 3 & 3 & 2 \\ 2 & 2 & 2 \end{pmatrix} \cdot \begin{pmatrix} x \\ y \\ z \end{pmatrix}$

Da $\begin{vmatrix} 2 & 3 \\ 3 & 3 \end{vmatrix} = 6 - 9 < 0$ ist $Q_1(x, y, z)$ indefinit.

b. Da $-3 < 0$, $\begin{vmatrix} -3 & 0 \\ 0 & 0 \end{vmatrix} = 0$, $\begin{vmatrix} -3 & 0 & 4 \\ 0 & 0 & 0 \\ 4 & 0 & -5 \end{vmatrix} = 0$,

könnte $Q_2(x_1, x_2, x_3)$ negativ semidefinit sein.

Tauscht man aber die Variablen x_2 und x_3 aus, d. h.

$$Q_2(x_1, x_2, x_3) = (x_1, x_2, x_3) \cdot \begin{pmatrix} -3 & 4 & 0 \\ 4 & -5 & 0 \\ 0 & 0 & 0 \end{pmatrix} \cdot \begin{pmatrix} x_1 \\ x_2 \\ x_3 \end{pmatrix},$$

so folgt aus $\begin{vmatrix} -3 & 4 \\ 4 & -5 \end{vmatrix} = 15 - 16 < 0$, dass $Q_2(x_1, x_2, x_3)$ indefinit ist.

14.8 a. Da $\begin{vmatrix} 0 & 4 & 1 \\ 4 & -8 & -4 \\ 1 & -4 & -\dfrac{3}{4} \end{vmatrix} = 16 + 16 - (-8 - 12) > 0$ ist Q_1 positiv definit unter

Beachtung der Nebenbedingung.

b. Da $\begin{vmatrix} 0 & 1 & 1 & -2 \\ 1 & 8 & 2 & 0 \\ 1 & 2 & -2 & 0 \\ -2 & 0 & 0 & 2 \end{vmatrix} = 2 \cdot \begin{vmatrix} 0 & 1 & 1 & -2 \\ 0 & 8 & 2 & 1 \\ 0 & 2 & -2 & 1 \\ -1 & 0 & 0 & 1 \end{vmatrix}$

$$= 2 \cdot (-1) \cdot (-1)^{4+1} \cdot \begin{vmatrix} 1 & 1 & -2 \\ 8 & 2 & 1 \\ 2 & -2 & 1 \end{vmatrix}$$

$$= 2 \cdot [2 + 2 + 32 - (-8 - 2 + 8)] = 2 \cdot 28 > 0$$

ist Q_2 indefinit unter Beachtung der Nebenbedingung.

14.9 Da $\begin{vmatrix} 0 & 1 & 1 & 1 \\ 1 & 0 & 108 & 108 \\ 1 & 108 & 54 & 108 \\ 1 & 108 & 108 & 72 \end{vmatrix} = \begin{vmatrix} 0 & 1 & 1 & 1 \\ 1 & 0 & 108 & 108 \\ 1 & 0 & -54 & 0 \\ 1 & 0 & 0 & -36 \end{vmatrix} = 1 \cdot (-1)^{1+2} \cdot \begin{vmatrix} 1 & 108 & 108 \\ 1 & -54 & 0 \\ 1 & 0 & -36 \end{vmatrix}$

$$= -(54 \cdot 36 + 54 \cdot 108 + 36 \cdot 108) < 0$$

und $\begin{vmatrix} 0 & 1 & 1 \\ 1 & 0 & 108 \\ 1 & 108 & 54 \end{vmatrix} = 108 + 108 - 54 > 0$

ist Q negativ definit unter Beachtung der Nebenbedingung.

14.10 Tauscht man die ersten mit der vierten Zeile und die zweite mit der dritten Zeile, so erhält man:

$$\begin{vmatrix} 0 & 0 & 0 & 1 & -1 \\ 0 & 0 & 1 & 1 & -2 \\ 0 & 1 & 0 & 1 & 0 \\ 1 & 1 & 1 & 8 & -2 \\ -1 & -2 & 0 & -2 & 2 \end{vmatrix} = \begin{vmatrix} 1 & 1 & 1 & 8 & -2 \\ 0 & 1 & 0 & 1 & 0 \\ 0 & 0 & 1 & 1 & -2 \\ 0 & 0 & 0 & 1 & -1 \\ 0 & -1 & 1 & 6 & 0 \end{vmatrix} = \begin{vmatrix} 1 & 1 & 1 & 8 & -2 \\ 0 & 1 & 0 & 1 & 0 \\ 0 & 0 & 1 & 1 & -2 \\ 0 & 0 & 0 & 1 & -1 \\ 0 & 0 & 1 & 7 & 0 \end{vmatrix}$$

$$= \begin{vmatrix} 1 & 1 & 1 & 8 & -2 \\ 0 & 1 & 0 & 1 & 0 \\ 0 & 0 & 1 & 1 & -2 \\ 0 & 0 & 0 & 1 & -1 \\ 0 & 0 & 0 & 6 & 2 \end{vmatrix} = 1 \cdot 1 \cdot 1 \cdot 1 \cdot [2 - 6(-1)] = 8 > 0$$

15. Relative Extrema

Sätze und Regeln

Notwendige Bedingung für ein relatives Extremum

Ist die Funktion

$$f: \quad D \quad \rightarrow \quad \mathbf{R} \qquad , D \subseteq \mathbf{R}^m \, , m \in \mathbf{N} \, , m \geq 2$$
$$(x_1,...,x_m) \quad \mapsto \quad x_{m+1} = f(x_1,...,x_m)$$

in einer Umgebung $U(\overline{x})$ einer Stelle $\overline{x}' = (\overline{x}_1,...,\overline{x}_m) \in D$ partiell differenzierbar nach allen Variablen $x_1,...,x_m$, so kann sie in $\overline{x}$ nur dann ein relatives Extremum haben, wenn gilt

$$f_{x_1}(\overline{x}) = 0 \, , \; f_{x_2}(\overline{x}) = 0,..., f_{x_m}(\overline{x}) = 0 \, .$$

Die Bedingung (7.1) lässt sich auch schreiben als

$$\mathbf{grad}\, f(\overline{x}) = \mathbf{0} \, .$$

Hinreichende Bedingung für ein relatives Extremum

Die Funktion

$$f: \quad D \quad \rightarrow \quad \mathbf{R} \qquad , D \subseteq \mathbf{R}^m \, , m \in \mathbf{N} \, , m \geq 2$$
$$(x_1,...,x_m) \quad \mapsto \quad x_{m+1} = f(x_1,...,x_m)$$

besitze in $\overline{x} = (\overline{x}_1,...,\overline{x}_m)$ eine stationäre Stelle, d. h. $\mathbf{grad}\, f(\overline{x}) = \mathbf{0}$, und habe in $\overline{x}$ stetige partielle Ableitungen 2. Ordnung.

Aus der Definitheit der HESSEschen Matrix $\mathbf{F}(\overline{x})$ der Funktion f im Punkt $\overline{x}$ lassen sich dann die nachstehenden Schlüsse ziehen:

Ist die HESSEsche Matrix $\mathbf{F}(\overline{x})$ im Punkt $\overline{x}$

- **positiv definit**, dann hat f in $\overline{x}$ ein **relatives Minimum**,
- **negativ definit**, dann hat f in $\overline{x}$ ein **relatives Maximum**,
- **indefinit**, dann liegt in $\overline{x}$ **kein relatives Extremum** vor.
- Ist dagegen $\mathbf{F}(\overline{x})$ **positiv semidefinit** oder **negativ semidefinit**, so kann noch **keine Aussage** über das Vorliegen eines relativen Extremums in $\overline{x}$ gemacht werden.

Satz über implizite Funktionen

Es sei $g(x, y, z)$ eine in einer Menge $D \subseteq \mathbf{R}^3$ definierte und stetige Funktion und es gebe eine Stelle $(\overline{x}, \overline{y}, \overline{z}) \in D$, für welche die folgenden drei Bedingungen erfüllt sind:

a. In $(\overline{x}, \overline{y}, \overline{z})$ hat g den Wert 0, d. h. $g(\overline{x}, \overline{y}, \overline{z}) = 0$.

b. Es gibt eine Umgebung der Stelle $(\overline{x}, \overline{y}, \overline{z})$, in der eine der partiellen Ableitungen g_x, g_y bzw. g_z existiert und stetig ist.

c. Dieselbe partielle Ableitung ist in $(\overline{x}, \overline{y}, \overline{z})$ von Null verschieden.

Es gelten dann die beiden folgenden Aussagen:

1. Sind die Voraussetzungen b. und c. ohne Beschränkung der Allgemeinheit für g_z erfüllt, so lässt sich nach Wahl einer beliebigen, nicht zu großen positiven Zahl $\varepsilon > 0$ eine andere positive Zahl δ so angeben, dass genau eine Funktion $z = h(x, y)$ existiert, die für alle (x, y) aus der δ-Umgebung der Stelle $(\overline{x}, \overline{y})$ die Gleichung $g(x, y, h(x, y)) = 0$ und die Ungleichung $|h(x, y) - \overline{z}| < \varepsilon$ erfüllt.

2. Sind die Voraussetzung b. für alle partiellen Ableitungen g_x, g_y und g_z und die Voraussetzung c. für die Ableitung g_z erfüllt, so ist die Funktion h in der δ-Umgebung von $(\overline{x}, \overline{y})$ partiell nach x und y differenzierbar, und es gilt:

$$h_x(\overline{x}, \overline{y}) = -\frac{g_x(\overline{x}, \overline{y}, \overline{z})}{g_z(\overline{x}, \overline{y}, \overline{z})} , \qquad h_y(\overline{x}, \overline{y}) = -\frac{g_y(\overline{x}, \overline{y}, \overline{z})}{g_z(\overline{x}, \overline{y}, \overline{z})}$$

LAGRANGEsche Multiplikatoren-Regel

Gegeben seien die Funktion f und die Funktionen g_i, $i \in \{1, ..., r\}$, $r < m$, in den Variablen $x_1, x_2, ..., x_m$.
Die Funktion f sei wenigstens für alle Punkte, die den Nebenbedingungen

$$g_1(x_1, x_2, ..., x_m) = 0$$
$$g_2(x_1, x_2, ..., x_m) = 0$$
$$..........................$$
$$g_r(x_1, x_2, ..., x_m) = 0$$

genügen, definiert und nach allen Variablen $x_1, x_2, ..., x_m$ partiell differenzierbar. Die Funktionen g_i seien nach allen Variablen $x_1, x_2, ..., x_m$ partiell differenzierbar. Hat die Funktion f im Punkt $\overline{x}' = (\overline{x}_1, \overline{x}_2, ..., \overline{x}_m)$ ein relatives Extremum unter Beachtung vorstehender Nebenbedingungen und hat die **JAKOBI-*Matrix***

$$G(\overline{x}) = \begin{pmatrix} g_{1x_1}(\overline{x}) & g_{1x_2}(\overline{x}) & \cdots & g_{1x_m}(\overline{x}) \\ g_{2x_1}(\overline{x}) & g_{2x_2}(\overline{x}) & \cdots & g_{2x_m}(\overline{x}) \\ \vdots & \vdots & & \vdots \\ g_{rx_1}(\overline{x}) & g_{rx_2}(\overline{x}) & \cdots & g_{rx_m}(\overline{x}) \end{pmatrix}$$

den Rang r (d. h. die Zeilenvektoren sind linear unabhängig), dann existieren r eindeutig bestimmte reelle Zahlen $\lambda_1, ..., \lambda_r \in \mathbf{R}^r \setminus \{(0,...,0)\}$, die *LAGRANGEschen Multiplikatoren*, so dass gilt:

N.1 $g_1(\overline{x}) = 0$

N.2 $g_2(\overline{x}) = 0$

....

N.r $g_r(\overline{x}) = 0$

L.1 $f_{x_1}(\overline{x}) + \lambda_1 \cdot g_{1x_1}(\overline{x}) + \lambda_2 \cdot g_{2x_1}(\overline{x}) + \cdots + \lambda_r \cdot g_{rx_1}(\overline{x}) = 0$

L.2 $f_{x_2}(\overline{x}) + \lambda_1 \cdot g_{1x_2}(\overline{x}) + \lambda_2 \cdot g_{2x_2}(\overline{x}) + \cdots + \lambda_r \cdot g_{rx_2}(\overline{x}) = 0$

....

L.m $f_{x_m}(\overline{x}) + \lambda_1 \cdot g_{1x_m}(\overline{x}) + \lambda_2 \cdot g_{2x_m}(\overline{x}) + \cdots + \lambda_r \cdot g_{rx_m}(\overline{x}) = 0$

Zur Bestimmung der für ein relatives Extremum von f unter den Nebenbedingungen $g_1 \equiv 0 ,..., g_r \equiv 0$ in Frage kommenden Stellen ist also das vorstehende Gleichungssystem mit r + m Gleichungen in den r + m Variablen $\lambda_1, ..., \lambda_r, x_1, ..., x_m$ zu lösen, das sich aus den Nebenbedingungen N.1 bis N.r und den gleich Null gesetzten partiellen Ableitungen der LAGRANGE-Funktion

$$L(x_1, ..., x_m) = f + \lambda_1 g_1 + \lambda_2 g_2 + ... + \lambda_r g_r \qquad \text{zusammensetzt.}$$

Bei Verwendung der erweiterten LAGRANGE-Funktion

$$L(\lambda_1, ..., \lambda_r, x_1, ..., x_m) = f + \lambda_1 g_1 + \lambda_2 g_2 + ... + \lambda_r g_r$$

lässt sich dieses Gleichungssystem auch schreiben als

$$\mathbf{grad}\, L(\overline{\lambda}_1, ..., \overline{\lambda}_r, \overline{x}_1, ..., \overline{x}_m) = 0.$$

Hinreichende Bedingung für ein relatives Extremum unter Nebenbedingungen

Die Funktion $f(x_1, ..., x_m)$ habe in $\overline{x}' = (x_1, ..., x_m)$ eine stationäre Stelle unter den Nebenbedingungen $g_1(x_1, ..., x_m) = 0 ,..., g_r(x_1, ..., x_m) = 0$ mit den LAGRANGEschen Multiplikatoren $\overline{\lambda} = (\overline{\lambda}_1, ..., \overline{\lambda}_r)$,
d. h. alle partiellen Ableitungen der erweiterten LAGRANGE-Funktion

$$L(\lambda_1, ..., \lambda_r, x_1, ..., x_m) = f + \lambda_1 g_1 + \lambda_2 g_2 + ... + \lambda_r g_r$$

sind in $L(\bar\lambda, \bar x)$ gleich Null.

Die Funktionen f, $g_1,...,g_r$ sind in $\bar x$ zweimal stetig differenzierbar nach allen Variablen $x_1,...,x_m$.

Hinreichend dafür, dass f in $\bar x$

α. ein relatives Minimum

β. ein relatives Maximum

γ. kein relatives Extremum

unter den Nebenbedingungen $g_1 \equiv 0$,..., $g_r \equiv 0$ besitzt,

ist, dass die Hauptabschnittsdeterminanten der HESSEschen Matrix der erweiterten LAGRANGE-Funktion $L(\lambda_1,...,\lambda_r,x_1,...,x_m)_r$ an der Stelle $(\bar\lambda, \bar x)$,

$$L(\bar\lambda, \bar x) = \begin{pmatrix} L_{\lambda_1\lambda_1} & \cdots & L_{\lambda_1\lambda_r} & L_{\lambda_1 x_1} & \cdots & L_{\lambda_1 x_m} \\ \vdots & & \vdots & \vdots & & \vdots \\ L_{\lambda_r\lambda_1} & \cdots & L_{\lambda_r\lambda_r} & L_{\lambda_r x_1} & \cdots & L_{\lambda_r x_m} \\ L_{x_1\lambda_1} & \cdots & L_{x_1\lambda_r} & L_{x_1 x_1} & \cdots & L_{\lambda_1 x_m} \\ \vdots & & \vdots & \vdots & & \vdots \\ L_{x_m\lambda_1} & \cdots & L_{x_m\lambda_r} & L_{x_m x_1} & \cdots & L_{x_m x_m} \end{pmatrix}$$

$(\bar\lambda, \bar x)$, deren Ordnung größer als 2r ist,

α. alle das Vorzeichen $(-1)^r$ haben ,

β. im Vorzeichen alternieren, und zwar so, dass die Determinante der Matrix $L(\bar\lambda, \bar x)$ das Vorzeichen $(-1)^m$ hat,

γ. nicht die unter α. und β. genannte Vorzeichenfolge aufweisen; dabei wird das Nullwerden einer oder mehrerer der zu berechnenden Hauptabschnittsdeterminanten nicht als ein Verstoß gegen die Vorzeichenregel gewertet.

Die einfachsten Anwendungsfälle des Satzes über hinreichende Bedingungen für das Vorliegen relativer Extrema unter Nebenbedingungen sind nachfolgend genauer formuliert:

Fall A: $m = 2$, $r = 1$

Zu untersuchen ist die Funktion f (x, y)

unter Beachtung der Nebenbedingung $g(x, y) = 0$.

Zu berechnen ist dann lediglich die Determinante der 3×3-Matrix $L(\bar\lambda, \bar x, \bar y)$, da sie die einzige Hauptabschnittsdeterminante mit einer Ordnung größer als $2r = 2 \cdot 1 = 2$ ist.

i. Hat $|\,L(\overline{\lambda},\overline{x},\overline{y})\,|$ das Vorzeichen $(-1)^r = (-1)^1 = -1$
   so hat f u. B. d. Nb. $g(x, y) = 0$ in $(\overline{x},\overline{y})$ ein relatives Minimum.

ii. Hat $|\,L(\overline{\lambda},\overline{x},\overline{y})\,|$ das Vorzeichen $(-1)^m = (-1)^2 = +1$,
   so hat f u. B. d. Nb. $g(x, y) = 0$ in $(\overline{x},\overline{y})$ ein relatives Maximum.

iii. Ist $|\,L(\overline{\lambda},\overline{x},\overline{y})\,| = 0$, dann lässt sich aus der HESSEschen Matrix keine Aussage
   über das Vorliegen eines relativen Extremums in $(\overline{x},\overline{y})$ folgern.

Fall B: $m = 3, r = 1$

Zu untersuchen ist die Funktion $f(x,y,z)$ u. B. d. N. $g(x, y, z) = 0$. Zu berechnen
sind dann die Hauptabschnittsdeterminanten der HESSEschen Matrix
$|\,L(\overline{\lambda},\overline{x},\overline{y},\overline{z})\,|$ der Ordnung 3 und der Ordnung 4.

Die nachstehende Tabelle zeigt auf, welcher Schluss aus der Vorzeichenfolge
dieser Hauptabschnittsdeterminanten zu ziehen ist. Zum Verständnis dieser
Übersicht ist zu beachten, dass sowohl $(-1)^m = (-1)^3$ als auch $(-1)^r = (-1)^1$
gleich -1 ist.

Vorzeichen der Hauptabschnittsdeterminanten

4. Ordnung	3. Ordnung	Ergebnis
-1	-1	relatives Minimum
-1	$+1$	relatives Maximum
-1	0	keine Aussage möglich
0	$-1, 0, +1$	keine Aussage möglich
$+1$	$-1, 0, +1$	kein relatives Extremum

Fall C: $m = 3, r = 2$

Zu untersuchen ist die Funktion $f(x,y,z)$ unter Beachtung der
Nebenbedingungen $g_1(x,y,z) = 0$ und $g_2(x,y,z) = 0$.

Zu berechnen ist dann lediglich die Determinante der 5×5-Matrix $L(\overline{\lambda},\overline{\mu},\overline{x},\overline{y},\overline{z})$,
da nur diese Hauptabschnittsdeterminante eine Ordnung größer als $2r = 4$ hat.

Aufgaben

15.1 Berechnen Sie die relativen Extrema der Funktion:

$$f(x, y, z) = x^2 - 16x + y^4 - 32y + 3z^2 - 2xz + 4$$

15.2 Gegeben ist die Funktion:

$$f(w, x, y, z) = w^2 x + wx^2 + \frac{1}{3} x^3 - 4x - \frac{1}{2} y^2 + y - z^2 + 2z + 137$$

a. Bestimmen Sie die stationären Stellen von f.

b. Stellen Sie fest, ob f an der Stelle $P = (2, -4, 1, 1)$ ein relatives Extremum hat.

15.3 Bestimmen Sie die Parameter a, b $\in$ **R**, so dass die Funktion

$$f(x, y) = ax^2 - 5x + 3xy + by^2 - 2y + 5$$

in $(x^*, y^*) = (2, -1)$ eine stationäre Stelle hat. Überprüfen Sie dann, ob f mit den so bestimmten Werten a und b in $(2, -1)$ ein relatives Extremum hat.

15.4 Besitzt die Funktion

$$f(x, y, z) = \frac{1}{3} x^3 + xy - 2xz + 3y^2 - yz + z^2$$

relative Extrema an den Stellen
$P_1 = (0, 0, 0)$, $\qquad P_2 = (2, 0, 2)$ $\qquad$ oder $\qquad P_3 = (3, 1, 5)$?

15.5 Überprüfen Sie die Funktion

$$f(x, y, z) = x^3 - 12x + y^3 + yz^2 - 28y - 6z - 11$$

auf relative Extrema in den Punkten
$P_1 = (-2, 3, 1)$, $\qquad P_2 = (2, 1, -1)$ $\qquad$ oder $\qquad P_3 = (2, 3, 1)$.

15.6 Untersuchen Sie, ob die Funktion

$$f(x, y, z) = x^2 + 6xy - 4x + y^3 + 3y + 3z^2 \cdot e^z + 5$$

an den Stellen $P_1 = (-13, 5, 0)$, $P_2 = (-1, 1, -2)$ oder $P_3 = (12, -6, -2)$ relative Extrema besitzt.

15.7 Der Student P. Lanlos muss eine Mathe II-Klausur bestehen. Ein Freund erzählt ihm, dass es seit neuestem Pillen geben würde, die die mathematischen Fähigkeiten eines Menschen exorbitant vergrößern würden. P. Lanlos findet in der Apotheke 3 Mittel: Rommilin®, Ohso-Pax® und

Gauß-o-forte®. Der Apotheker verrät ihm, dass die erreichbaren Punkte in einer Klausur von der Einnahme dieser 3 Mittel abhängen und zwar folgendermaßen:

Erreichbare Punkte:

$$P(x, y, z) = -\frac{1}{3}x^3 + 4xy + 17x - \frac{5}{2}y^2 + 3yz - 25y - (z-2)^3 + 21z - \frac{262}{3},$$

wobei x die Anzahl der Rommilin-Pillen, y die Anzahl der Ohso-Pax-Pillen und z die Anzahl der Gauß-o-forte-Pillen angibt, die er eingenommen hat. Nachdem er 2 Ohso-Pax-Pillen geschluckt hatte, fraß sein Hund Plexsim die Schachtel, so dass er nur noch Rommilin und Gauß-o-forte zur zusätzlichen mathematischen Leistungssteigerung verwenden kann.

Was ist die maximale Anzahl von Punkten, die P. Lanlos in der Klausur erreichen kann und wie viele Pillen muss er dafür schlucken?

15.8 Im berühmt berüchtigten gallischen Dorf geht es wieder einmal drunter und drüber. Ursache ist die Ankunft zweier neuer Legionen aus Rom, die in den Dörfern Aquarium und Kleinbonum einquartiert werden sollen, um die Gallier zu besiegen.
Vor allem Obelix ist über diese Nachricht hocherfreut, hat er doch aufgrund akuten "Römermangels" lange Phasen der Langeweile überwinden müssen. Die Möglichkeit, "frische" Römer anzutreffen, möchte er dementsprechend auch optimal nutzen.
Nach langen Überlegungen kommt er zu dem Schluss, dass seine Langeweile (L) in Abhängigkeit von der Anzahl der gejagten Wildschweine (w), der Anzahl aufgestöberter Römerpatrouillen (r) und der Anzahl bearbeiteter Hinkelsteine (h) wie folgt beschrieben werden kann:

$$L(w, r, h) = 50 - 5w + \frac{1}{4}w^2 - \frac{1}{4}rw - \frac{5}{2}r + \frac{3}{2}r^2 - \frac{1}{6}r^3 - 6h + \frac{1}{2}h^2$$
$$[\text{Langweil - EH}]$$

Aus Erfahrung weiß er, dass er für die Jagd pro Wildschwein bzw. pro Römerpatrouille im Durchschnitt jeweils eine Stunde ansetzen muss. Aus Wirtschaftlichkeitserwägungen heraus gestattet ihm der Dorfälteste Majestix, pro Tag nur 8 Stunden für die Jagd auf Römer und Wildschweine zu "vergeuden". Was Obelix natürlich voll ausnutzt!

Wie viele Wildschweine, Römerpatrouillen und Hinkelsteine soll Obelix jagen bzw. bearbeiten, wenn er seine Langeweile minimieren möchte? Wie groß ist seine minimale Langeweile?

15.9 Der Kraftsportler Helmut Hantel nimmt täglich die Mittel Xobizepts®, Yuccadream® und Zerebellum Plus®, um seine Leistungen beim Gewichtheben zu verbessern. Aus Erfahrung weiß Hantel, dass seine Hebeleistung im Stoßen durch die Funktion

$$f(x, y, z) = 82x - 4x^2 + 2xy + 3xz - 16y - y^2 - 15z - \frac{3}{2}z^2 - 290 \ [kg]$$

beschrieben werden kann, wenn x, y und z die Anzahl der Einheiten von Xobizepts®, Yuccadream® und Zerebellum Plus® sind, die er am Tag zuvor genommen hat.

Mit welchem Aufputschcocktail aus diesen 3 Wirkstoffen erreicht Hantel seine maximale Leistung?

15.10 Bestimmen Sie die relativen Extrema der Funktion

$$f(x, y, z) = -3x + 4y + z$$

unter Beachtung der Nebenbedingung

$$g(x, y, z) = x^3 + y^4 - z = 0 \ .$$

Lösung mittels der LAGRANGEschen Multiplikatormethode erwünscht!

15.11 Überprüfen Sie mittels der LAGRANGEschen Multiplikatorenmethode und dem Satz über hinreichende Bedingungen, ob die Funktion

$$f(x, y, z) = 3x^2z - \frac{2}{3}y^3 + 10y - 24z$$

unter Beachtung der Nebenbedingung

$$g(x, y, z) = \frac{4}{3}y^2z + 3x^2 = 0$$

an der Stelle $(x^*, y^*, z^*) = (2, -3, -1)$ ein relatives Maximum besitzt.

15.12 Bestimmen Sie durch Anwendung der LAGRANGEschen Multiplikatormethode und dem Satz über hinreichende Bedingungen die relativen Extrema der Funktion

$$f(x, y, z) = xy^2z^3$$

unter Beachtung der Nebenbedingung

$$x + y + z = 6 \ .$$

15.13 Wegen des blamablen Auftritts der deutschen Nationalmannschaft in Portugal 2004 beschließt Willi Abseits, die Geschicke in die eigene Hand zu nehmen und meldet sich für den Kursus "Ausbildung zum Top-Fußballtrainer" an. Der Gesamtkurs setzt sich aus Modulen mit theoretischem und praktischem Unterricht zusammen.

Für eine Unterrichtsstunde in Theorie muss er 40 € bezahlen. Die praktische Ausbildung ist wesentlich teurer und kostet 80 € pro Stunde. Willi Abseits ist bereit, insgesamt 6.000 € in diese Ausbildung zu investieren.

Den Lernerfolg E, der sich aus x Stunden theoretischem und y Stunden praktischem Unterricht ergibt, veranschlagt Abseits mit

$$E = E\,(x,\,y) = 4xy + 2\,y^2 \ \text{[Wissenseinheiten]}.$$

Wie viele Stunden soll Abseits in Theorie bzw. in praktischer Ausbildung absolvieren, wenn er seinen Lernerfolg maximieren will? Wie hoch ist der maximale Lernerfolg?

Diese Aufgabe ist mit der LAGRANGEschen Multiplikatormethode und nach dem Satz über hinreichende Bedingungen zu lösen!

15.14 Der Bauer M.Uesli möchte die durch den Düngemitteleinsatz entstehenden Umweltbelastungen minimieren. Ohne Düngemitteleinsatz kann er auf seinem Getreideacker 36 Doppelzentner Dinkel ernten. Durch Einsatz von x kg Dünger *X-o-Kraft* und y kg Dünger *Y-Megaperl* kann er den Dinkelertrag um

$$g(x,\,y) = x^2 + 12y^2 \quad \text{Doppelzentner steigern.}$$

Die Verwendung von x kg *X-o-Kraft* führt zu $x^2 - 6x$ Umweltschadenseinheiten (USEH), und der Einsatz von y kg *Y-Megaperl* zu $3y^2$ USEH.

Wie viel kg der beiden Düngemittel soll Uesli einsetzen, wenn er genau 100 Doppelzentner Dinkel auf diesem Acker ernten und gleichzeitig die Umweltbelastung minimieren möchte?
Lösung mittels der LAGRANGEschen Multiplikatorenmethode und dem Satz über hinreichende Bedingungen erwünscht!

15.15 Verleihnix, ein bekannter Fischhändler, eröffnet zwei Filialen. Seine Gewinne sind abhängig von den investierten Sesterzen in den einzelnen Filialen. x_1 und x_2 seien die jeweils eingesetzten Sesterzen. Die Gewinne der beiden Filialen lauten:

$$G_1 = 8 \cdot \sqrt{x_1} \qquad\qquad G_2 = 6 \cdot \sqrt{x_2}$$

Verleihnix hat 1000 Sesterzen zur Verfügung, mit denen er seinen Gewinn maximieren will.

a. Wie lautet die optimale Aufteilung für seine Sesterzen?
Benutzen Sie dazu die LAGRANGEsche Multiplikatormethode und
den Satz über hinreichende Bedingungen.

b. Wie hoch ist sein Gesamtgewinn?

c. Interpretieren Sie den Wert des LAGRANGEschen Multiplikators!

15.16 Die Kosmetikfirma G. Lack-Meiert stellt unter Verwendung der Inputfaktoren X, Y und Z die Schönheitscreme *O'lala* her. Die Produktionsfunktion genügt der Gleichung

$$w = P(x, y, z) = x \cdot y \cdot z \ ,$$

wobei x die Mengeneinheiten (MEn) des Faktors X, y die MEn des Faktors
Y, z die MEn des Faktors Z und w die MEn des Outputs angibt.

Die Preise für die Inputfaktoren betragen pro ME 2 Geldeinheiten (GEn)
für X und für Y, während eine ME von Z nur 1 GE kostet.

Berechnen Sie die kostenminimale Faktorkombination für einen Output in
Höhe von w = 54 MEn mit Hilfe der LAGRANGEschen Multiplikatormethode und dem Satz über hinreichende Bedingungen.

15.17 Besitzt die Funktion

$$f(x, y, z) = x^2 + y^2 + 3z^2 - 3x + 9$$

unter Beachtung der Nebenbedingungen

$$g_1(x, z) \quad = x + 2z + 7 = 0$$

$$g_2(x, y, z) = x + 6y - 4z - 131 = 0$$

im Punkt P = (3, 18, − 5) ein relatives Extremum?

15.18 Bestimmen Sie mittels der LAGRANGEschen Multiplikatormethode die stationären Stellen der Funktion

$$f(x, y, z) = 2x + 3y + 2z$$

unter Beachtung der Nebenbedingungen

$$x^2 + y^2 = 4$$

$$x \ + z \ = 1$$

Überprüfen Sie mit dem Satz über hinreichende Bedingungen für die
stationäre Stelle mit <u>nichtnegativen</u> Koordinaten, ob hier ein relatives
Maximum bzw. relatives Minimum vorliegt.

Lösungen

15.1 I $f_x = 2x - 16 - 2z = 0$

II $f_y = 4y^3 - 32 \quad = 0 \iff y^3 = 8 \iff y = 2$

III $f_z = 6z - 2x \quad = 0 \iff x = 3z \quad$ III*

III* in I: $6z - 16 - 2z = 0 \iff 4z = 16 \iff z = 4$

$$\overset{\text{III*}}{\Rightarrow} \quad x = 12$$

Einzige stationäre Stelle: $P = (12, 2, 4)$

$$\mathbf{F}(x, y, z) = \begin{pmatrix} 2 & 0 & -2 \\ 0 & 12y^2 & 0 \\ -2 & 0 & 6 \end{pmatrix}$$

Da $\left| \mathbf{F}(12,2,4) \right| = \begin{vmatrix} 2 & 0 & -2 \\ 0 & 48 & 0 \\ -2 & 0 & 6 \end{vmatrix} = 12 \cdot 48 - 4 \cdot 48 > 0,$

$\begin{vmatrix} 2 & 0 \\ 0 & 48 \end{vmatrix} = 2 \cdot 48 > 0, \quad 2 > 0 \quad$ ist $\mathbf{F}(12, 2, 4)$ positiv definit.

$\Rightarrow \quad$ f hat in $P = (12, 2, 4)$ ein relatives Minimum.

15.2 a. I $f_w = 2wx + x^2 \quad = 0 \iff x(2w + x) = 0 \quad$ I*

II $f_x = w^2 + 2wx + x^2 - 4 = 0$

III $f_y = -y + 1 \quad = 0 \iff y = 1$

IV $f_z = -2z + 2 \quad = 0 \iff z = 1$

Auswertung von I*:

1. Fall: $x = 0$ 2. Fall: $x = -2w$

$\overset{\text{II}}{\Rightarrow} \quad w^2 - 4 = 0 \qquad \overset{\text{II}}{\Rightarrow} \quad w^2 - 4w^2 + 4w^2 - 4 = 0$

$\qquad w = \pm 2 \qquad\qquad\qquad w^2 = 4$

$\qquad\qquad\qquad\qquad\qquad\quad w = \pm 2$

$\qquad\qquad\qquad\qquad$ Also: $(w = 2$ und $x = -4)$

$\qquad\qquad\qquad\qquad$ oder $(w = -2$ und $x = 4)$

Insgesamt erhalten wir damit die 4 stationären Stellen

$P_1 = (2, 0, 1, 1); P_2 = (-2, 0, 1, 1); P_3 = (2, -4, 1, 1); P_4 = (-2, 4, 1, 1).$

b. $F(w, x, y, z) = \begin{pmatrix} 2x & 2w+2x & 0 & 0 \\ 2w+2x & 2w+2x & 0 & 0 \\ 0 & 0 & -1 & 0 \\ 0 & 0 & 0 & -2 \end{pmatrix}$

$$\text{Da } |F(2, -4, 1, 1)| = \begin{vmatrix} -8 & -4 & 0 & 0 \\ -4 & -4 & 0 & 0 \\ 0 & 0 & -1 & 0 \\ 0 & 0 & 0 & -2 \end{vmatrix} = \begin{vmatrix} -8 & -4 & 0 & 0 \\ 0 & -2 & 0 & 0 \\ 0 & 0 & -1 & 0 \\ 0 & 0 & 0 & -2 \end{vmatrix}$$

$$= (-8)(-2)(-1)(-2) > 0,$$

$$\begin{vmatrix} -8 & -4 & 0 \\ -4 & -4 & 0 \\ 0 & 0 & -1 \end{vmatrix} = \begin{vmatrix} -8 & -4 & 0 \\ 0 & -2 & 0 \\ 0 & 0 & -1 \end{vmatrix} = (-8)(-2)(-1) < 0,$$

$$\begin{vmatrix} -8 & -4 \\ -4 & -4 \end{vmatrix} = 32 - 16 > 0 \quad \text{und} \quad -8 < 0$$

ist $F(2, -4, 1, 1)$ negativ definit.

$\Rightarrow$ f hat in P ein relatives Maximum.

15.3 $f_x = 2ax - 5 + 3y = 0, \quad f_x(2, -1) = 4a - 8 = 0 \Leftrightarrow a^* = 2$

$f_y = 3x + 2by - 2 = 0, \quad f_y(2, -1) = 4 - 2b = 0 \Leftrightarrow b^* = 2$

$F(x, y) = \begin{pmatrix} 4 & 3 \\ 3 & 4 \end{pmatrix} = F(2, -1)$

Da $4 > 0$ und $\begin{pmatrix} 4 & 3 \\ 3 & 4 \end{pmatrix} = 16 - 9 > 0$ ist $F(2, -1)$ positiv definit

$\Rightarrow$ f hat in $(2, -1)$ ein relatives Minimum.

15.4

	P_1 $(0, 0, 0)$	P_2 $(2, 0, 2)$	P_3 $(3, 1, 5)$
$f_x = x^2 + y - 2z$	0	$4 - 4 = 0$	$9 + 1 - 10 = 0$
$f_y = x + 6y - z$	0	$2 - 2 = 0$	$3 + 6 - 5 = 4 \neq 0$
$f_z = -2x - y + 2z$	0	$-4 + 4 = 0$	

$\Rightarrow$ f hat in P_1 und P_2 eine stationäre Stelle.

f hat in P_3 keine stationäre Stelle und damit als differenzierbare Funktion auch kein relatives Extremum.

$$F(x,y,z) = \begin{pmatrix} 2x & 1 & -2 \\ 1 & 6 & -1 \\ -2 & -1 & 2 \end{pmatrix}$$

in P_1:

$$|F(0,0,0)| = \begin{vmatrix} 0 & 1 & -2 \\ 1 & 6 & -1 \\ -2 & -1 & 2 \end{vmatrix}$$

Da $\begin{vmatrix} 0 & 1 \\ 1 & 6 \end{vmatrix} = 0-1 < 0$ ist $F(0, 0, 0)$ indefinit $\Rightarrow$ f hat in P_1 kein relatives Extremum.

in P_2:

Da $|F(2,0,2)| = \begin{vmatrix} 4 & 1 & -2 \\ 1 & 6 & -1 \\ -2 & -1 & 2 \end{vmatrix} = 48+2+2+-24-4-2 = 22 > 0, \, 4 > 0,$

$\begin{vmatrix} 4 & 1 \\ 1 & 6 \end{vmatrix} = 24-1 > 0$ ist $F(2, 0, 2)$ positiv definit

$\Rightarrow$ f hat in P_2 ein relatives Minimum.

15.5

	P_1 $(-2, 3, 1)$	P_2 $(2, 1, -1)$	P_3 $(2, 3, 1)$
$f_x = 3x^2 - 12$	$12 - 12 = 0$	$12 - 12 = 0$	$12 - 12 = 0$
$f_x = 3y^2 + z^2 - 28$	$27 + 1 - 28 = 0$	$3 + 1 - 28$ $= -24 \neq 0$	$27 + 1 - 28 = 0$
$f_z = 2yz - 6$	$6 - 6 = 0$		$6 - 6 = 0$

$\Rightarrow$ f hat in P_1 und in P_3 eine stationäre Stelle.

f hat in P_2 keine stationäre Stelle und daher (als partiell differenzierbare Funktion) in P_2 auch kein relatives Extremum.

$$F(x, y, z) = \begin{pmatrix} 6x & 0 & 0 \\ 0 & 6y & 2z \\ 0 & 2z & 2y \end{pmatrix}$$

in $P_1 = (-2, 3, 1)$

$$|F(-2, 3, 1)| = \begin{vmatrix} -12 & 0 & 0 \\ 0 & 18 & 2 \\ 0 & 2 & 6 \end{vmatrix}$$

Da die Matrix $F(-2, 3, 1)$ positive und negative Vorzeichen auf der Hauptdiagonalen aufweist, ist sie indefinit

$\Rightarrow$ f hat in P_1 kein relatives Extremum.

in $P_3 = (2, 3, 1)$

$$\text{Da } |F(2, 3, 1)| = \begin{vmatrix} 12 & 0 & 0 \\ 0 & 18 & 2 \\ 0 & 2 & 6 \end{vmatrix} = 12 \cdot 18 \cdot 6 - 12 \cdot 2 \cdot 2 = 12\,(18 \cdot 6 - 14) > 0$$

$$\begin{vmatrix} 12 & 0 \\ 0 & 18 \end{vmatrix} = 12 \cdot 18 > 0, \quad 12 > 0$$

ist $F(2, 3, 1)$ positiv definit

$\Rightarrow$ f hat in P_3 ein relatives Minimum.

15.6

	P_1	P_2	P_3
	$(-13, 5, 0)$	$(-1, 1, -2)$	$(12, -6, -2)$
$f_x = 2x + 6y - 4$	$-26 + 30 - 4 = 0$	$-2 + 6 - 4 = 0$	$24 - 36 - 4 = -16 \neq 0$
$f_y = 6x + 3y^2 + 3$	$-78 + 75 + 3 = 0$	$-6 + 3 + 3 = 0$	
$f_z = (6z + 3z^2)\,e^z$	0	$(-12 + 12)\,e^z = 0$	

$\Rightarrow$ f hat in P_1 und in P_2 eine stationäre Stelle

f hat in P_3 keine stationäre Stelle und damit und eine nach allen Variablen partiell differenzierbare Funktion in P_3 auch kein relatives Extremum.

$$F(x, y, z) = \begin{pmatrix} 2 & 6 & 0 \\ 6 & 6y & 0 \\ 0 & 0 & e^z(6+12z+3z^2) \end{pmatrix}$$

in $P_1 = (-13, 5, 0)$:

$$Da \; |F(-13,5,0)| = \begin{vmatrix} 2 & 6 & 0 \\ 2 & 30 & 0 \\ 0 & 0 & 6 \end{vmatrix} = 12 \cdot 30 - 12 \cdot 6 > 0,$$

$$2 > 0, \quad \begin{vmatrix} 2 & 6 \\ 2 & 30 \end{vmatrix} = 60 - 12 > 0$$

ist $F\,(-13, 5, 0)$ positiv definit

$\Rightarrow$ f hat in P_1 ein relatives Minimum

in $P_2 = (-1, 1, -2)$:

$$|F(-1,1,-2)| = \begin{vmatrix} 2 & 6 & 0 \\ 6 & 6 & 0 \\ 0 & 0 & -6e^{-z} \end{vmatrix}$$

Da die Hauptdiagonale unterschiedliche Vorzeichen aufweist, ist
$F(-1, 1, -2)$ indefinit.

$\Rightarrow$ f hat in P_2 kein relatives Extremum.

15.7 Man setze $y = 2$ in die Gleichung $P(x, y, z)$ ein und erhält die einfachere
Funktion

$$\hat{P}(x,z) = -\tfrac{1}{3}x^3 + 8x + 17x - 10 + 6z - 50 - (z-2)^3 + 21z - \tfrac{262}{3}$$

$$\hat{P}(x,z) = -\tfrac{1}{3}x^3 + 25x - (z-2)^3 + 27z - \tfrac{442}{3}$$

$$\hat{P}_x = -x^2 + 25 = 0 \qquad \Leftrightarrow \; x = 5 \text{ oder } [x = -5] \text{ (nicht sinnvoll, da} < 0)$$

$$\hat{P}_z = 27 - 3(z-2)^2 = 0 \; \Leftrightarrow \; 9 = (z-2)^2$$

$$\Leftrightarrow \; z = 5 \text{ oder } [z = -1] \text{ (nicht sinnvoll, da} < 0)$$

Einzige sinnvolle stationäre Stelle: $(\bar{x}, \bar{z}) = (5, 5)$

$$\hat{P}(x,z) = \begin{pmatrix} -2x & 0 \\ 0 & -6(z-2) \end{pmatrix}$$

Da $\left|\hat{\mathbf{P}}(5,5)\right| = \begin{vmatrix} -10 & 0 \\ 0 & -18 \end{vmatrix} = 180 > 0$ und $-10 < 0$ ist $\hat{\mathbf{P}}(5,5)$ negativ definit

$\Rightarrow \hat{\mathbf{P}}$ hat in $(5, 5)$ ein relatives Maximum.

$\hat{\mathbf{P}}(x,z)$ hat in $(\overline{x},\overline{z}) = (5,5)$ auch das absolute Maximum für $x, z > 0$, da die Variablen separiert sind, somit die entsprechenden relativen Extrema auch für Vertikalschnitte gelten und für x bzw. z wachsend über alle Grenzen $\hat{\mathbf{P}}(x, z)$ gegen $-\infty$ geht.

$$\hat{\mathbf{P}}(5,5) = -\frac{125}{3} + 125 + 30 - 27 + 105 - \frac{442}{3} = 227 - \frac{567}{3} = 233 - 189 = 44$$

Der Student erreicht maximal 44 Punkte in der Klausur, und zwar, wenn er 5 Rommilin, 5 Gauß-o-forte und 2 Ohso-Pax-Pillen schluckt.

<u>Alternativer Lösungsweg:</u>
Man arbeitet mit der gegebenen Funktion $P(x, y, z)$ und setzt bei der Bestimmung der stationären Stellen $y = 2$.

15.8 Löst man die Nebenbedingung $w + r = 8$ nach w auf $w = g(r) = 8 - r$ und setzt in die Funktion $L(w, r, h)$ ein, so ist lediglich das (absolute) Maximum der Funktion $\hat{L}(r,h) = L(w = 8 - r, r, h)$ zu bestimmen.

$$\hat{L}(r,h) = 50 - 40 + 5r + 16 - 4r + \tfrac{1}{4}r^2 - 2r + \tfrac{1}{4}r^2 - \tfrac{5}{2}r + \tfrac{3}{2}r^2 - \tfrac{1}{6}r^3 - 6h + \tfrac{1}{2}h^2$$

$$= 26 - \tfrac{7}{2}r + 2r^2 - \tfrac{1}{6}r^3 - 6h + \tfrac{1}{2}h^2$$

$$\hat{L}_r = -\tfrac{7}{2} + 4r - \tfrac{1}{2}r^2 = 0 \Leftrightarrow r^2 - 8r + 4^2 = -7 + 16 \Leftrightarrow (r - 4)^2 = 9$$

$$\Rightarrow \quad r_1 = 4 + 3 = 7 \quad \text{oder} \quad r_2 = 4 - 3 = 1$$

$$\hat{L}_h = -6 + h = 0 \quad \Leftrightarrow \quad h = 6$$

d. h. es existieren zwei stationäre Stellen: $P_1 = (r_1, h_1) = (7, 6)$ und $P_2 = (r_2, h_2) = (1, 6)$.

$$\hat{L}(r,h) = \begin{pmatrix} 4 - r & 0 \\ 0 & 1 \end{pmatrix}$$

in $P_1 = (7, 6)$:

Da $\left|\hat{L}(7,6)\right| = \begin{vmatrix} -3 & 0 \\ 0 & 1 \end{vmatrix} = -3 < 0$ ist $\hat{L}(7,6)$ indefinit und $\hat{L}$ hat in P_1 kein relatives Extremum.

in $P_2 = (1, 6)$:

Da $|\hat{L}(1,6)| = \begin{vmatrix} 3 & 0 \\ 0 & 1 \end{vmatrix} = 3 > 0$ und $3 > 0$ ist $\hat{L}(1,6)$ positiv definit und $\hat{L}$ hat in

P_2 ein relatives Minimum.

Da $\hat{L}(1,6) = 26 - \frac{7}{2} + 2 - \frac{1}{6} - 36 + 18 = 6\frac{1}{3}$

$\quad \hat{L}(0,6) = 26 - 18 = 8$

$\quad \hat{L}(8,6) = 26 - 28 + 128 - \frac{256}{3} - 18 = 108 - 85\frac{1}{3} = 22\frac{2}{3}$

hat $\hat{L}$ in P_2 auch das absolute Minimum.

$\Rightarrow$ Obelix erreicht die minimale Langweile mit $6\frac{1}{3}$ Langweileinheiten,

wenn er 7 Wildschweine und 1 Römerpatrouille jagt und 6 Hinkelsteine

bearbeitet.

Bemerkung: Selbstverständlich ist diese Aufgabe auch mit dem LAGRANGE-
Ansatz lösbar.

15.9 I $f_x = 82 - 8x + 2y + 3z = 0$

II $f_y = 2x - 16 - 2y = 0 \qquad\qquad \Leftrightarrow \quad y = x - 8 \quad$ II*

III $f_z = 3x - 15 - 3z = 0 \qquad\qquad \Leftrightarrow \quad z = x - 5 \quad$ III*

II* und III* in I: $82 - 8x + 2x - 16 + 3x - 15 = 0$

$\qquad\qquad\qquad\qquad 51 = 3x$

$$x^* = 17 \;\overset{\text{II*}}{\Rightarrow}\; y^* = 9$$

$$\overset{\text{III*}}{\Rightarrow}\; z^* = 12$$

Einzige stationäre Stelle $P^* = (17, 9, 12)$.

Da $\;|F(x,y,z)| = \begin{vmatrix} -8 & 2 & 3 \\ 2 & -2 & 0 \\ 3 & 0 & -3 \end{vmatrix} = -48 + 18 + 12 = -18 < 0,$

sowie $\; -8 < 0, \; \begin{vmatrix} -8 & 2 \\ 2 & -2 \end{vmatrix} = 16 - 4 > 0,$ ist $F(x^*, y^*, z^*)$ negativ definit,

$\Rightarrow$ f hat in P^* ein relatives Maximum.

Helmut Hantel muss also 17 EH Xobizepts®, 9 EH Yuccadream® und 12 EH ZerebellumPlus® einnehmen, um das maximal mögliche Gewicht stoßen zu können.

Wegen $f(17, 9, 12) = 1394 - 1156 + 306 + 612 - 144 - 81$
$$= -180 - 216 - 290 = 245$$

ist dann das maximale Gewicht 245 kg.

15.10 $L(\lambda, x, y, z) = -3x + 4y + z + \lambda(x^3 + y^4 - z)$

$\quad$ I $\quad L_\lambda = x^3 + y^4 - z = 0$

$\quad$ II $\quad L_x = -3 + 3\lambda x^2 = 0 \quad \overset{IV^*}{\Rightarrow} \quad 3x^2 = 3 \Leftrightarrow x_1 = 1$ oder $x_2 = -1$

$\quad$ III $\quad L_y = 4 + 4\lambda y^3 = 0 \quad \overset{IV^*}{\Rightarrow} \quad 4y^3 = -4 \Leftrightarrow y = -1$

$\quad$ IV $\quad L_z = 1 - \lambda = 0 \quad\quad\quad \Leftrightarrow \quad \lambda = 1 \quad IV^*$

$x_1 = 1$ und $y = -1$ in I: $\quad 1 + 1 - z = 0 \quad \Leftrightarrow \quad z_1 = 2$

$x_2 = -1$ und $y = -1$ in I: $\quad -1 + 1 - z = 0 \Leftrightarrow z_2 = 0$

d. h. es gibt die beiden stationären Stellen $P_1 = (1, -1, 2)$ und $P_2 = (-1, -1, 0)$ mit jeweils $\lambda = 1$.

$$L(\lambda, x, y, z) = \begin{pmatrix} 0 & 3x^2 & 4y^3 & -1 \\ 3x^2 & 6\lambda x & 0 & 0 \\ 4y^3 & 0 & 12\lambda y^2 & 0 \\ -1 & 0 & 0 & 0 \end{pmatrix}$$

Da $m = 3$ und $r = 1$ liegt der **Fall B** vor, d. h. die Hauptabschnittsdeterminante 3. und 4. Ordnung sind zu überprüfen.

in $P_1 = (1, -1, 2)$ mit $\lambda = 1$:

$$\text{Da} \quad \begin{vmatrix} 0 & 3 & -4 & -1 \\ 3 & 6 & 0 & 0 \\ -4 & 0 & 12 & 0 \\ -1 & 0 & 0 & 0 \end{vmatrix} = -1(-1)^{4+1}(-6 \cdot 12) < 0 \quad \text{und}$$

$$\begin{vmatrix} 0 & 3 & -4 \\ 3 & 6 & 0 \\ -4 & 0 & 12 \end{vmatrix} = -4^2 \cdot 6 - 3^2 \cdot 12 < 0$$

hat f u. B. d. Nb. in P_1 ein relatives Min.

in $P_2 = (-1, -1, 0)$ mit $\lambda = 1$:

$$\text{Da} \begin{vmatrix} 0 & 3 & -4 & -1 \\ 3 & -6 & 0 & 0 \\ -4 & 0 & 12 & 0 \\ -1 & 0 & 0 & 0 \end{vmatrix} = -1(-1)^{4+1}(6 \cdot 12) > 0$$

hat f u.B.d.Nb. in P_2 **kein** relatives Extremum.

15.11 $L(\lambda, x, y, z) = 3x^2 z - \frac{2}{3} y^3 + 10y - 24z + \lambda(\frac{4}{3} y^2 z + 3x^2)$

$$L_\lambda = \frac{4}{3} y^2 z + 3x^2 \qquad = -12 + 12 \qquad = 0$$

$$L_x = 6xz + 6\lambda x \qquad = -12 + 12\lambda \qquad = 0 \qquad \Leftrightarrow \qquad \lambda = 1$$

$$L_y = -2y^2 + 10 + \frac{8}{3}\lambda yz = -18 + 10 + 8\lambda = 0 \qquad \Leftrightarrow \qquad \lambda = 1$$

$$L_z = 3x^2 - 24 + \frac{4}{3}\lambda y^2 = 12 - 24 + 12\lambda = 0 \qquad \Leftrightarrow \qquad \lambda = 1$$

d. h. f hat u.B.d.Nb. $g = 0$ in $P = (2, -3, -1)$ eine stationäre Stelle.

$$L(\lambda, x, y, z) = \begin{pmatrix} 0 & 6x & \frac{8}{3} yz & \frac{4}{3} y^2 \\ 6x & 6z + 6\lambda & 0 & 6x \\ \frac{8}{3} yz & 0 & -4y + \frac{8}{3}\lambda z & \frac{8}{3}\lambda y \\ \frac{4}{3} y^2 & 6x & \frac{8}{3}\lambda y & 0 \end{pmatrix}$$

$$\left| L(1,2,-3,-1) \right| = \begin{vmatrix} 0 & 12 & 8 & 12 \\ 12 & 0 & 0 & 12 \\ 8 & 0 & \frac{28}{3} & -8 \\ 12 & 12 & -8 & 0 \end{vmatrix}$$

Es liegt **Fall B** vor, d. h. damit f u. B. d. Nb. in $(2, -3, -1)$ ein relatives Maximum hat, muss der Hauptminor 3. Ordnung positiv und der 4. Ordnung negativ sein. Da aber

$$\left| L(1,2,-3,-1) \right| = 12(-1)^{2+1} \begin{vmatrix} 12 & 8 & 12 \\ 0 & \frac{28}{3} & -8 \\ 12 & -8 & 0 \end{vmatrix} + 12(-1)^{2+4} \begin{vmatrix} 0 & 12 & 8 \\ 8 & 0 & \frac{28}{3} \\ 12 & 12 & -8 \end{vmatrix}$$

$$= -12(-8^2 \cdot 12 - 12^2 \cdot \frac{28}{3}) + 12(12^2 \cdot \frac{28}{3} + 8^2 \cdot 12 + 8^2 \cdot 12) > 0$$

hat f u. B. d. Nb. in P **kein** relatives Maximum.

15.12 $L(\lambda, x, y, z) = xy^2z^3 + \lambda(x + y + z - 6)$

$$\text{I} \quad L_\lambda = x + y + z - 6 = 0$$

$$\text{II} \quad L_x = \quad y^2z^3 + \lambda \quad = 0 \quad \Leftrightarrow \quad \lambda = -y^2z^3 \qquad \text{II*}$$

$$\text{III} \quad L_y = \quad 2xyz^3 + \lambda \quad = 0 \quad \Leftrightarrow \quad yz^3(2x - y) = 0 \quad \text{III*}$$

$$\text{IV} \quad L_z = \quad 3xy^2z^2 + \lambda \quad = 0 \quad \Leftrightarrow \quad y^2z^2(3x - z) = 0 \quad \text{IV*}$$

$$\left.\begin{array}{l} \text{III*} \Rightarrow y = 2x \\ \text{IV*} \Rightarrow z = 3x \end{array}\right\} \overset{\text{I}}{\Rightarrow} x + 2x + 3x - 6 = 0 \Leftrightarrow x = 1 \quad \left\{\begin{array}{l} \Rightarrow y = 2 \\ \Rightarrow z = 3 \end{array}\right.$$

$$\begin{array}{l} \text{II*} \\ \Rightarrow \quad \lambda = -4 \cdot 27 = -108 \end{array}$$

Einzige stationäre Stelle ist $P = (-108, 1, 2, 3)$.

$$L(\lambda, x, y, z) = \begin{pmatrix} 0 & 1 & 1 & 1 \\ 1 & 0 & 2yz^3 & 3y^2z^2 \\ 1 & 2yz^3 & 2xz^3 & 6xyz^2 \\ 1 & 3y^2z^2 & 6xyz^2 & 6xy^2z \end{pmatrix}$$

Es liegt der **Fall B** vor.

$$\text{Da} \quad |L(-108, 1, 2, 3)| = \begin{vmatrix} 0 & 1 & 1 & 1 \\ 1 & 0 & 108 & 108 \\ 1 & 108 & 54 & 108 \\ 1 & 108 & 108 & 72 \end{vmatrix} = -\begin{vmatrix} 1 & 0 & 108 & 108 \\ 0 & 1 & 1 & 1 \\ 0 & 108 & -54 & 0 \\ 0 & 108 & 0 & -36 \end{vmatrix}$$

$$= -\begin{vmatrix} 1 & 0 & 108 & 108 \\ 0 & 1 & 1 & 1 \\ 0 & 0 & -162 & -108 \\ 0 & 0 & 54 & -36 \end{vmatrix}$$

$$= +\begin{vmatrix} 1 & 0 & 108 & 108 \\ 0 & 1 & 1 & 1 \\ 0 & 0 & 54 & -36 \\ 0 & 0 & 0 & -216 \end{vmatrix}$$

$$= -54 \cdot 216 < 0,$$

$$\text{und} \quad \begin{vmatrix} 0 & 1 & 1 \\ 1 & 0 & 108 \\ 1 & 108 & 54 \end{vmatrix} = 108 + 108 - 54 > 0,$$

$\Rightarrow$ f hat u. B. d. Nb. in P ein relatives Maximum.

15.13 $E(x, y) = 4xy + 2y^2 \to \text{Max}$

u. B. d. Nb. $40x + 80y = 6.000$

$L(\lambda, x, y) = 4xy + 2y^2 + \lambda \, (40x + 80y - 6.000)$

I $L_\lambda = 40x + 80y - 6.000 = 0$

II $L_x = 4y + 40\lambda \qquad\qquad = 0 \iff \lambda = -\frac{1}{10}y$ II*

III $L_y = 4x + 4y + 80\lambda = 0 \qquad\qquad 4x + 4y - 8y = 0 \iff x = y$ III*

III* in I: $40y + 80y - 6.000 = 0$

$\qquad \iff 120y = 6.000 \iff y^* = 50$

$\qquad$ III*$\qquad\qquad$ II*

$\qquad \Rightarrow x^* = 50 \Rightarrow \lambda^* = -5$

Einzige stationäre Stelle P* $= (50, 50)$ mit $\lambda^* = -5$.

$$\text{Da } |L(\lambda, x, y)| = \begin{vmatrix} 0 & 40 & 80 \\ 40 & 0 & 4 \\ 80 & 4 & 4 \end{vmatrix} = 160 \cdot 80 \cdot 2 - 160 \cdot 40 > 0$$

hat $E(x, y)$ u. B. d. Nb. in P* ein relatives Maximum, denn es liegt Fall A vor.

$$E_{\text{Max}} = 4 \cdot 50 \cdot 50 + 2 \cdot 50^2 = 6 \cdot 2.500 = 15.000$$

Willi Abseits erreicht den maximalen Wert von 15.000 Wissenseinheiten, wenn er je 50 Std. theoretischen und praktischen Unterricht belegt.

15.14 $f(x, y) = x^2 - 6x + 3y^2 \to \text{Min}$ (Umweltbelastung)

u. B. d. Nb. $x^2 + 12y^2 + 36 = 100$

$\iff g(x, y) = x^2 + 12y^2 - 64 = 0$

$L(\lambda, x, y) = x^2 - 6x + 3y^2 + \lambda(x^2 + 12y^2 - 64)$

$L_\lambda = x^2 + 12y^2 - 64 = 0$

$L_x = 2x - 6 + 2\lambda x = 0$

$L_y = 6y + 24\lambda y = 0 \iff 6y(1 + 4\lambda) = 0$

$\qquad\qquad\qquad\qquad L_\lambda$

<u>Fall 1:</u> $y = 0 \Rightarrow x^2 - 64 = 0 \iff x_1 = 8$ oder $(x = -8,$ nicht sinnvoll!)

$\qquad\qquad\qquad L_x$

$\qquad\qquad \Rightarrow 16 - 6 + 16\lambda = 0 \iff \lambda_1 = -\frac{5}{8}$

$$\underline{\text{Fall 2:}}\quad \lambda_2 = -\frac{1}{4}\quad \overset{L_x}{\Rightarrow}\quad 2x - 6 - \frac{1}{2}x = 0$$

$$\Leftrightarrow\quad \frac{3}{2}x = 6 \quad\Leftrightarrow\quad x_2 = 4$$

$$\overset{L_\lambda}{\Rightarrow}\quad 16 + 12y^2 - 64 = 0 \quad\Leftrightarrow\quad 12y^2 = 48$$

$$\Leftrightarrow\quad y^2 = 4 \quad\Leftrightarrow\quad y_2 = 2 \quad\text{oder}\quad (y = -2,\ \text{nicht sinnvoll!}),$$

d. h. es gibt zwei stationäre Stellen $P_1 = (8, 0)$ mit $\lambda_1 = -\frac{5}{8}$

und $P_2 = (4, 2)$ mit $\lambda_2 = -\frac{1}{4}$.

$$L(\lambda, x, y) = \begin{pmatrix} 0 & 2x & 24y \\ 2x & 2 + 2\lambda & 0 \\ 24y & 0 & 6 + 24\lambda \end{pmatrix}$$

Es liegt der **Fall A** vor, so dass nur die 3-reihige Hauptabschnittsdeterminante zu überprüfen ist.

in P_1:

$$\left| L\left(-\tfrac{5}{8}, 8, 0\right) \right| = \begin{vmatrix} 0 & 16 & 0 \\ 16 & \frac{6}{8} & 0 \\ 0 & 0 & -9 \end{vmatrix} = 9 \cdot 16^2 > 0$$

$\Rightarrow$ f hat u. B. d. Nb. in P_1 ein relatives Maximum.

in P_2:

$$\left| L\left(-\tfrac{1}{4}, 4, 2\right) \right| = \begin{vmatrix} 0 & 8 & 48 \\ 8 & \frac{3}{2} & 0 \\ 48 & 0 & 0 \end{vmatrix} = -\frac{3}{2} \cdot 48^2 < 0$$

$\Rightarrow$ f hat u. B. d. Nb. in P_2 ein relatives Minimum.

Der Bauer Uesli sollte 4 kg *X-o-Kraft* und 2 kg *Y-Megaperl* auf seinem Dinkelacker ausstreuen.

15.15 a. Der Gesamtgewinn $G(x_1, x_2) = 8\sqrt{x_1} + 6\sqrt{x_2}$ ist zu maximieren unter der Nebenbedingung $x_1 + x_2 \leq 1000$.

$$\text{Da } G_{x_1} = \frac{4}{\sqrt{x_1}} > 0 \quad\text{für}\quad x_1 > 0 \quad\text{und}\quad G_{x_2} = \frac{3}{\sqrt{x_2}} > 0 \quad\text{für}\quad x_2 > 0$$

ist G monoton steigend mit x_1 und mit x_2. Daher wird der maximale Gewinn nur auf der Randkurve $g(x_1, x_2) = x_1 + x_2 - 1000 = 0$ angenommen.

$$L(\lambda, x_1, x_2) = 8\sqrt{x_1} + 6\sqrt{x_2} + \lambda(x_1 + x_2 - 1000)$$

$$L_\lambda = x_1 + x_2 - 1000 = 0 \quad \Leftrightarrow \quad x_1 = 1000 - x_2 \qquad \text{I*}$$

$$L_{x_1} = \frac{4}{\sqrt{x_1}} + \lambda = 0 \quad \Leftrightarrow \quad \lambda = -\frac{4}{\sqrt{x_1}} \qquad \text{II*}$$

$$L_{x_2} = \frac{3}{\sqrt{x_2}} + \lambda = 0$$

$$\text{I* in II* in } L_{x_2} : \frac{3}{\sqrt{x_2}} = \frac{4}{\sqrt{1000 - x_2}} \quad \Leftrightarrow \quad 3\sqrt{1000 - x_2} = 4\sqrt{x_2}$$

$$\Leftrightarrow \quad 9(1000 - x_2) = 16x_2 \quad \Leftrightarrow \quad 9000 = 25x_2$$

$$\Leftrightarrow \quad x_2{}^* = 360; \quad \overset{\text{II*}}{\Rightarrow} \quad \lambda^* = -\frac{1}{2\sqrt{10}}; \quad \overset{\text{I*}}{\Rightarrow} \quad x_1{}^* = 640$$

$$\mathbf{L}(\lambda, x_1, x_2) = \begin{pmatrix} 0 & 1 & 1 \\ 1 & -2x_1^{-\frac{3}{2}} & 0 \\ 1 & 0 & -\frac{3}{2}x_2^{-\frac{3}{2}} \end{pmatrix}$$

$$\left| \mathbf{L}\left(-\frac{1}{2\sqrt{10}}, 640, 360\right) \right| = \begin{vmatrix} 0 & 1 & 1 \\ 1 & -2\dfrac{1}{(\sqrt{640})^3} & 0 \\ 1 & 0 & -\dfrac{3}{2}\dfrac{1}{(\sqrt{360})^3} \end{vmatrix}$$

$$= \frac{2}{(\sqrt{640})^3} + \frac{3}{2(\sqrt{360})^3} > 0 = 1$$

entspricht dem Vorzeichen $(-1)^m = (-1)^2 = +1$, d. h. gemäß <u>Fall A</u> liegt ein relatives Gewinnmaximum vor.

$\Rightarrow$ Die optimale Aufteilung der Sesterzen lautet daher $x_1 = 640$ und $x_2 = 360$.

Da $|\mathbf{L}(\lambda, x_1, x_2)| > 0$ für alle $x_1, x_2 > 0$ hat G u. B. d. Nb. in $(x_1{}^*, x_2{}^*)$ auch ein absolutes Maximum.

b. Der Gesamtgewinn ist gleich:
$$G(640,360) = 8 \cdot 8\sqrt{10} + 6 \cdot 6\sqrt{10} = (64 + 36)\sqrt{10} = 100\sqrt{10} \approx 316 \text{ Sesterzen}$$

c. $\hat{\lambda} = -\lambda = \dfrac{1}{2\sqrt{10}} \approx \dfrac{\Delta G}{\Delta g} \quad \Leftrightarrow \quad \Delta G \approx \dfrac{1}{2\sqrt{10}} \cdot \Delta g$

d. h. der LAGRANGEsche Multiplikator gibt an, wie sich weitere investierte Sesterzen auf den Gewinn auswirken. Pro zusätzlich eingesetzte Sesterzen erhöht sich der Gewinn vom Optimum aus um $\dfrac{1}{2\sqrt{10}}$ Sesterzen.

15.16 $f(x, y, z) = 2x + 2y + z \rightarrow$ Min

u. B d. Nb. $\quad w = P(x, y, z) = x \cdot y \cdot z = 54$

$L(\lambda, x, y, z) = 2x + 2y + z + \lambda(xyz - 54)$

$L_\lambda = xyz - 54 = 0$

$L_x = 2 + \lambda yz = 0 \overset{\text{III}}{\Rightarrow} 2 - \dfrac{yz}{xy} = 0 \Leftrightarrow x = \tfrac{1}{2}z \quad \text{II}$

$L_y = 2 + \lambda xz = 0 \overset{\text{IV}}{\Rightarrow} 2 - \dfrac{xz}{xy} = 0 \Leftrightarrow y = \tfrac{1}{2}z \quad \text{III}$

$L_z = 1 + \lambda xy = 0 \Leftrightarrow \lambda = -\dfrac{1}{xy} \quad \text{IV}$

II und III in L_y: $\tfrac{1}{4}z^3 = 54 \Leftrightarrow z^3 = 27 \cdot 8 \Leftrightarrow z = 3 \cdot 2 = 6$

$\overset{\text{II}}{\Rightarrow} y = 3$

$\overset{\text{III}}{\Rightarrow} x = 3 \qquad$ Einzige stationäre Stelle $P = (3, 3, 6)$ mit $\lambda = -\tfrac{1}{9}$

$$\mathbf{L}(\lambda, x, y, z) = \begin{pmatrix} 0 & yz & xz & xy \\ yz & 0 & \lambda z & \lambda y \\ xz & \lambda z & 0 & \lambda x \\ xy & \lambda y & \lambda x & 0 \end{pmatrix}$$

Es liegt der **Fall B** vor, d. h. die Vorzeichen der Hauptabschnittsdeterminanten 3. und 4. Ordnung geben Auskunft über das Vorliegen eines relativen Extremums.

$$\text{Da } \left|L(-\tfrac{1}{9},3,3,6)\right| = \begin{vmatrix} 0 & 18 & 18 & 9 \\ 18 & 0 & -\tfrac{2}{3} & -\tfrac{1}{3} \\ 18 & -\tfrac{2}{3} & 0 & -\tfrac{1}{3} \\ 9 & -\tfrac{1}{3} & -\tfrac{1}{3} & 0 \end{vmatrix} = 9 \cdot 9 \cdot \begin{vmatrix} 0 & 2 & 2 & 1 \\ 2 & 0 & -\tfrac{2}{3} & -\tfrac{1}{3} \\ 2 & -\tfrac{2}{3} & 0 & -\tfrac{1}{3} \\ 1 & -\tfrac{1}{3} & -\tfrac{1}{3} & 0 \end{vmatrix}$$

$$= 9^2 \left[-1(\tfrac{4}{9} + \tfrac{4}{9} - \tfrac{4}{9}) - \tfrac{1}{3}(-\tfrac{4}{3} + \tfrac{4}{3} + \tfrac{4}{3}) + \tfrac{1}{3}(-\tfrac{4}{3} - \tfrac{4}{3} + \tfrac{4}{3}) \right]$$

$$= 9^2 \left[-\tfrac{4}{9} - \tfrac{4}{9} - \tfrac{4}{9} \right] = -9 \cdot 12 < 0$$

$$\text{und } \quad 9^2 \begin{vmatrix} 0 & 2 & 2 \\ 2 & 0 & -\tfrac{2}{3} \\ 2 & -\tfrac{2}{3} & 0 \end{vmatrix} = 9^2 \left(-\tfrac{8}{3} - \tfrac{8}{3} \right) < 0$$

hat f u. B. d. Nb. in P ein relatives Minimum.

15.17 $L(\lambda,\mu,x,y,z) = x^2 + y^2 + 3z^2 - 3x + 9 + \lambda(x + 2z + 7)$

$$+ \mu(x + 6y - 4z - 131)$$

$$L_\lambda = x + 2z + 7 \qquad = \quad 3 - 10 + 7 \qquad\qquad = 0$$

$$L_\mu = x + 6y - 4z - 131 = \quad 3 + 108 + 20 - 131 \quad = 0$$

$$L_x = 2x - 3 + \lambda + \mu \qquad = \quad 6 - 3 + \lambda + \mu \qquad\quad = 0 \qquad\qquad\qquad \text{I}$$

$$L_y = 2y + 6\mu \qquad\qquad = \quad 36 + 6\mu \qquad\qquad\quad = 0 \quad \Leftrightarrow \quad \mu = -6 \ \text{II}$$

$$L_z = 6z + 2\lambda - 4\mu \qquad = \quad -30 + 2\lambda - 4\mu \qquad = 0 \qquad\qquad\qquad \text{III}$$

II in I $\qquad\qquad\qquad\qquad\quad 3 + \lambda - 6 = 0 \qquad\qquad \Leftrightarrow \quad \lambda = 3 \qquad \text{I*}$

I* und II in III $\qquad\qquad\quad -30 + 6 + 24 = 0$

d. h. f hat u.B.d.Nb. in P eine stationäre Stelle.

$$\left|\mathbf{L}(\lambda,\mu,x,y,z)\right| = \begin{vmatrix} 0 & 0 & 1 & 0 & 2 \\ 0 & 0 & 1 & 6 & -4 \\ 1 & 1 & 2 & 0 & 0 \\ 0 & 6 & 0 & 2 & 0 \\ 2 & -4 & 0 & 0 & 6 \end{vmatrix}$$

$$\left|\mathbf{L}(3,-6,3,18,-5)\right| = \begin{vmatrix} 1 & 1 & 2 & 0 & 0 \\ 2 & -4 & 0 & 0 & 6 \\ 0 & 0 & 1 & 0 & 2 \\ 0 & 6 & 0 & 2 & 0 \\ 0 & 0 & 1 & 6 & -4 \end{vmatrix} = \begin{vmatrix} 1 & 1 & 2 & 0 & 0 \\ 0 & -6 & -4 & 0 & 6 \\ 0 & 0 & 1 & 0 & 2 \\ 0 & 0 & -4 & 2 & 6 \\ 0 & 0 & 1 & 6 & -4 \end{vmatrix}$$

$$= \begin{vmatrix} 1 & 1 & 2 & 0 & 0 \\ 0 & -6 & -4 & 0 & 6 \\ 0 & 0 & 1 & 0 & 2 \\ 0 & 0 & 0 & 2 & 14 \\ 0 & 0 & 0 & 6 & -6 \end{vmatrix}$$

$$= \begin{vmatrix} 1 & 1 & 2 & 0 & 0 \\ 0 & -6 & -4 & 0 & 6 \\ 0 & 0 & 1 & 0 & 2 \\ 0 & 0 & 0 & 2 & 14 \\ 0 & 0 & 0 & 0 & -48 \end{vmatrix}$$

$= -6 \cdot 2\,(-48) > 0$ entspricht dem Vorzeichen $(-1)^r = (-1)^2 = +1$

$\Rightarrow$ **Fall C**: f hat u.B.d.Nb. in P ein relatives Minimum.

15.18 $L(\lambda,\mu,x,y,z) = 2x + 3y + 2z + \lambda(x^2 + y^2 - 4) + \mu(x + z - 1)$

I $L_\lambda = x^2 + y^2 - 4 = 0$

II $L_\mu = x + z - 1 \quad = 0$

III $L_x = 2 + 2x\lambda + \mu = 0 \quad \overset{IV^*,V^*}{\Rightarrow} \quad 2 - \dfrac{3x}{y} - 2 = 0 \Leftrightarrow x = 0 \quad$ III*

IV $L_y = 3 + 2y\lambda \quad = 0 \quad \Leftrightarrow \lambda = -\dfrac{3}{2y} \quad$ IV*

V $L_z = 2 + \mu \quad\quad = 0 \quad \Leftrightarrow \mu = -2 \quad$ V*

III* in I $\quad y^2 = 4 \Leftrightarrow y_1 = 2$ oder $y_2 = -2$

III* in II $\quad z = 1$

d. h. zwei stationäre Stellen:

$$P_1 = (0,2,1) \quad \text{mit} \quad \lambda = -\frac{3}{4} \quad \text{und} \quad \mu = -2$$
$$P_2 = (0,-2,1) \quad \text{mit} \quad \lambda = \frac{3}{4} \quad \text{und} \quad \mu = -2$$

$$\mathbf{L}(\lambda,\mu,x,y,z) = \begin{pmatrix} 0 & 0 & 2x & 2y & 0 \\ 0 & 0 & 1 & 0 & 1 \\ 2x & 1 & 2\lambda & 0 & 0 \\ 2y & 0 & 0 & 2\lambda & 0 \\ 0 & 1 & 0 & 0 & 0 \end{pmatrix}$$

Nach **Fall C** ist nur die Determinante $\left| \mathbf{L}(-\frac{3}{4},-2,0,2,1) \right|$ zu untersuchen.

Ist diese positiv, d. h. $(-1)^r = (-1)^2 > 0$, so liegt ein rel. Minimum vor,
ist sie aber negativ, d. h. $(-1)^n = (-1)^3 < 0$, so liegt ein rel. Maximum vor.

$$\left| \mathbf{L}\left(-\frac{3}{4},-2,0,2,1\right) \right| = \begin{vmatrix} 0 & 0 & 0 & 4 & 0 \\ 0 & 0 & 1 & 0 & 1 \\ 0 & 1 & -\frac{3}{2} & 0 & 0 \\ 4 & 0 & 0 & -\frac{3}{2} & 0 \\ 0 & 1 & 0 & 0 & 0 \end{vmatrix}$$

$$= 4(-1)^{1+4} \begin{vmatrix} 0 & 0 & 1 & 1 \\ 0 & 1 & -\frac{3}{2} & 0 \\ 4 & 0 & 0 & 0 \\ 0 & 1 & 0 & 0 \end{vmatrix}$$

$$= -4 \cdot 1(-1)^{1+4} \begin{vmatrix} 0 & 1 & -\frac{3}{2} \\ 4 & 0 & 0 \\ 0 & 1 & 0 \end{vmatrix} = 4\left(-\frac{3}{2} \cdot 4\right) < 0,$$

d. h. f hat u.B.d.Nb in P_2 ein rel. Maximum.